U0236574

5G 关键技术与应用丛书

新型多载波调制系统及原理

王光宇　著

科学出版社

北 京

内 容 简 介

本书介绍传输系统理论和多载波调制系统，包括各种新波形结构和理论。全书分两部分，共 8 章，第一部分包括第 1～4 章，介绍多载波传输系统的基本结构和理论；第二部分包括第 5～8 章，介绍各种新型多载波调制系统，包括正交和非正交多载波调制系统。正交多载波调制系统重点介绍 OFDM（正交频分复用）及其在实际系统中的实现结构；非正交多载波调制系统重点介绍 FBMC（滤波器组多载波），包括 OFDM/OQAM（偏移正交幅度调制）、GFDM（广义频分复用）、UFMC（通用滤波多载波）、F-OFDM（滤波正交频分复用）、MC-TDMA（多载波时分多址）及 BFDM（双正交频分复用）等。

本书可供从事无线通信网物理层研究与开发的研究人员、工程师和研究生参考。

图书在版编目（CIP）数据

新型多载波调制系统及原理 / 王光宇著. —北京：科学出版社，2018.3

（5G 关键技术与应用丛书）

ISBN 978-7-03-055124-5

Ⅰ．①新… Ⅱ．①王… Ⅲ．①无线电通信-载波-调制技术 Ⅳ．①TN92

中国版本图书馆 CIP 数据核字（2017）第 268987 号

责任编辑：赵艳春 / 责任校对：郭瑞芝
责任印制：吴兆东 / 封面设计：迷底书装

科学出版社 出版
北京东黄城根北街 16 号
邮政编码：100717
http://www.sciencep.com

北京中石油彩色印刷有限责任公司 印刷

科学出版社发行 各地新华书店经销
*

2018 年 3 月第 一 版 开本：720×1 000 1/16
2022 年 1 月第二次印刷 印张：15 1/2
字数：288 000

定价：98.00 元

（如有印装质量问题，我社负责调换）

序

由科学出版社出版的《5G 关键技术与应用丛书》经过各编委长时间的准备和各位顾问委员的大力支持与指导，今天终于和广大读者见面了。这是贯彻落实习近平主席在 2016 年全国科技创新大会、两院院士大会和中国科学技术协会第九次全国代表大会上，提出广大科技工作者要把论文写在祖国的大地上指示要求的一项具体举措，将为从事无线移动通信领域科技创新与产业服务的科技工作者提供一套有关基础理论、关键技术、标准化进展、研究热点、产品研发等全面叙述的丛书。

自 19 世纪进入工业时代以来，人类社会发生了翻天覆地的变化。工业社会 100 多年来经历了三次革命：以蒸汽机为代表的蒸汽时代、以电力广泛应用的电气时代、以计算机应用为主的计算机时代。如今，工业社会正在进入第四次革命阶段，就是以信息技术为代表的信息社会时代。其中信息通信技术(information communication technologies，ICT)是当今世界创新速度最快、通用性最广、渗透性最强的高科技领域之一，而无线移动通信技术由于便利性和市场应用广阔又最具代表性。经过几十年的发展，无线通信网络已是人类社会的重要基础设施之一，是移动互联网、物联网、智能制造等新兴产业的载体，成为各国竞争的制高点和重要战略资源。随着"网络强国"、"一带一路"、"中国制造 2025"以及"互联网+"行动计划等国家战略的提出，无线通信网络一方面成为联系陆、海、空、天各区域的纽带，是实现国家"走出去"的基石；另一方面对经济转型提供关键支撑，是推动我国经济、文化等多个领域实现信息化、智能化的核心基础。

随着经济、文化、安全等对无线通信网络需求的快速增长，第五代移动通信系统(5G)的关键技术研发、标准化及试验验证工作正在全球范围内深入展开。5G 发展将呈现"海量数据、移动性、虚拟化、异构融合、服务质量保障"的趋势，需要满足"高通量、巨连接、低时延、低能耗、泛应用"的需求。与之前经历的 1G~4G 移动通信系统不同，5G 明确提出了三大应用场景，拓展了移动通信的服务范围，从支持人与人的通信扩展到万物互联，并且对垂直行业的支撑作用逐步显现。可以预见，5G 将对社会各个行业带来新一轮的变革与发展机遇。

我国移动通信产业经历了 2G 追赶、3G 突破、4G 并行发展历程，在全球 5G 研发、标准化制定和产业规模应用等方面实现突破性的领先。5G 对移动通信系统进行了多项深入的变革，包括网络架构、网络切片、高频段、超密集异构组网、新空口技术等，无一不在发生着革命性的技术创新。而且 5G 不是一个封闭的系统，它充分利用了目前互联网技术的重要变革，融合了软件定义网络、内容分发网络、网络功能虚拟化、云计算和大数据等技术，为 5G 网络的开放性及未来应用奠定了良好的基础。

为了更好地促进移动通信事业的发展、为 5G 后续演进奠定基础，我们在 5G 标准化制定阶段组织策划了这套丛书，由移动通信及网络技术领域的多位院士、专家组成丛书编委会，针对 5G 系统从传输到组网、信道建模、网络架构、垂直行业应用等多个层面邀请业内专家进行各方向专著的撰写。这套丛书涵盖的技术方向全面，各项技术内容均为当前最新进展及研究成果，并在理论基础上进一步突出了 5G 的行业应用，具有鲜明的特点。

在国家科技重大专项、国家科技支撑计划、国家自然科学基金等项目的支持下，丛书的各位作者基于无线通信理论的创新，完成了大量关键工程技术研究及产业化应用的工作。这套丛书包含了作者多年研究开发经验的总结，是他们心血的结晶。他们牺牲了大量的闲暇时间，在其亲人的支持下，克服重重困难，为各位读者展现出这么一套信息量极大的科研型丛书。"开卷有益"，各位读者不论是出于何种目的阅读此丛书，都能与作者分享 5G 的知识成果。衷心希望这套丛书为大家带来 5G 的美妙之处，预祝读者朋友在未来的工作中收获丰硕。

网络与交换技术国家重点实验室主任

北京邮电大学　教授

2018 年 1 月

前　言

　　无线通信网从 20 世纪 80 年代到现在已经历了四代的更新，从第一代(1G)发展到了现在以 LTE 为代表的第四代(4G)通信网，每一代的更新周期大约为 10 年，目前第五代(5G)无线网正在研究和标准制定中。第一代无线网采用的是模拟通信，只能通话，不能传输数据，第二代(2G)无线网开始采用数字传输，除了通话还提供 SMS 等数据业务，最大下行数据传输速率为 14.7Kbit/s，第三代(3G)无线网的最大下行传输速率提高到了14.7Mbit/s，而第四代无线网的最大下行传输速率已经到了 1Gbit/s。从 3G 到 4G，传输速率有了很大的提高，而这种突破和调制技术的发展有直接的关系。2G 采用的是 GMSK(高斯最小频移键控)，3G 采用的是 QPSK(正交相移键控)，这两种调制方法都属于单载波调制技术，而 4G 采用的是 OFDM(正交频分复用)多载波调制技术。从 3G 到 4G，调制技术有了革命性的突破。OFDM 是 4G 的关键技术，多载波调制技术的引入不仅提高了数据传输速率，而且提高了系统的抗无线信道多径衰减能力。由于多载波调制的优越性，在下一代无线通信技术研究中，多载波调制技术仍然会是一个关键技术。

　　无线传输系统包含一系列的信号处理技术，传输系统由发送、信道和接收三部分组成。在发送端，信号首先经过信源和信道编码得到数字信号比特，这里信源编码是对输入信号进行压缩编码，去除信号传输的冗余度，而信道编码是通过加入适当的冗余度来增强信号的抗信道干扰能力，然后对经过编码的比特信息流进行调制过程。调制过程由符号映射、调制器及脉冲整形滤波组成，调制的目的是把基带信号搬移到可以在无线信道中传输的高频段信号。调制后的信号经过信道的传输到达接收端，在接收端信号经过和发送端相反的处理后重建发送端的信号。但和发送端不同的是，接收端需要加入信道估计和均衡器、载波及时间同步等附加处理模块用于消除信道的多径传输干扰和保障调制符号能够准确地解调出来。

　　无线传输系统中的每一个模块都是通信信号处理领域研究的内容。信源和信道编码在 20 世纪 90 年代是通信信号处理领域十分热门的研究方向，信号的编码技术在那个时期也得到了充分的发展，目前在通信标准中使用的信源和信道编码技术，如 ACELP(代数码激励线性预测)压缩编码及卷积和 Turbo 码都是这个时期发展起来的。目前，信源和信道编码技术已经达到了一个顶峰，因为现在使用的信源编码技术已经最大限度地去除了音频信号中的冗余度，而信道编码技术，如 Turbo 码的使用也使得信号的传输很逼近香农(Shannon)信道容量。和编码技术相比，信道均衡技术和调制技术仍需要进一步研究，特别是调制技术，因为调制技术是提高系统传输速率的关键技术，而提高传输速率一直是无线通信网技术更新换代的推动力之一。在无线传输系统中，提高传输速率的最大瓶颈是无线信道的多径效应引起的频率选择性衰落，而多径传输是无线信道的特点。多径传输的结果表现为接收端的接收信号在时间轴上呈现时间扩展，在频率轴上呈现频率选择性衰落。从系统分析的角度来看，一个具有多径传输特性的信道可以用一个线性系统来描述，而这个线性系统的传输函数就是由不同传输路径的传输系数组成的。时间扩展是由于发送信号和多径传输形成的系统函数的卷积造成的，时间扩展引起的衰落部分将直接进入后续符号的时间段，当传输速率提高后，传输符合的周期缩短，这时时间扩展将会引起十分严重的符号间干扰，从而产生频率选择性衰落，而频率选择性衰落是不能通过其他编码技术，如信道编码或码分复用（CDMA）技术来消除的。OFDM 多载波调制技术的引入，从根本上解决了频率选择性衰落的问题，从 3G 到 4G，传输速率从 14.7Mbit/s 提高到 1Gbit/s，这主要归功于 OFDM 技术，因为 OFDM 技术具有天然的消除多径传输衰落的特性。这里的关键在于，在 OFDM 多载波调制中，传输频段被划分成了 M 个子载波频段，输入信号符号被调制到不同的子载波上，而子载波的传输速率是输入信号速率的 $1/M$，也就是说，OFDM 输出信号的符号长度是原信号符号长度的 M 倍。传输符号长度的增加可以使得由多径效应引起的干扰从频率选择性衰落变成平坦衰落，而平坦衰落可以完全通过信道均衡技术得到消除，这样就保证了在高速传输时，数据也能正确地接收。目前，该技术已经成为无线通信网中唯一的调制技术，可以预见的是，多载波调制技术也将会是 5G 的核心技术之一。

从多载波调制技术来看，OFDM 属于正交多载波调制，因为 OFDM 中子载波之间在频域是正交的，正是这种正交性使得接收端在没有干扰的情况下可以完全重建发送端信号。但这种严格的正交要求给 OFDM 系统带来了新的问题，因为无线信道传输存在多普勒效应（Doppler effect），多普勒效应使得接收端接收到的信号产生频率偏移，从而破坏了 OFDM 系统的正交性。OFDM 的高性能是在载波严格同步的情况下得到的，为了保证载波的严格同步系统需要采取很多附加的措施，这增加了系统的复杂性，特别在物联网（internet of things，IoT）和机器对机器（machine to machine，M2M）的通信中，这种严格的载波同步要求是不希望出现的，因为载波同步需要耗费大量的资源和时间。为了寻找能够满足 IoT 和 M2M 应用的调制技术，近年来人们把研究重点放到了基于滤波器组的非正交多载波调制（FBMC）技术上，FBMC 是在 OFDM 的基础上延伸而来的。与 OFDM 相比 FBMC 系统具有很小的邻带频谱泄露，极大地提高了系统的频谱利用率，同时 FBMC 系统不要求子载波之间正交，系统用于保持载波正交的资源得以节约，很大限度地缩短了通信设备接入网络的时间。FBMC 的这些特点能够很好地满足 IoT 和 M2M 通信的要求，目前，FBMC 多载波调制技术被认为是最有可能成为下一代无线通信网物理层中调制方案的技术。对 FBMC 系统的设计和分析需要应用滤波器组理论，滤波器组理论的引入丰富了无线传输信号处理理论，但也增加了对传输系统信号处理的研究难度。

FBMC 有多种实现形式，常见的有 OFDM/OQAM（偏移正交幅度调制）、GFDM（广义频分复用）、UFMC（通用滤波多载波）、f-OFDM（滤波正交频分复用）、MC-TDMA（多载波时分多址）及 BFDM（双正交频分复用）等。我们把这些多载波调制系统统称为新型多载波调制系统，有别于传统的 OFDM 系统。在研究工作中，我们发现对新型多载波调制系统的描述缺乏一个统一的理论体系，有的是从通信系统的角度，而有的是从信号处理的角度来描述系统的。目前还没有一本专门介绍新型多载波调制系统的专著（包括英文专著），我们深感需要一本相应的专著，给从事新型多载波调制系统的研究人员提供入门参考。写这本专著的另一个目的是想把新型多载波调制系统归结在一个理论架构上来描述，更好地揭示各种新型多载波调制系统的特点和相似之处，为进一步的研究提供参考。

本书的重点在于多载波调制系统理论，包括正交和非正交多载波调制系统。全书分两部分，共 8 章，第一部分包括第 1~4 章，介绍多载波传输系统的基本结构和理论；第二部分包括第 5~8 章，介绍各种新型多载波调制系统。第 1 章为引言，概述无线传输系统的组成部分及无线信道的特征；第 2 章介绍线性系统的描述和分析方法，重点在信号的功率谱密度以及随机信号和线性非时变系统的关系；第 3 章介绍滤波器组理论，包括多速率信号处理基本单元、多项分解和 DFT 滤波器组；第 4 章介绍传统数字传输系统的内容，包括不同的单载波调制方法、调制符号映射、信道估计、信道均衡及同步系统；第 5 章讲述 OFDM 多载波调制系统，OFDM 是正交多载波调制技术的代表，由于 OFDM 在无线通信中得到了广泛的应用，所以有关 OFDM 技术的介绍在很多通信技术的专著中都能找到，而且也有关于 OFDM 的专著，但和现有的介绍 OFDM 系统的文献不同，在本章中我们将把 OFDM 系统看成一个 DFT 滤波器组，从滤波器组的角度来描述和分析 OFDM 系统，从另一个角度来说明 OFDM 系统的特性；第 6 章讲述滤波器组多载波调制（FBMC）系统的原理，重点介绍 FBMC 不同的结构和它们的区别；第 7 章介绍滤波 OFDM，滤波 OFDM 有别于传统的 FBMC 结构，特别适合低延时和多场景信号接入应用，包括 f-OFDM、UFMC 等，在这一章中我们把不同滤波 OFDM 系统归到一个统一的结构中来分析，并介绍滤波器拖尾的处理技术；第 8 章介绍基于循环卷积滤波器组（CCFB）的多载波调制系统，CCFB 是传统滤波器组的一种特殊形式，CCFB 的优点是把线性卷积变成了循环卷积，这使得我们可以直接用 FFT 对系统进行运算，基于 CCFB 的多载波系统包括 GFDM、MC-TDMA 及 BFDM。

本书力求从系统的高度，从原理和解决问题的角度来描述新型多载波调制技术，尽可能地避免标准协议式的、参数和表格罗列式的描述，尽可能地从技术发明者和设计者的思路出发来叙述方法，让读者能够从现有的通信技术中得到启发，从而进一步发现和研究新的通信技术。本书可供从事无线通信网物理层研究和开发的研究人员、工程师和研究生参考。

最后作者要感谢重庆邮电大学出版基金对本书出版的资助，感谢重庆邮电大学通信学院新波形团队对本书写作的帮助，邵凯副教授和庄陵副教授以及团队的研究生阅读了本书的初稿，提出了很好的修改意见，在此一并向他们表示感谢。

由于作者水平有限，书中难免有不足之处，敬请广大读者批评指正。

作　者

2017 年 9 月

目　录

第 1 章 引 言

1.1 软件定义无线电

软件定义无线电(software-defined radio，SDR)技术的历史可追溯到 20 世纪 80 年代中期[1,2]，最早用于军事领域[3]，近年来，随着无线通信技术的快速发展，通信标准不断更新，不同标准共存是现状。另外，随着通信速率的不断提高和对宽带频谱的需求，频谱紧缺的现象越来越严重，人们越来越感到现有的以硬件为主的通信设备已经不能满足无线通信发展的需要，必须让通信设备中的模块软件化，通过对模块的编程设置，从而达到同时支持不同标准不同带宽的能力。软件定义无线电的提出，使无线通信进入了从硬件到软件的第三次革命，到目前无线通信已经经历了从固定到移动，从模拟到数字的两次革命。此外，软件定义无线电是认知无线电(cognitive radio)的实现平台，因此，软件定义无线电是下一代无线通信网的基本结构。

1.1.1 软件定义无线电结构

软件无线电的基本思想是想让无线传输网络中尽可能多的模块能用软件或可编程的数字信号处理器(digital signal processing，DSP)来实现，设计者只需要设计一个通用硬件平台，通过对不同模块参数的编程和重新配置，从而达到处理不同协议标准、不同频段信号的目的。但能够用软件或 DSP 来实现的部分都是数字信号处理部分，而模拟信号处理部分，如射频前端，模数(analog to digital，A/D)数模(D/A)转换部分必须用硬件来实现。从无线通信的数据链路来看，软件无线电的结构框图可用图 1.1 来描述[4]。

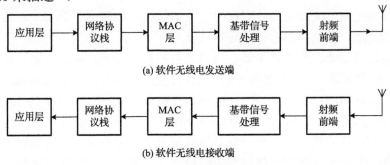

(a) 软件无线电发送端

(b) 软件无线电接收端

图 1.1 软件无线电结构框图

图 1.1 中发送端和接收端的组成模块相同，只是处理的顺序相反。软件无线电系统中能够软件化的模块包括应用层、网络协议栈、介质访问控制(media access control，MAC)层和物理层。应用层包括不同的通信协议软件，如超文本传输协议(hypertext transfer protocol，HTTP)、文件传输协议(file transfer protocol，FTP)和简单邮件传输协议(simple mail transfer protocol，SMTP)。HTTP 用于因特网的接入，FTP 用于文件交换，SMTP 用于电子邮件的交换。

网络协议栈包括网络层(network layer)、传输层(transport layer)、会话层(session layer)和表示层(presentation layer)。网络层负责决定通信的路由，保证网络中每一个节点或用户的数据能够安全地到达目的地；传输层的主要任务是接收会话层传来的数据，然后把数据分成小的单元后送给网络层；会话层用于建立不同节点或用户的会话，跟踪节点间的传输顺序，避免两个节点同时进行相同的操作；表示层用于把不同节点的不同格式的数据标准化，保证不同格式的数据能够通信。

MAC 层介于网络层和物理层之间，任务是对来自物理层的数据进行数据成帧处理以及提供 MAC 地址，使得多节点之间的通信不会冲突。另外，MAC 层还提供数据存取的方式，包括同步、控制和资源分配方式。

无线通信系统的最底层是物理层，包括基带信号处理和射频前端。基带信号处理主要由信源编码、信道编码和基带调制解调器组成，用于对基带信号进行压缩和抗信道干扰编码，然后把编码后的数据流进行符号映射和调制，目的是提高信息的传输容量。射频前端包括模数数模转换、脉冲整形滤波器(射频滤波器)和射频调制器，用于把基带符号调制到发射频段进行发送。物理层的软件化是软件定义无线电的核心部分，因为其他处理层都可以用软件来实现，但物理层不可能完全用软件来实现。为了使物理层能满足软件定义无线电的要求，数字传输系统一般用可编程 DSP 或现场可编程门阵列(field programmable gate array，FPGA)来实现物理层。

1.1.2 射频前端结构

射频前端是软件无线电中处理模拟信号的模块，如图 1.2 所示[5]。这一部分无法用软件来实现，但其中的参数是可以配置的。

射频前端包括数模模数转换器、自动增益控制、低通滤波、放大器及射频滤波器等模块。在发送端，数字调制符号的实部(对应正交振幅调制(quadrature amplitude modulation，QAM)中的同相部分 I，in-phase)和虚部(对应 QAM 中的正交部分 Q，quadrature)分别经过数模转换后先通过一个称为脉冲整形的低通滤波器，把传输信号的频带限制在给定频带内。脉冲整形后的信号通过模拟 QAM 得到射频模拟调制信号，射频信号经过功率放大和射频滤波后送入天线发射。发送端射频前端包括以下几方面。

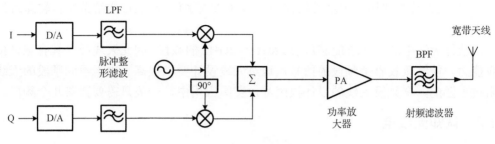

(a) 发送端射频前端

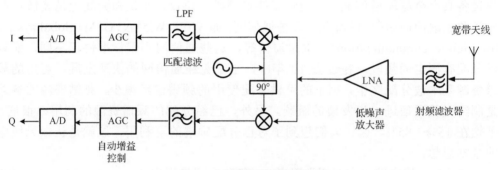

(b) 接收端射频前端

图 1.2　射频前端结构框图

低通滤波器(low pass filter，LPF)；自动增益控制(automatic gain control，AGC)

(1) 数模转换器用于把数字信号转换成模拟信号。

(2) 脉冲整形滤波器把发送信号限制在给定频段内。

(3) 模拟 IQ(in-phase quadrature)调制，对模拟信号进行 IQ 调制，得到射频模拟信号。

(4) 功率放大器(power amplifier，PA)，把 IQ 调制后的信号放大进行发射。

(5) 射频滤波器(带通滤波器(band pass filter，BPF))对射频信号进行滤波。

在接收端，接收到的射频信号首先进行射频滤波，然后进行低噪声放大和模拟 IQ 解调，解调后的信号通过一个称为匹配滤波器的低通滤波器，用于还原整形滤波器之前的信号。匹配滤波器的输出信号进行模数转换后得到数字 I 信号和 Q 信号，从而还原出发送端的数字解调符号。接收端前端射频包括以下几方面。

(1) 射频滤波器，用于对接收到的射频信号进行滤波，选取所需的频段的信号。

(2) 低噪声放大器(low noise amplifier，LNA)，LNA 对信号进行放大的同时降低噪声。

(3) 模拟 IQ 解调，把射频模拟信号解调出来。

(4) 自动增益控制用于控制放大器的输出功率。

(5)模数转换器用于把基带模拟信号转换成数字信号,然后送给数字传输系统进一步处理。

软件无线电系统要求能够覆盖 2MHz～2GHz 的频段,因此天线必须具有宽带接收能力,能够接收整个频段的信号,这对天线设计要求很高。由于不同频段的天线阻抗不匹配,全频段天线的设计很困难,实际应用中,一般只需要覆盖几个频段。

1.2 认知无线电

认知无线电是在软件无线电的基层上发展起来的。软件无线电技术是要让通信设备具有全频段通信能力,能够支持多频段多协议,而认知无线电是要解决频谱资源紧缺的问题[6]。目前存在多种通信网,如 WiFi、WiMax、GSM(global system for mobile communication)、卫星通信等,这些通信网不仅标准协议不同,而且都分配有固定的频段。在过去 10 年中,由于无线通信网的快速发展,可用的频谱资源基本被分配完毕,剩下的可供分配使用的频谱已经很少,频谱资源的贫乏是制约无线通信进一步发展的瓶颈。另外,已经分配的频谱资源的利用率很低,平均在 15%～85%,这让人们想到了对已分配频谱的再利用,这就是认知无线电的基本思想。

在认知无线电网络中有两类用户:一类称为授权用户(licensed user);另一类称为非授权用户(unlicensed user)。授权用户指的是在授权频段通信的用户,而非授权用户指的是利用非授权频段通信的用户。这是一个相对的定义,一个用户在自己频段通信时是授权用户,而利用其他频段通信时就变成了非授权用户。为了能够和授权用户共享频谱资源,而不对其产生干扰,认知无线电网络必须具备动态频谱接入(dynamic spectrum access)的能力[7],如图 1.3 所示。

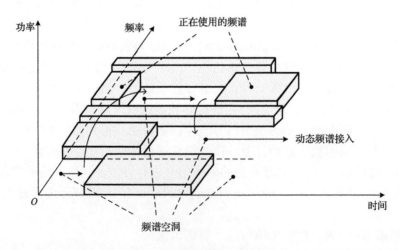

图 1.3 动态频谱接入示意图

图 1.3 中，频谱空洞指的是在授权频段中没有被使用的时间段。为了实现动态频谱接入，认知无线电系统需要具备下面几个功能：全频通信；频谱感知；频谱分配。

首先系统对可供使用的频段的频谱进行感知，寻找频谱空洞，然后把寻找到的空闲频谱进行重新分配，供下一时刻通信使用。频谱感知的前提是系统具有全频段通信能力，而这种能力正是软件无线电要解决的问题，所以说软件无线电技术是认知无线电网络的基础。把软件无线电的结构加上频谱感知和频谱分配模块就得到了认知无线电的实现框图(图 1.4)。

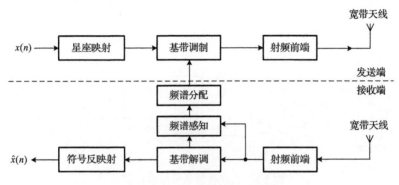

图 1.4 认知无线电结构框图

图 1.4 中的收发在同一个终端设备里，和一般的无线通信系统不同，认知无线电的接收部分必须具有频谱感知的能力，能够找到在可供使用的频谱范围内的空闲频谱。频谱感知可在射频前端或基带解调后进行，频谱感知模块把感知到的空闲频谱提供给频谱分配模块进行频谱分配和组合，组合好的频谱信息提供给发送部分，用于发送信号的调制。频谱感知和频谱分配是认知无线电中的两个核心技术，自从认知无线电提出以来，通信学术界对这两项技术进行了大量的研究，提出了很多频谱感知和分配的算法。第一个把认知无线电概念变为现实的是 IEEE 802.22 协议，IEEE SA 标准委员会在 2004 年批准了 IEEE 802.22 协议。IEEE 802.22 协议为没有VHF(very high frequency)/UHF(ultra high frequency)频段使用权的设备规定了基于认知无线电技术的物理层和 MAC 层，使得这些设备能够使用 VHF/UHF 频段进行通信而不影响电视广播通信。

1.3 数字传输系统

数字传输系统包括基带信号处理和射频前端，是软件无线电系统中物理层的主要组成部分，也是软件无线电中硬件模块软件化集中的部分。数字传输系统的设计对软件无线电的实现至关重要，因此，加强对数字传输系统的研究十分有必要。数字传输系统的目的是对基带信号进行基带信号处理和射频调制，把基带调制后的符号移到发射频率进行发送，如图 1.5 所示。

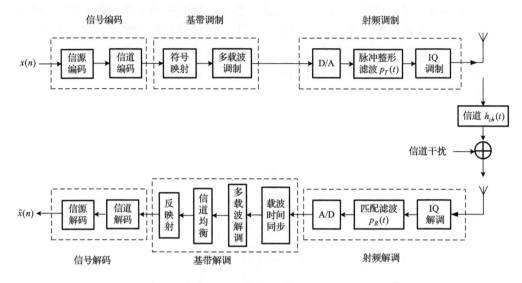

图 1.5　数字传输系统结构框图

1.3.1　数字传输系统信号处理

从图 1.5 中我们可以看出，数字传输系统包括下面几个信号处理单元：信号编码；基带调制；射频调制；信道估计和均衡；载波和时间同步。

以上几部分构成了数字传输信号处理的内容。发送端包括信号编码、基带调制和射频调制，而接收端比发射端要复杂得多，为了保证能够正确恢复出发送端的信号，接收端还需要增加载波和时间同步、信道估计和均衡模块。

信号编码包括信源和信道编码，信源编码只用于对语音和音频信号进行压缩编码，去掉语音信号中的冗余信息，如果输入的二进制码是数据，信源编码就不需要了，现在使用得最多的是代数码激励线性预测 (algebraic code-excited linear prediction，ACELP) 编码。信道编码是在发送信息中加入适当的冗余度来增强信号的抗信道干扰能力，常见的有卷积和 Turbo 码。信号编码技术在 20 世纪 90 年代得到了快速发展，现在信源和信道编码已经达到了一个相当高的水平，使用性能最好的编码技术已经使信息传输容量很逼近香农定律的理论值，因此编码技术的突破有相当的难度。

调制解调器是数字传输系统信号处理的核心部分，在本书描述的传输系统中我们把调制器分成两级：第一级是基带调制；第二级是射频调制。基带调制是把二进制的比特流转换成包含更多信息量的复数符号，从而提高信息的传输容量；射频调制(IQ 调制)是把基带调制的输出符号移到射频频段发送。基带调制包括符号映射和多载波调制，如果是单载波调制，基带调制只包括符号映射。

　　射频调制是把基带调制符号调制到射频上。射频调制有两种方法：一种是直接调制，如图 1.2 射频前端所示，基带信号被一次性地平移到射频段；另一种是超外差(super-heterodyne)多带调制，如图 1.6 所示。

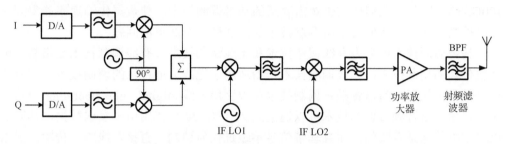

图 1.6　超外差发送端射频前端结构框图

　　图 1.6 中，IF 指间接频率(intermediate frequency)，LO 指本地频率发生器(local oscillator)。超外差接收器比直接调制性能好，在实际中被广泛使用。图 1.5 中射频调制部分还有一个重要的成分，即脉冲整形滤波器(pulse shaping filter) $p_T(t)$，用于对基带调制信号进行低通滤波，把基带信号限制在发送频段内，从而避免符号间干扰(intersymbol interference，ISI)。在接收端，为了抵消脉冲整形滤波的影响，接收端需要一个和脉冲整形滤波器正交的匹配滤波器 $p_R(t)$，也就是说，$p_T(t)$ 和 $p_R(t)$ 必须满足奈奎斯特准则(Nyquist criterion)，这也是设计匹配滤波器的基础。

　　由于无线信道的多径衰落和多普勒效应(doppler effect)，接收端接收到的信号除了有衰减还有载波频率偏移。为了能够正确地恢复发送端信号，接收端还需要去信道干扰和对频率偏移进行矫正，此外还需要对抽样时钟进行同步。去除信道干扰的模块称为均衡器(equalizer)，信道均衡和信道估计是消除信道干扰的两个重要技术。信道均衡和估计、载波和时间同步是接收端不可缺少的部分，也是数字传输信号处理技术的重要组成部分。

　　在图 1.5 的数字传输信号处理流程图中，前端的信号编码和后面的射频调制技术都已经很成熟，本书把重点放在基带调制技术上，因为基带调制技术一直是无线通信物理层技术发展的推动力，如现在广泛使用的正交频分复用(orthogonal frequency division multiplexing，OFDM)调制技术就属于基带调制技术。无线通信物理层还有一个重要技术，即多输入多输出(multiple input multiple output，MIMO)天线技术，MIMO 技术和 OFDM 调制构成了 4G 的核心技术。但这里我们没有把 MIMO 多天线技术归入数字传输信号处理，因为把 MIMO 技术纳入天线传输技术更合适。

1.3.2　基带调制技术的发展

　　无线通信系统这些年的更新换代可以说是基带调制技术发展的结果，现在以 OFDM 为代表的多载波调制技术已经可以到达 1Gbit/s 的传输速率。但这个传输速率仍然不能满足人们对无线通信的需求，下一代无线通信网要求数据传输速率达到 100Gbit/s，因此，我们现在仍然需要新的基带调制技术，使数据传输速率能得到大幅度提高。在这里我们对基带调制技术的发展做一个简单的回顾 。

　　基带调制技术可分为有线调制技术和无线调制技术，有线调制技术是指基于电话线传输的调制技术，无线调制技术是指适用于无线信道传输的调制技术。在有线调制技术中又可分为语音频带调制技术和数字用户线（digital subscriber line，DSL）调制技术。语音频带调制技术可以追溯到 20 世纪 20 年代用电报发送数据，那时的电报数据传输是有线的，而且基带信号不经过任何调制，直接在线路上传输，数据速率只能达到 100bit/s。到了 50 年代，调制技术才开始得到发展，原因是数字计算机的发明导致了对更高数据传送速率的需求。最早的电话线调制解调器使用的是频移键控（frequency shift keying，FSK）和相移键控（phase shift keying，PSK）基带调制技术，数据传送速率为 300～1200bit/s。到了 60 年代末，使用 4-PSK 和 8-PSK 的调制解调器已经可以达到了 2.4～4.8Kbit/s 的传输速率。随着传输速率的增加，信道对信号的衰减也增大，为了在接收端去除信道的干扰，信道均衡技术在这个时期首次得到了应用。此外，后来被广泛应用的正交振幅调制技术也是在 60 年代提出的，因此我们把 50～60 年代称为是有线调制解调器发展的第一个时期。

　　有线调制解调技术的第二个发展时期在 20 世纪 70 年代到 80 年代，很多现代的基带调制技术，如载波和时间恢复技术、脉冲整形技术、均衡技术、信道估计技术和信道编码技术等都是在这个时期提出来的，使用这些技术把基于语音频带的调制器速率提高到了 56Kbit/s。但 56Kbit/s 似乎成了语音频带调制器的极限速度，因为模拟电话交换系统把语音传输频率限制在 300～3400Hz，从电话线进入交换机的信号，不管语音或数据信号，信号首先被低通滤波限频，高于 3.4kHz 的频率成分被滤掉，因此基于语音频带的调制器不可能到达更高的速度。

　　有线调制解调技术的第三个发展时期在 20 世纪 80 年代到 90 年代，随着计算机和因特网（Internet）的普及，人们对通过电话线传输高速数据的需求越来越强烈，56Kbit/s 的速率完全不能满足上网的速度要求，这种发展的需求加快了人们对电话线高速数据传输技术的研究。要提高电话线的数据传输速率需要解决两个问题：一是电话交换系统 3.4kHz 频率上限的限制；二是调制技术。电话交换系统之所以把频段限制在 3.4kHz 是因为语音信号在这个频段内就可以得到完全表达，而不是因为电话线的频带限制，一般电话铜线的带宽可以到 1MHz 以上。为了利用电话线的高频段来传输数据，人们提出了数字用户线的概念，也就是说在同一条线路上，利用不同频段同时传输语音和数据。最早使用 DSL 技术的是国际电信组织(International Telecommunication Union，ITU)1984 年制定的综合业务数字网(integrated services digital network，ISDN)标准，ISDN 在电话线上开辟了一条专门传输数据的通道，速率为 144Kbit/s，这条数据通道不通过模拟电话交换网，从而避开了电话网的频带限制。ISDN 网的出现加快了 DSL 技术的应用，1990 年出现了第一个非对称数字用户线(asymmetric digital subscriber line，ADSL)专利。1999 年国际电信组织制定了第一个 ADSL 标准(ITU G.992.1)，G.992.1 中使用了一种称为离散多音调制(discrete multitone modulation，DMT)的新基带调制技术，也就是我们现在熟知的 OFDM(正交频分复用)多载波调制。ADSL 中的非对称指的是数据的上行和下行传输速度不一样，下行速度比上行高，图 1.7 给出了 G.992.1 中 ADSL 的频谱划分。

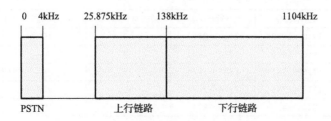

图 1.7　ITU G.992.1 标准中 ADSL 的频段划分

图 1.7 中 1104kHz 的带宽分为 256 个子带，每个子带带宽为 4312.5Hz。子带 0 供公共交换电话网(public switched telephone network，PSTN)使用，子带 1～5 作为语言和数据通信的防护带没有使用，其余子带供数据传输使用，其中上行链路使用 26 个子带(6～31)，其余 224 个子带(32～255)给下行链路。DSL 和 OFDM 技术的应用使得 ADSL 的下行速率达到 8Mbit/s，上行速率达到 1.3Mbit/s，比语音频带调制器的速度提高了 20 倍。

无线基带调制技术开始于 20 世纪 80 年代中期无线蜂窝网 GSM 的建立，第一代无线网(1G)使用的是模拟 FM(frequency modulation)调频技术，90 年代中期的 2G 使用的是数字高斯最小频移键控(Gaussian minimum frequency shift keying，GMSK)，2000 年提出的 3G 无线网用的是正交相移键控(quadrature phase shift keying，QPSK)。无线基带调制技术从 4G 开始有了很大的突破，2G 和 3G 用的都是单载波调制，从 4G 开始，多载波调制技术得到了广泛的应用。无线网中使用的调制技术基本都是从电话线调制技术移植过来的，但由于无线信道和有线信道的不同，无线调制技术有一些特别的地方，如无线信道是多个用户共用的，而电话线是单一用户的，因此，无线通信存在一个多用户接入的问题。常用的无线多用户接入技术有时分复用(time division multiple access，TDMA)、频分复用(frequency division multiple access，FDMA)和码分复用(code division multiple access，CDMA)。另外，无线信号是在空间传输的，空分复用技术和调制技术的结合，如 OFDM-MIMO，可以显著地提高信号的传输质量。

1.3.3 载波聚合

提高传输速率最直接的办法就是增加传输信道的带宽，但在已经分配可使用的无线通信频带中，绝大多数频带的带宽都在 20MHz 内，要实现 LTE(long term evolution)-A 标准中定义的 100MHz 的带宽，就必须把不同频带联合起来使用，这就是载波聚合(carrier aggregation)要解决的问题[8]。LTE 标准把 700～3800MHz 的频率分成了 44 个频带，供不同国家选择使用，如表 1.1 和表 1.2 所示。

表 1.1 频分双工(frequecy division duplex，FDD)LTE 频段

LTE 频带编号	上行/MHz	下行/MHz	频带宽度/MHz	双工间隔/MHz	隔离带/MHz
1	1920～1980	2110～2170	60	190	130
2	1850～1910	1930～1990	60	80	20
3	1710～1785	1805～1880	75	95	20
4	1710～1755	2110～2155	45	400	355
5	824～849	869～894	25	45	20
6	830～840	875～885	10	35	25
7	2500～2570	2620～2690	70	120	50
8	880～915	925～960	35	45	10
9	1749.9～1784.9	1844.9～1879.9	35	95	60
10	1710～1770	2110～2170	60	400	340
11	1427.9～1452.9	1475.9～1500.9	20	48	28
12	698～716	728～746	18	30	12
13	777～787	746～756	10	−31	41
14	788～798	758～768	10	−30	40
15	1900～1920	2600～2620	20	700	680
16	2010～2025	2585～2600	15	575	560
17	704～716	734～746	12	30	18
18	815～830	860～875	15	45	30
19	830～845	875～890	15	45	30
20	832～862	791～821	30	−41	71
21	1447.9～1462.9	1495.5～1510.9	15	48	33
22	3410～3500	3510～3600	90	100	10
23	2000～2020	2180～2200	20	180	160
24	1625.5～1660.5	1525～1559	34	−101.5	135.5
25	1850～1915	1930～1995	65	80	15
26	814～849	859～894	30 / 40		10
27	807～824	852～869	17	45	28

LTE 频带编号	上行/MHz	下行/MHz	频带宽度/MHz	双工间隔/MHz	隔离带/MHz
28	703～748	758～803	45	55	10
29	n/a	717～728	11		
30	2305～2315	2350～2360	10	45	35
31	452.5～457.5	462.5～467.5	5	10	5

表 1.2 时分双工(time division duplex，TDD)LTE 频段

LTE频带编号	频带/MHz	频带宽度/MHz
33	1900～1920	20
34	2010～2025	15
35	1850～1910	60
36	1930～1990	60
37	1910～1930	20
38	2570～2620	50
39	1880～1920	40
40	2300～2400	100
41	2496～2690	194
42	3400～3600	200
43	3600～3800	200
44	703～803	100

从表 1.1 和表 1.2 中可以看出，频带 1～31 供频分双工 LTE 使用，频带 33～44 供时分双工 LTE 使用。在 FDD LTE 中，为了实现全双工通信，上行和下行传输使用不同的频段，并且上下行频带有一定的带间间隔，以防止上下行通信干扰。TDD LTE 的全双工是在时域上实现的,因此没有上下频带的区分。图 1.8 给出了 FDD LTE 中上下行频段和频带间隔的关系。

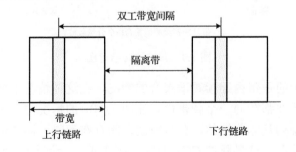

图 1.8 FDD LTE 的上下行频带关系

从表 1.1 和表 1.2 中还可以看出，每个频段的带宽都小于 LTE 要求的 100MHz，为了能够达到 100MHz 的带宽就必须联合使用不同频带的频率，这就是频谱聚合

（carrier aggregation）要完成的任务。在 LTE 标准中，一个分量载波（component carriers，CC）的宽度定义为 20MHz，载波聚合就是把不同的分量载波聚合起来，以取得更宽的带宽。图 1.9 给出了三种典型的频谱聚合情况。

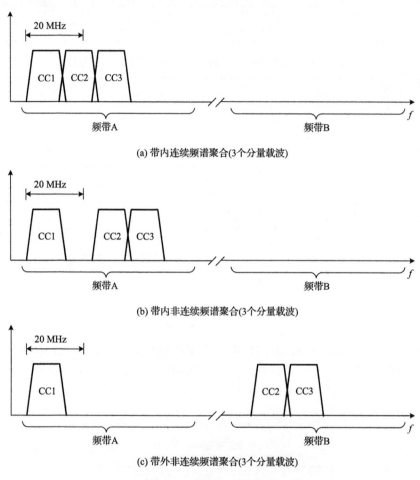

(a) 带内连续频谱聚合(3个分量载波)

(b) 带内非连续频谱聚合(3个分量载波)

(c) 带外非连续频谱聚合(3个分量载波)

图 1.9　频谱聚合示意图

图 1.9(a)表示的是带内连续频谱聚合的情况，在这种情况下分量载波是连续排列的，而且分量载波都在同一个频带内。在图 1.9(b)的情况中，分量载波尽管在同一个频带内，但排列是非连续的，分量载波之间存在间隔。图 1.9(c)表示的是带外非连续频谱聚合情况，分量载波 CC1 来自于频带 A，分量载波 CC2 和 CC3 来自于频带 B。

载波聚合既适用于频分双工也适用于时分双工。在频分双工中，载波聚合分对称和非对称两种，对称载波聚合指的是上下行通信使用的分量载波数相同，而在非对称载波聚合中，上下行通信使用的分量载波数不同，一般下行通信的分量载波数大于上行通信。对于 TDD，只有对称载波聚合，因为在 TDD 中上下行通信使用同一频段。

1.4　无线信道的特征

信道是指发送和接收之间传输媒体的总称，是通信系统不可缺少的组成部分。信道可分为有线和无线两大类，有线信道使用的传输媒体为电缆或光缆，而无线通信使用的传输媒介是空间。由于电磁波在空间的传输有多种形式，衰减也各不相同，而且是时变和随机的，所以无线信道比有线信道要复杂得多，这也增加了无线通信的复杂度。无线通信系统物理层的很多技术都是围绕无线信道来展开的，如调制技术、信道均衡和估计技术等，这些技术的目的就是要消除无线信道对信号传输的影响，使信号在接收端能够更好地恢复出来，因此了解无线信道的特性是分析和设计移动通信系统的前提条件。本节只对无线信道的特性进行一个概括性的描述，有关无线信道的详细数学描述与模型分析可以参考通信原理和移动通信的基础理论教科书[9-11]。

1.4.1　无线信道的衰落

信号在无线信道中传输的衰落可分为三种：路径损耗、阴影衰落和多径衰减。路径损耗表示的是无线电波在自由空间传输时，传输功率随着距离的增加而减小的自然损耗。阴影衰落表示的是无线传输环境，如地形、建筑物等对电波传输的阻碍或遮挡引起的衰落，电波在传输中遇到障碍物后，由于电磁场的作用在障碍物的后面形成阴影，所以称为阴影衰落。多径衰减表示的是无线信道的多径效应引起的衰减，综合这三种衰减的作用，接收端的信号功率可表示为

$$P(d) = |d|^{-n} S(d)R(d) \tag{1.4.1}$$

式中，d 为距离向量；$|d|$ 表示发送端到接收端的距离；$|d|^{-n}$ 描述自由空间的路径损耗；$S(d)$ 表示阴影衰落；$R(d)$ 表示多径衰落，这三种衰落都是距离的函数。n 称为路径损耗指数，与环境有关，对于自由空间的电波传输，n 值一般取 2。

如果我们对式(1.4.1)两边取对数，就可以得到图 1.10 表示的三种衰落和距离的关系，图中横轴为距离的对数，在距离的对数轴上，三种衰落为叠加关系。从传输距离来看，路径损耗表示的是大尺度长距离(数百米)衰落，对于移动的接收端来说，平均路径损耗变化非常缓慢，其衰减和距离的 n 次方成比例，当距离用对数表示时，路径衰落和距离呈线性关系。阴影衰落描述中等尺度距离(数百波长)内传输信号功率随距离的缓慢变化特性，因此也称慢衰落。多径衰减描述小尺度距离(数个波长)内由于信号的多径传输引起的快速变化特性，也称快衰落。

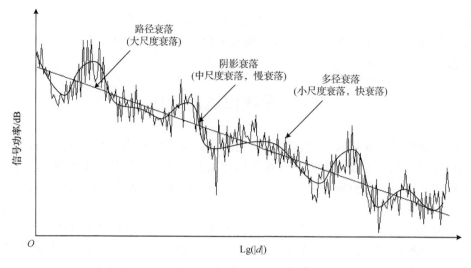

图 1.10　无线信道的不同衰落

路径衰落和阴影衰落合起来反映了无线信道在大尺度范围内对信号的影响，这两种衰落对信号的影响表现为信号随传输距离的增加逐渐衰落，并有缓慢的起伏变化。相对于大尺度衰落，无线信道的多径衰落对信号的接收影响更大，多径衰落是造成信号符号间干扰的主要原因。此外，信号经过多径传输到达接收端，不同路径的信号进行叠加，相位相同时信号增强，相位相反时信号减弱，形成了频率选择性衰减，无线传输系统设计的一个主要目的就是要消除多径传输对信号的影响，使接收端能够正确地恢复出信号。下面我们重点介绍无线信道的多径传输效应和无线信道的冲击响应模型。

1.4.2　多径传输效应

无线信号在空中的传输由于受到障碍物的影响，存在多种传输方式，如直射、反射、绕射和散射等，如图 1.11 所示。对于移动终端设备来说，多种传输的结果就是信号由多条路径到达接收终端，这就是无线信道的多径传输。接收端的信号等于所有路径分量的叠加，由于每条路径到达的信号时间、幅度、相位和角度都不一样，和发送信号相比，经多径传输叠加后的信号在幅度和相位上都有很大的失真，这就是多径传输效应，消除多径传输效应还得从多径信号的分析入手。

如图 1.11 所示，无线信道可以看成一个时变的线性系统，$h_i(t)$ 表示在 t 时刻第 i 条路径的时域衰落系数，τ_i 为第 i 条路径的延时，那么无线信道的冲击响应 $h(t)$ 可表示为

$$h(t) = \sum_{i=0}^{N-1} h_i(t)\delta(t - \tau_i) \tag{1.4.2}$$

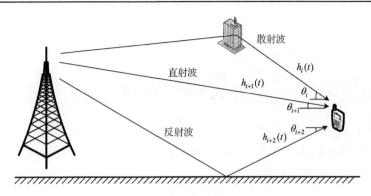

图 1.11 无线信道的多径传输

式中，N 表示多径数目；t 表示无线电波在空间传输的时间变量。对于输入信号 $x(t)$，经过多径信道后的接收信号可表示为

$$\hat{x}(t) = \sum_{i=0}^{N-1} h_i(t) x(t - \tau_i) \tag{1.4.3}$$

因此，多径信道可以用一个时变线性系统来描述，如图 1.12 所示。

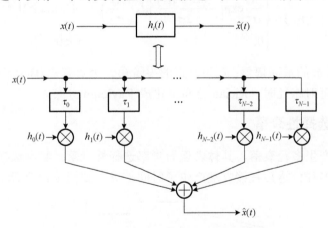

图 1.12 无线信道的时变冲击响应模型

在实际系统设计中，无线信道的冲击响应 $h(t)$ 是通过在发射端发射一个探测脉冲 $p(t)$ 来测量的，如在 t_0 时发射脉冲 $p(t_0)$，接收端测量得到的冲击响应值为 $h_i(t_0)$。在实际应用中，由于无线信道的时变性，信道传输函数的测量需不断更新。

在式 (1.4.3) 的信道模型中，多径分量衰落系数 $h_i(t)$ 决定了信道的特性，因此要理解无线信道的特性，必须对衰落系数 $h_i(t)$ 进行进一步分析，但由于无线信道具有很强的随机性，无法定量描述，一般采用概率分布函数来统计 $h_i(t)$ 的分布情况。假设 $a_i(t)$、$\phi_i(t)$ 分别为多径分量的幅度和相位，$h_i(t)$ 可表示为

$$h_i(t) = a_i(t)e^{j\phi_i(t)} \tag{1.4.4}$$

把式(1.4.4)代入式(1.4.2)得到

$$h(t) = \sum_{i=0}^{N-1} a_i(t)e^{j\phi_i(t)}\delta(t-\tau_i) \tag{1.4.5}$$

一般假设 $\phi_i(t)$ 在 $[-\pi,\pi]$ 服从均匀分布，根据信道的实际情况，$a_i(t)$ 可用瑞利 (Rayleigh)和莱斯(Rician)来描述。Rayleigh 分布用来描述没有直射路径的散射环境，Rayleigh 分布的概率密度函数为

$$p(x) = \begin{cases} \dfrac{x}{\sigma^2}e^{\frac{x^2}{2\sigma^2}}, & x \geq 0 \\ 0, & x < 0 \end{cases} \tag{1.4.6}$$

式中，$\sigma^2 = E[a_i^2(t)]$ 为包络检测前接收到的电压信号的时间平均功率。当信道中存在直射路径时，由于直射路径比其他路径的信号强度大，这时 $a_i(t)$ 更符合 Rician 分布：

$$p(x) = \begin{cases} \dfrac{x}{\sigma^2}\exp\left[-\dfrac{(x^2+A^2)}{2\sigma^2}\right]J_0\left(\dfrac{Ax}{\sigma^2}\right), & A \geq 0, x \geq 0 \\ 0, & x < 0 \end{cases} \tag{1.4.7}$$

式中，A 为直射波的最高幅值；J_0 为修正的零阶第一类贝塞尔(Bessel)函数，当 $A=0$ 时，即不存在直射路径时，Rician 分布退化成 Rayleigh 分布。

1.4.3 频率选择性衰落

多径传输产生多径衰落，具体表现为频率选择性衰落。频率选择性衰落是由于发送信号经过多径信道后在接收端产生了时间扩展，如图 1.13 所示。

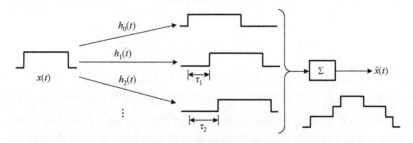

图 1.13 多径信道的时延扩展

时延扩展的结果使得接收信号变形，并且当前时刻的发送符号会延伸到下一个符号，造成符号间干扰。为了定量描述多径信道的特性需要引入相干带宽的概念：

$$B_{ch} = \frac{1}{\tau_m} \tag{1.4.8}$$

式中，B_{ch} 称为多径信道的相干带宽；τ_m 表示最大时延。相干带宽描述的是合成衰落信号中两个不同频率分量相关的频率间隔，当信号的带宽大于相干带宽时，信号通过多径信道的衰落变化不一致(不相关)，造成合成衰落信号波形失真，形成频率选择性衰落。当信号的带宽小于相干带宽时，信号通过多径传输后具有一致性衰落变化，合成信号不会失真也就是说信号的衰落和频率无关，是平坦衰落。假设信号的带宽为 B_s，抽样周期为 T_s，根据信号带宽 B_s 和相干带宽 B_{ch} 的关系，多径衰落存在两种形式：①频率选择性衰落($B_s > B_{ch}$ 和 $T_s < \tau_m$)，如图 1.14 所示。②平坦衰落($B_s \ll B_{ch}$ 和 $T_s \gg \tau_m$)，如图 1.15 所示。

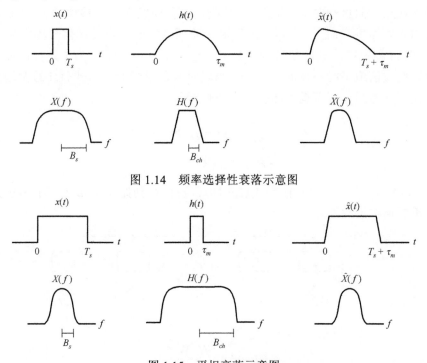

图 1.14　频率选择性衰落示意图

图 1.15　平坦衰落示意图

在频率选择性衰落情况下，发送信号的部分频率被信道衰减掉，无法恢复，造成接收信号严重失真，因此在无线传输系统的设计中，要尽可能地加大传输符合要求的周期 T_s，从而避免频率选择性衰落。

最后需要指出的是，无线多径信道的相干带宽有几种不同的定义，另一种定义是先定义多径信道的功率延时分布，根据功率延时分布定义出均方根时延扩展，然后根据相关系数取均方根时延扩展的倒数得到相干带宽。

1.4.4　时间选择性衰落

多径传输在时域产生时间扩展，从而引起频率选择性衰落，与此相对应，多普勒效应在多径信道上引起频谱扩展，从而产生时间选择性衰落。当接收设备和发送台相对移动时，接收端接收到的信号频率会产生漂移，这种现象称为多普勒频移效应。如图 1.11 所示，假设第 i 径信号的入射角为 θ_i，那么第 i 径多普勒频移 $f_{d,i}$ 为

$$f_{d,i} = \frac{v}{\lambda}\cos\theta_i, \quad 0 \leqslant i \leqslant N-1 \tag{1.4.9}$$

式中，v 为接收设备移动速度；λ 为发送信号波长。$f_{d,i}$ 可以是正、负或零，当接收设备朝着发送方向移动时 $f_{d,i}$ 为正，当接收设备背向发送方向移动时 $f_{d,i}$ 为负，当接收设备与入射波垂直时 $f_{d,i}$ 为零。由于多普勒频谱扩展，当发送信号频率为 f_c 时，接收端在第 i 路径接收到的信号频率为 $f_c - f_{d,i} \leqslant f \leqslant f_c + f_{d,i}$。为了定性地描述多普勒频移，假设信道是时不变的，或在一小段时间是不变的，对式 (1.4.3) 两边进行傅里叶变换，并考虑到多普勒频谱扩展，我们得到

$$\begin{aligned}\hat{X}(f) &= \sum_{i=0}^{N-1} h_i X(f-f_{d,i})\mathrm{e}^{-\mathrm{j}2\pi(f-f_{d,i})\tau_i} \\ &= h_i'(f) * X(f)\end{aligned} \tag{1.4.10}$$

式中，$h_i'(f) = h_i\mathrm{e}^{-\mathrm{j}2\pi(f-f_{d,i})\tau_i}$。根据式 (1.4.10)，我们得到如图 1.16 所示的多径信道下的多普勒频谱扩展模型。

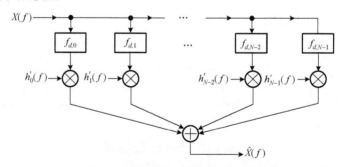

图 1.16　多径信道的多普勒频谱扩展模型

比较式 (1.4.3) 和式 (1.4.10)，我们可以看出，式 (1.4.3) 描述的是时域卷积，而式 (1.4.10) 描述的是频域卷积。频域卷积对应的是信号在时域的乘积，也就是说多普勒频谱扩展对接收信号的衰落是因为系数 $h_i'(f)$ 和输入信号的相乘，因此多径信道的多普勒频谱扩展造成的是时域选择性衰落。和相干带宽类似我们定义相干时间来衡量时域选择性衰落，相干时间定义为

$$T_c = \frac{1}{f_m} \tag{1.4.11}$$

式中，$f_m = v/\lambda$ 表示最大多普勒频移。相干时间描述的是信道的传输函数保持不变的时间间隔统计平均值，如果信号的符号周期 $T_s < T_c$，信号不会发生失真，但当 $T_s > T_c$ 时，接收信号就可能发生时间选择性衰落，产生失真。

频率选择性衰落和时间选择性衰落是一对矛盾体，频率选择性衰落要求信号的符号传输速率不能太高，而时间选择性衰落要求符号传输速率不能太低，因此当传输速率提高后，时间选择性衰落不存在了，但频率选择性衰落却产生了。如汽车以 $v = 120 \text{km/h} = 33.3 \text{m/s}$ 的速度前进，载频 $f_c = 1850 \text{MHz}$，波长 $\lambda = 300/1850 = 0.162 \text{(m)}$，最大多普勒频移 $f_m = v/\lambda = 205.5 \text{Hz}$，当符号速率大于 250bit/s 时，信号就没有时间选择性衰落。因此对于高速数据传输来说，多普勒频谱扩展造成的时域选择性衰落可以忽略不计，频率选择性衰落是高速数据传输的主要衰落，也是系统设计重点要解决的问题。

1.4.5 无线信道的离散时间域模型

在实际的无线传输系统中，在发送载波调制之前信号处理都是在离散时间域通过数字信号处理器进行的，因此无线多径信道在离散时间域的模型更有实际意义。在图 1.12 的多径信道模型中，每条路径的延时是随机和不同的，无法在数字系统中实现，为了能用数字信号处理器来实现，我们首先需要对图 1.12 中的延时线均匀化，假设最大延时为 τ_m，输入信号的样值周期（码元周期）为 T_b，我们得到多径数为

$$N = \frac{\tau_m}{T_b} \tag{1.4.12}$$

注意，码元周期 T_b 和符号周期 T_s 的区别，对于单载波调制 $T_s = T_b$，对于多载波调制 $T_s = MT_b$，这里 M 为载波数。时间离散化后，式 (1.4.3) 变成

$$\hat{x}(nT_b) = \sum_{i=0}^{N-1} h_i(nT_b) x((n-i)T_b) \tag{1.4.13}$$

去掉 T_b，式 (1.4.13) 简化为

$$\hat{x}(n) = \sum_{i=0}^{N-1} h_i(n) x(n-i) \tag{1.4.14}$$

时间离散化后，图 1.12 中的信号模型简化为图 1.17，图 1.17 中的信号模型称为无线多径信道的数字信号模型，这个模型实际上是一个时变 FIR (finite impulse response) 滤波器，可以应用到信道估计和信道均衡中。

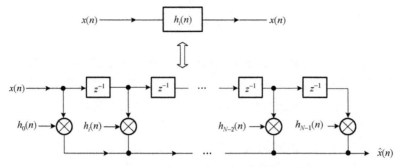

图 1.17　无线信道的离散时间域模型

参 考 文 献

[1] Mitola J, Maguire G Q. Cognitive radio: Making software radios more personal. IEEE Personal Communications Magazine, 1999, 6(4): 13-18.

[2] Mitola J. Software radios-survey, critical evaluation and future directions// Proceedings of the National Telesystems Conference, New York, 1992: 25-36.

[3] Gitlin R D, Rao S K, Werner J, et al. Method and apparatus for wideband transmission of digital signals between, for example, a telephone central office and customer premises: US, 4924492. 1990.

[4] Farhang-Boroujeny B. Signal Processing Techniques for Software Radios. 2nd ed. Dubai: Lulu Publishing House, 2010.

[5] Dowla F. Handbook of RF and Wireless Technologies. London: Newnes, 2003.

[6] 温志刚. 认知无线电频谱检测理论和实践. 北京：北京邮电大学出版社，2011.

[7] Cabric D, Mishra S, Brodersen R W. Implementation issues in spectrum sensing for cognitive// Proceedings of the 38th Asilomar Conference on Signals, Systems and Computers, Pacific Grove, 2004: 772-776.

[8] Georgoulis S. Testing carrier aggregation in LTE-Advanced network infrastructure. EDN Network. https://www.edn.com/design/test-and-measurement/4375804/Testing-carrier-aggregation-in-LTE-Advanced-network-infrastructure [2012-06-10].

[9] Tse D, Viswanath V. Fundamentals of Wireless Communication. New York: Cambridge University Press, 2005.

[10] Molisch A F. Wireless Communications. 2nd ed. Hoboken: John Wiley & Sons, 2011.

[11] 张贤达，保铮. 通信信号处理. 北京：国防工业出版社，2000.

第 2 章　线性系统的描述和分析

通信系统通常可以用一个线性非时变(linear time invariant, LTI)系统来描述，因此线性非时变系统理论是分析通信传输系统的基础，这一章我们对 LTI 系统理论作一个综述性介绍，重点介绍在分析通信传输系统时常用的理论[1-4]。线性非时变系统的描述可以在连续时间域和离散时间域进行，这两种时间域的分析理论对通信系统的设计和分析都很重要，下面将分别介绍连续时间域和离散时间域的 LTI 系统。

2.1　连续时间线性非时变系统

如果系统的输入和输出信号都是连续时间信号，我们把这种系统称为连续时间系统。连续时间系统可定义为

$$y(t) = T[x(t)] \tag{2.1.1}$$

式中，$T[\cdot]$表示系统输入输出的映射关系。如果映射关系 $T[\cdot]$ 满足下面条件

$$T[\alpha x_1(t) + \beta x_2(t)] = \alpha T[x_1(t)] + \beta T[x_2(t)] \tag{2.1.2}$$

则称连续时间系统是线性的，式中 $x_1(t)$ 和 $x_2(t)$ 是任意两个连续时间输入信号，α、β 为任意两个常数。进一步，如果映射 $T[\cdot]$ 还满足下列时不变关系

$$y(t - t_0) = T[x(t - t_0)] \tag{2.1.3}$$

则称系统 $T[x(t)]$ 为线性非时变系统。线性非时变系统的特性由两个函数完全决定：一个是时域的冲击函数 $h(t)$；另一个是频域的传输函数 $H(f)$。$h(t)$ 完全决定了连续时间非时变系统在时间域的特性，而 $H(f)$ 则描述了其在频域的特性，$h(t)$ 和 $H(f)$ 是由傅里叶变换联系起来的，因此先对连续时间傅里叶变换作一个简单介绍，然后再给出连续时间非时变系统的描述。

2.2　连续时间傅里叶变换

2.2.1　傅里叶级数

根据傅里叶理论，一个周期为 T 的周期函数 $x_T(t)$ 可以用复指数函数级数表示为

$$x_T(t) = \sum_{n=-\infty}^{\infty} x_n e^{j2\pi n f_c t} \tag{2.2.1}$$

式中，$f_c = 1/T$；x_n 表示傅里叶系数，可以用下列积分来计算

$$x_n = \frac{1}{T} \int_{\alpha}^{\alpha+T} x_T(t) e^{-j2\pi n f_c t} dt \tag{2.2.2}$$

式中，α 可以是任意常数，决定积分的开始点。

2.2.2 傅里叶变换

当周期 $T \to \infty$ 时，$f_c \to 0$，离散频率变成了连续频率 f，式 (2.2.2) 中的傅里叶系数 x_n 变成了傅里叶变换 $X(f)$

$$\mathcal{F}[x(t)] = X(f) = \int_{-\infty}^{\infty} x(t) e^{-j2\pi ft} dt \tag{2.2.3}$$

注意，式 (2.2.3) 中我们把傅里叶变换直接定义为频率 f 的变量，而不是通常用的角频率 Ω，目的是便于在通信系统使用，因为分析和设计传输系统时更多的是使用频率 f 为变量，而不用角频率。相应的傅里叶逆变换定义为

$$\mathcal{F}^{-1}[X(f)] = x(t) = \int_{-\infty}^{\infty} X(f) e^{j2\pi ft} df \tag{2.2.4}$$

傅里叶变换有下面的特性。

(1) 线性关系。

$$\mathcal{F}[\alpha x(t) + \beta y(t)] = \alpha \mathcal{F}[x(t)] + \beta \mathcal{F}[y(t)] \tag{2.2.5}$$

(2) 对等性。如果 $X(f) = \mathcal{F}[x(t)]$，那么

$$\mathcal{F}[X(t)] = x(-f) \tag{2.2.6}$$

(3) 共轭对称性。如果 $x(t)$ 是实数值函数，那么

$$X(f) = X^*(-f) \tag{2.2.7}$$

由式 (2.2.7) 得到 $\mathcal{F}[x(-t)] = X^*(f)$，当 $x(t)$ 为复数时，$\mathcal{F}[x^*(-t)] = X^*(f)$。

(4) 调制特性。如果 $X(f) = \mathcal{F}[x(t)]$，那么

$$\mathcal{F}[e^{j2\pi f_c t} x(t)] = X(f - f_c) \tag{2.2.8}$$

也就是说，信号在时域乘以一个复指数函数 $e^{j2\pi f_c t}$ 等于其在频域移位 f_c。通信系统中的信号调制就是基于这个特性，在通信传输系统中实现信号调制的方法正是通过对时域信号 $x(t)$ 和复指数函数 $e^{j2\pi f_c t}$ 相乘来实现的，其中 f_c 称为载频，式 (2.2.8) 称为单载波调制。如果信号乘以的是余弦函数，那么有

$$\mathcal{F}[x(t)\cos(2\pi f_c t)] = \frac{1}{2}[X(f-f_c) + X(f+f_c)] \tag{2.2.9}$$

（5）时间移位。如果 $\mathcal{F}[x(t)] = X(f)$，那么

$$\mathcal{F}[x(t-t_0)] = \mathrm{e}^{-\mathrm{j}2\pi f t_0} X(f) \tag{2.2.10}$$

时间移位是调制的对应特性，也就是说，信号在时间上的移位等于在频域上乘以一个复指数 $\mathrm{e}^{-\mathrm{j}2\pi f t_0}$，或者说等于频域上的相位移位。

（6）时间扩展。如果 $\mathcal{F}[x(t)] = X(f)$，a 是一个非零常数（$a \neq 0$），那么

$$\mathcal{F}[x(at)] = \frac{1}{|a|} X\left(\frac{f}{a}\right) \tag{2.2.11}$$

时间扩展关系揭示了时间轴与频率轴之间的压缩和扩展关系，是多速率信号处理的基础，也就是说，信号在时间轴上的扩展对应于频域轴的压缩，反之亦然。

（7）帕塞瓦尔（Parseval）关系。如果 $\mathcal{F}[x(t)] = X(f)$，$\mathcal{F}[y(t)] = Y(f)$，那么

$$\int_{-\infty}^{\infty} x(t)y^*(t)\mathrm{d}t = \int_{-\infty}^{\infty} X(f)Y^*(f)\mathrm{d}f \tag{2.2.12}$$

当 $x(t) = y(t)$ 时，式（2.2.12）变为

$$\int_{-\infty}^{\infty} |x(t)|^2 \mathrm{d}t = \int_{-\infty}^{\infty} |X(f)|^2 \mathrm{d}f \tag{2.2.13}$$

式（2.2.13）描述了信号的能量守恒，也就是说，信号在时域和频域的能量是相等的。

2.3　卷 积 定 律

2.3.1　卷积积分

任意一个连续时间信号 $x(t)$ 都可以用无穷个面积为 $x(t_n)\Delta t$ 的脉冲冲击函数 $\delta(t-t_n)$ 来逼近，$x(t)$ 可表示为

$$x(t) \approx \sum_{n=-\infty}^{\infty} [x(t_n)\Delta t]\delta(t-t_n) \tag{2.3.1}$$

对式（2.3.1）两边进行线性非时变系统运算 $T[\cdot]$ 我们可以得到

$$y(t) \approx \sum_{n=-\infty}^{\infty} [x(t_n)\Delta t]h(t-t_n) \tag{2.3.2}$$

式中，$h(t) = T[\delta(t)]$ 为系统的冲击响应函数或系统函数。当 $\Delta t \to 0$ 时，式（2.3.2）变

为积分运算

$$y(t) = \int_{-\infty}^{\infty} x(\tau)h(t-\tau)\mathrm{d}\tau \tag{2.3.3}$$

把式(2.3.3)称为卷积积分，用 $x(t)*h(t)$ 表示，即

$$x(t)*h(t) = \int_{-\infty}^{\infty} x(\tau)h(t-\tau)\mathrm{d}\tau \tag{2.3.4}$$

式(2.3.3)说明，连续时间线性非时变系统的输出完全由系统的冲击响应函数 $h(t)$ 决定，因此冲击响应函数 $h(t)$ 完全描述了系统的时域特性。

2.3.2　传输函数

在时域中，线性系统的输入输出通过卷积积分联系起来，而在频域则是通过传输函数联系起来的。把式(2.2.4)代入式(2.3.3)中有

$$
\begin{aligned}
y(t) &= \int_{-\infty}^{\infty} X(f)\left\{ \int_{-\infty}^{\infty} \mathrm{e}^{\mathrm{j}2\pi f\tau} h(t-\tau)\mathrm{d}\tau \right\}\mathrm{d}f \\
&= \int_{-\infty}^{\infty} X(f)\left\{ \int_{-\infty}^{\infty} \mathrm{e}^{-\mathrm{j}2\pi f(t-\tau)} h(t-\tau)\mathrm{d}\tau \right\}\mathrm{e}^{\mathrm{j}2\pi ft}\mathrm{d}f \\
&= \int_{-\infty}^{\infty} X(f)H(f)\mathrm{e}^{\mathrm{j}2\pi ft}\mathrm{d}f
\end{aligned}
\tag{2.3.5}
$$

式中，$H(f)$ 是冲击响应函数 $h(t)$ 的傅里叶变换。从式(2.3.5)中可得

$$Y(f) = X(f)H(f) \tag{2.3.6}$$

也就是说

$$\mathcal{F}[x(t)*h(t)] = X(f)H(f) \tag{2.3.7}$$

则称式(2.3.7)为卷积定律。

2.4　连续时间信号的能量谱和功率谱

2.4.1　能量信号

如果一个信号 $x(t)$ 的能量

$$E_x = \int_{-\infty}^{\infty} |x(t)|^2\mathrm{d}t \tag{2.4.1}$$

是有限的,称这样的信号为能量信号。能量信号的能量谱密度(energy spectral density)定义为

$$\Phi_{xx}(f) = |X(f)|^2 \tag{2.4.2}$$

能量谱密度描述了信号的能量在频率域的分布，根据帕塞瓦尔关系有

$$E_x = \int_{-\infty}^{\infty} \Phi_{xx}(f)\mathrm{d}f \tag{2.4.3}$$

能量谱密度 $\Phi_{xx}(f)$ 和信号的自相关函数 $\phi_{xx}(\tau)$ 是一对傅里叶变换对。信号的自相关函数定义为

$$\phi_{xx}(\tau) = \int_{-\infty}^{\infty} x(t+\tau)x^*(t)\mathrm{d}t = x(\tau) * x^*(-\tau) \tag{2.4.4}$$

对式 (2.4.4) 两边进行傅里叶变换，利用卷积定律关系 $\mathcal{F}[x^*(-t)] = X^*(f)$，得到

$$\Phi_{xx}(f) = \mathcal{F}[\phi_{xx}(\tau)] \tag{2.4.5}$$

式 (2.4.5) 提供了另一种计算能量谱密度的方法，先计算信号的自相关函数，然后对自相关函数进行傅里叶变换即可得到信号的能量谱密度。

2.4.2　功率信号

如果信号 $x(t)$ 的能量不是有限的，但其功率

$$P_x = \lim_{T \to \infty} \frac{1}{2T} \int_{-T}^{T} |x(t)|^2 \, \mathrm{d}t \tag{2.4.6}$$

是有限的，称 $x(t)$ 为功率信号。功率信号的时间平均自相关函数定义为

$$\phi_{xx}(\tau) = \lim_{T \to \infty} \frac{1}{2T} \int_{-T}^{T} x(t+\tau)x^*(t)\mathrm{d}t \tag{2.4.7}$$

和能量信号类似，把 $\phi_{xx}(\tau)$ 的傅里叶变化定义为功率谱密度

$$\Phi_{xx}(f) = \mathcal{F}[\phi_{xx}(\tau)] \tag{2.4.8}$$

2.4.3　随机信号

通信系统的输入都是随机的，因此随机信号的特性和线性非时变系统的关系是分析通信系统的基础。假如信号 $x(t)$ 是随机过程 $X(t)$ 的一个样本实现，那么随机信号 $x(t)$ 的自相关函数定义为

$$\phi_{xx}(t, t+\tau) = E[x(t+\tau)x^*(t)] \tag{2.4.9}$$

式中，$E[\cdot]$ 表示随机过程 $X(t)$ 的统计平均。

如果随机过程 $X(t)$ 是平稳的，其统计平均和时间变量 t 无关，这时自相关函数 $\phi_{xx}(t, t+\tau)$ 只和变量 τ 有关，式 (2.4.9) 变为

$$\phi_{xx}(\tau) = E[x(t+\tau)x^*(t)] \tag{2.4.10}$$

更进一步，如果随机过程是平稳遍历随机过程，那么统计平均可以用时间平均来代替

$$\phi_{xx}(\tau) = E[x(t+\tau)x^*(t)] = \lim_{T\to\infty}\frac{1}{2T}\int_{-T}^{T}x(t+\tau)x^*(t)\mathrm{d}t \qquad (2.4.11)$$

如果随机过程 $X(t)$ 是非平稳的，$\phi_{xx}(\tau)$ 可以通过对 $\phi_{xx}(t,t+\tau)$ 进行时间平均得到

$$\tilde{\phi}_{xx}(\tau) = \lim_{T\to\infty}\frac{1}{2T}\int_{-T}^{T}\phi_{xx}(t+\tau,t)\mathrm{d}t \qquad (2.4.12)$$

下面推导随机过程时频域的能量守恒关系。根据功率密度谱 $\Phi_{xx}(f)$ 和自相关函数 $\phi_{xx}(\tau)$ 的关系，有

$$\tilde{\phi}_{xx}(\tau) = \mathcal{F}^{-1}[\Phi_{xx}(f)] = \int_{-\infty}^{\infty}\Phi_{xx}(f)\mathrm{e}^{\mathrm{j}2\pi f\tau}\mathrm{d}f \qquad (2.4.13)$$

当 $\tau = 0$ 时，有

$$\tilde{\phi}_{xx}(0) = \int_{-\infty}^{\infty}\Phi_{xx}(f)\mathrm{d}f \qquad (2.4.14)$$

另外，根据式 (2.4.9) 和式 (2.4.12) 有

$$\tilde{\phi}_{xx}(0) = \lim_{T\to\infty}\frac{1}{2T}\int_{-T}^{T}E[|x(t)|^2]\mathrm{d}t \qquad (2.4.15)$$

综合式 (2.4.14) 和式 (2.4.15) 有下列能量守恒关系

$$\lim_{T\to\infty}\frac{1}{2T}\int_{-T}^{T}E[|x(t)|^2]\mathrm{d}t = \int_{-\infty}^{\infty}\Phi_{xx}(f)\mathrm{d}f \qquad (2.4.16)$$

式 (2.4.16) 的等号左边表示随机过程在时间域的平均功率，等号右边表示在频率域的平均功率。

2.4.4　随机信号通过 LTI 系统

如果线性非时变系统的输入是随机信号，输入输出的关系就不能简单地用卷积定理来描述，这时需要引入信号的功率谱密度。当一个随机信号 $x(t)$ 通过 LTI 系统时，其输出信号 $y(t)$ 的功率谱为

$$\begin{aligned}
\Phi_{yy}(f) &= \int_{-\infty}^{\infty}\phi_{yy}(\tau)\mathrm{e}^{-\mathrm{j}2\pi f\tau}\mathrm{d}\tau \\
&= \int_{-\infty}^{\infty}E[y(t+\tau)y^*(t)]\mathrm{e}^{-\mathrm{j}2\pi f\tau}\mathrm{d}\tau \\
&= \int_{-\infty}^{\infty}E\left[\left\{\int_{-\infty}^{\infty}x(t-s+\tau)h(s)\mathrm{d}s\right\}\left\{\int_{-\infty}^{\infty}x^*(t-r)h(r)\mathrm{d}r\right\}\right]\mathrm{e}^{-\mathrm{j}2\pi f\tau}\mathrm{d}\tau \\
&= \int_{-\infty}^{\infty}\int_{-\infty}^{\infty}\int_{-\infty}^{\infty}E[x(t-s+\tau)x^*(t-r)]h(s)h(r)\mathrm{e}^{-\mathrm{j}2\pi f\tau}\mathrm{d}s\mathrm{d}r\mathrm{d}\tau
\end{aligned} \qquad (2.4.17)$$

把变量 $u = s - r + \tau$ 代入式 (2.4.17) 中得到

$$\Phi_{yy}(f) = \int_{-\infty}^{\infty} \int_{-\infty}^{\infty} \int_{-\infty}^{\infty} E[x(t+u)x^*(t)]h(s)h(r)\mathrm{e}^{-\mathrm{j}2\pi f u}\mathrm{e}^{\mathrm{j}2\pi f s}\mathrm{e}^{-\mathrm{j}2\pi f r}\mathrm{d}s\mathrm{d}r\mathrm{d}u$$

$$= \left\{ \int_{-\infty}^{\infty} E[x(t+u)x^*(t)]\mathrm{e}^{-\mathrm{j}2\pi f u}\mathrm{d}u \right\}\left\{ \int_{-\infty}^{\infty} h(s)\mathrm{e}^{\mathrm{j}2\pi f s}\mathrm{d}s \right\}\left\{ \int_{-\infty}^{\infty} h(r)\mathrm{e}^{-\mathrm{j}2\pi f r}\mathrm{d}r \right\} \quad (2.4.18)$$

$$= \Phi_{xx}(f)\,|H(f)|^2$$

最后得到下列等式

$$\Phi_{yy}(f) = \Phi_{xx}(f)\,|H(f)|^2 \quad (2.4.19)$$

这就是随机信号通过 LTI 系统的输入输出关系，也就是说，传输函数把输入随机信号的功率谱密度和输出随机信号的功率谱密度联系了起来。

2.5　离散时间线性非时变系统

在现代通信系统中，除了输入输出接口的 A/D 及 D/A 转换器，其余部分的信号处理都在数字域由数字硬件和软件来完成，因此，离散时间线性非时变系统对设计通信系统更有用，连续时间 LTI 系统更多地用于系统的分析。抽样定律把连续 LTI 系统和离散 LTI 系统联系了起来，在下面本书将介绍抽样定律和离散 LTI 系统的分析及描述。

2.5.1　抽样定律

抽样定律规定了对模拟信号进行抽样的最低门限频率，当抽样频率低于这个门限频率时，抽样后的离散信号就不能重建模拟信号，因为抽取的样值不够。假如连续信号 $x(t)$ 的最高频率不超过 B Hz，也即 $X(f) = 0$（$f > B$），那么当抽样频率为 $f_s \geqslant 2B$ 时，连续信号 $x(t)$ 能够从抽样信号中完全重建。B 称为信号 $x(t)$ 的奈奎斯特频率（Nyquist frequency）。

抽样定律的证明需要用到周期冲击函数，周期冲击函数定义为

$$\delta_T(t) = \sum_{n=-\infty}^{\infty} \delta(t - nT) \quad (2.5.1)$$

根据傅里叶理论，周期函数可以用傅里叶系级数表示

$$\delta_T(t) = \sum_{n=-\infty}^{\infty} x_n \mathrm{e}^{\mathrm{j}2\pi n f_s t} \quad (2.5.2)$$

式中，傅里叶系数 x_n 等于

$$x_n = \frac{1}{T}\int_{\alpha}^{\alpha+T} \delta_T(t)\mathrm{e}^{-\mathrm{j}2\pi n f_s t}\mathrm{d}t = \frac{1}{T}\int_{-T/2}^{T/2} \delta(t)\mathrm{e}^{-\mathrm{j}2\pi n f_s t}\mathrm{d}t = \frac{1}{T} \quad (2.5.3)$$

把 x_n 代入式 (2.5.2) 得到

$$\delta_T(t) = \sum_{n=-\infty}^{\infty} \delta(t-nT) = \frac{1}{T} \sum_{n=-\infty}^{\infty} e^{j2\pi nf_s t} = f_s \sum_{n=-\infty}^{\infty} e^{j2\pi nf_s t} \qquad (2.5.4)$$

利用周期冲击函数，抽样信号可表示为

$$x_s(t) = x(t)\delta_T(t) = \sum_{n=-\infty}^{\infty} x(t)\delta(t-nT) = f_s \sum_{n=-\infty}^{\infty} x(t)e^{j2\pi nf_s t} \qquad (2.5.5)$$

对式 (2.5.5) 两边进行傅里叶变换得到

$$X_s(f) = f_s \sum_{n=-\infty}^{\infty} X(f-nf_s) \qquad (2.5.6)$$

式 (2.5.6) 表示，抽样信号 $x_s(t)$ 的频谱是原信号频谱在频率轴上的移位叠加。如果移位值 $f_s < 2B$，那么频谱就会重叠，重建信号就会失真。

重建信号 $x(t)$ 可以用一个简单的低通滤波器来实现，一个理想低通滤波器的传输函数为

$$H(f) = \begin{cases} 1, & |f| \leqslant f_s \\ 0, & \text{其他} \end{cases} \qquad (2.5.7)$$

其时域函数为

$$h(t) = f_s \, \text{sinc}(f_s t) \qquad (2.5.8)$$

把理想低通滤波器 $H(f)$ 乘以 $X_s(f)$ 得到

$$X(f) = f_s H(f) X_s(f) \qquad (2.5.9)$$

在时间域，重建信号可表示为

$$x(t) = \frac{1}{f_s} x_s(t) * h(t) = \sum_{n=-\infty}^{\infty} x(nT)\text{sinc}[f_s(t-nT)] \qquad (2.5.10)$$

式 (2.5.10) 表示，sinc 函数是联系离散信号和连续信号的媒介。

2.5.2 离散时间信号和系统

连续信号经过抽样处理后变成了离散时间序列 $x(n)$，在通信系统中，$x(n)$ 将进一步在数字信号处理器中进行编码、调制、滤波等处理，这些处理都是在离散时间域进行的，把相应的处理系统看成一个离散时间线性非时变系统 (离散 LTI)。和连续 LTI 系统相似，定义离散 LTI 系统为

$$y(n) = T[x(n)] \qquad (2.5.11)$$

式中，$x(n)$ 和 $y(n)$ 分别表示输入输出序列。在时域，离散 LTI 系统的特性完全由系

统的冲击响应系列 $h(n)$ 决定，$h(n)$ 定义为

$$y(n) = T[\delta(n)] \tag{2.5.12}$$

式中，$\delta(n)$ 为冲击函数序列

$$\delta(n) = \begin{cases} 1, & n = 0 \\ 0, & n \neq 0 \end{cases} \tag{2.5.13}$$

利用 $\delta(n)$，任意一个序列 $x(n)$ 可以表示为

$$x(n) = \sum_{i=-\infty}^{\infty} x(i)\delta(n-i) \tag{2.5.14}$$

对式 (2.5.14) 两边进行 $T[\cdot]$ 运算，由于系统是线性非时变的，有

$$y(n) = x(n) * h(n) = \sum_{i=-\infty}^{\infty} x(i)h(n-i) \tag{2.5.15}$$

式 (2.5.15) 就是离散 LTI 系统的输入输出卷积关系。

2.6　离散时间变换

2.6.1　Z-变换和离散时间傅里叶变换

　　Z-变化是分析离散信号和 LTI 系统的重要工具，对于任意一个离散时间序列 $x(n)$，其 Z-变化定义为

$$X(z) = \sum_{n=-\infty}^{\infty} x(n)z^{-n} \tag{2.6.1}$$

式中，z 是一个复数变量。Z-变换属于积分变换，其逆变换是复数域上的围线积分，定义为

$$x(n) = Z^{-1}\{X(z)\} = \frac{1}{2\pi \mathrm{j}} \oint_C X(z)z^{n-1}\mathrm{d}z \tag{2.6.2}$$

式中，C 是 Z-变换收敛域中的一个包围所有 $X(z)$ 极点的逆时针围线。

　　离散时间傅里叶变换 (discrete-time Fourier transform，DTFT) 是 Z-变换在单位圆上，围线 C 等于单位圆时的一个特例。把 $z = \mathrm{e}^{\mathrm{j}2\pi f}$ 代入 Z-变换的定义 (式 (2.6.1)) 中得到离散时间傅里叶变换为

$$X(\mathrm{e}^{\mathrm{j}2\pi f}) = \sum_{n=-\infty}^{\infty} x(n)\mathrm{e}^{-\mathrm{j}2\pi nf} \tag{2.6.3}$$

　　在 Z-变换的逆变换中，如果围线 C 在单位圆上逆时针旋转一周，意味着角频率 $\omega = 2\pi f / f_s$ 从 0 到 2π，把 $z = \mathrm{e}^{\mathrm{j}2\pi f}$ 代入式 (2.6.2) 中得到离散时间傅里叶逆变换为

$$x(n) = \frac{1}{f_s} \int_0^{f_s} X(e^{j2\pi f}) e^{j2\pi nf} df \qquad (2.6.4)$$

式中，f_s 等于抽样频率。$X(e^{j2\pi f})$ 是一个周期为 f_s 的复函数，即 $X(e^{j2\pi(f+f_s)}) = X(e^{j2\pi f})$，另外 $X(e^{j2\pi f})$ 还有下面两个重要特性。

(1)幅度偶对称，即 $\left|X(e^{j2\pi f})\right| = \left|X(e^{-j2\pi f})\right|$。

(2)相位奇对称，即 $\arg\{X(e^{j2\pi f})\} = -\arg\{X(e^{-j2\pi f})\}$。

我们说过，离散 LTI 的时域特性由冲击响应 $h(n)$ 决定，而在频域则由传输函数 $H(z)$（$h(n)$ 的 Z-变换)完全描述，传输函数 $H(z)$ 完全描述。对式(2.5.15)两边进行 Z-变换得到

$$
\begin{aligned}
Y(z) = Z\{x(n) * h(n)\} &= \sum_{n=-\infty}^{\infty} \sum_{i=-\infty}^{\infty} x(i)h(n-i)z^{-n} \\
&= \sum_{n=-\infty}^{\infty} x(i)z^{-n} \sum_{k=-\infty}^{\infty} h(k)z^{-k} \\
&= X(z)H(z)
\end{aligned}
\qquad (2.6.5)
$$

式(2.6.4)描述了离散 LTI 系统的卷积定理。把 $z = e^{j2\pi f}$ 代入式(2.6.5)中得到

$$Y(e^{j2\pi f}) = X(e^{j2\pi f})H(e^{j2\pi f}) \qquad (2.6.6)$$

2.6.2　离散傅里叶变换

对于有限长度信号 $x(n)$，DTFT 可以进一步简化为离散傅里叶变换(discrete Fourier transform，DFT)。假设信号 $x(n)$ 的长度为 N，即 $x(n) = 0$，$n < 0$，$n \geqslant N$。对于有限长度信号 $x(n)$，DTFT 变为

$$X(e^{j2\pi f}) = \sum_{n=0}^{N-1} x(n) e^{-j2\pi nf} \qquad (2.6.7)$$

式中，f 为连续频率变量。对于有限长度信号 DTFT，从 $X(e^{j2\pi f})$ 重建信号 $x(n)$ 就没有必要进行式(2.6.4)中的积分运算，而只需要在 $0 \leqslant f \leqslant f_s$ 期间抽取 N 点 $X(e^{j2\pi f})$ 即可，下面利用抽样定律来解释。

如果对式(2.6.7)中的 $X(e^{j2\pi f})$ 在频率变量 f 上进行 N 点抽样，根据抽样定律，其傅里叶逆变换等于周期信号 $\tilde{x}(n)$

$$\tilde{x}(n) = \sum_{m=-\infty}^{\infty} x(n-mM) \qquad (2.6.8)$$

如果 $M \geqslant N$，周期信号 $\tilde{x}(n)$ 没有重叠，信号 $x(n)$ 就可以完全从 $\tilde{x}(n)$ 恢复出来。取

$f = kf_s/N$，$0 \leqslant k \leqslant N-1$，式 (2.6.7) 变为

$$X(k) = \sum_{n=0}^{N-1} x(n)e^{-j2\pi nkf_s/N} \tag{2.6.9}$$

对 f 进行抽样后，式 (2.6.4) 中的积分变成了求和，把 $df = kf_s/N$ 代入式 (2.6.4) 中，IDFT (inverse discrete Fourier transform) 变为

$$x(n) = \frac{1}{N} \sum_{k=0}^{N-1} X(k)e^{j2\pi nkf_s/N} \tag{2.6.10}$$

把 $f_s = 1$ 代入式 (2.6.9) 和式 (2.6.10) 并不影响结果，这样就得到了 DFT 变换对

$$X(k) = \sum_{n=0}^{N-1} x(n)e^{-j2\pi nk/N} \quad (\text{正变换}) \tag{2.6.11}$$

$$x(n) = \frac{1}{N} \sum_{k=0}^{N-1} X(k)e^{j2\pi nk/N} \quad (\text{逆变换}) \tag{2.6.12}$$

DFT 是通信系统设计和分析中最常用的变换，因为系统在处理信号时都是分帧来处理的，每帧信号的长度都是有限的，因此了解 DFT 的性能对设计和分析通信系统十分重要。DFT 性能和连续时间傅里叶变换性能有类似之处，但 DFT 是对有限长度信号进行的离散傅里叶变换，因此 DFT 有一些自己特别的性能。下面列出 DFT 的常用特性。

(1) 线性关系。如果 $x(n)$ 和 $y(n)$ 为相同长度序列，对于常数 α 和 β，有

$$\text{DFT}[\alpha x(n) + \beta y(n)] = \alpha \text{DFT}[x(n)] + \beta \text{DFT}[y(n)] \tag{2.6.13}$$

(2) 共轭对称。对于长度为 N 点的实数序列 $x(n)$，有

$$X(N-k) = X^*(k) \tag{2.6.14}$$

(3) 循环时间和频率移位。对于有限长度序列 $x(n)$，如果 $x[(n-m)_N]$ 表示 $x(n)$ 在时间轴上的 m 点循环移位，那么有

$$\text{DFT}\{x[(n-m)_N]\} = X(k)e^{-j2\pi km/N} \tag{2.6.15}$$

相应地，如果 $X[(k-m)_N]$ 表示在频率轴上的循环移位，那么

$$\text{IDFT}\{X[(k-m)_N]\} = x(n)e^{j2\pi nm/N} \tag{2.6.16}$$

式 (2.6.16) 和连续时间傅里叶变换的调制性能类似，不同的是 $X(k)$ 进行的是循环移位。

(4) 循环卷积。卷积定理是分析 LTI 系统的基础，但卷积定理只对信号的 DTFT

成立，也就是说，序列的长度必须是无穷长的。但对于有限长度序列，可以用循环卷积来描述卷积定理。对于长度为 N 的两个序列 $x(n)$ 和 $h(n)$，其循环卷积定义为

$$x(n) \circledast h(n) = \sum_{i=0}^{N-1} x(i) h[(n-i)_N] \tag{2.6.17}$$

对式 (2.6.17) 两边进行 DFT 运算得到

$$\mathrm{DFT}[x(n) \circledast h(n)] = X(k)H(k) \tag{2.6.18}$$

对应地有

$$\mathrm{DFT}[x(n)h(n)] = \frac{1}{N} X(k) \circledast H(k) \tag{2.6.19}$$

(5) 帕塞瓦尔关系。对于长度为 N 的两个序列 $x(n)$ 和 $y(n)$，有下列关系

$$\sum_{n=0}^{N-1} x(n) y^*(n) = \frac{1}{N} \sum_{k=0}^{N-1} X(k) Y^*(k) \tag{2.6.20}$$

当 $x(n) = y(n)$ 时，式 (2.6.20) 变为

$$\sum_{n=0}^{N-1} |x(n)|^2 = \frac{1}{N} \sum_{k=0}^{N-1} |X(k)|^2 \tag{2.6.21}$$

式 (2.6.21) 是能量守恒在离散时间信号中的表现。

2.7　离散时间信号的能量谱和功率谱密度

和连续时间 LTI 系统类似，这一节给出离散时间能量和功率谱定义，以及随机序列通过离散 LTI 系统的输入输出关系。

2.7.1　能量信号

一个离散时间序列 $x(n)$ 称为能量型信号，如果它的能量

$$E_x = \sum_{n=-\infty}^{\infty} |x(n)|^2 \tag{2.7.1}$$

是有限的。相应的能量谱密度定义为

$$\Phi_{xx}(\mathrm{e}^{\mathrm{j}2\pi f}) = |X(\mathrm{e}^{\mathrm{j}2\pi f})|^2 \tag{2.7.2}$$

式中，$X(\mathrm{e}^{\mathrm{j}2\pi f})$ 为信号 $x(n)$ 的傅里叶变换。根据帕塞瓦尔关系有

$$\int_0^{f_s} |X(e^{j2\pi f})|^2 df = \sum_{n=-\infty}^{\infty} |x(n)|^2 \qquad (2.7.3)$$

在 Z-变化域有

$$\frac{1}{2\pi j} \oint |X(z)|^2 \frac{dz}{z} = \sum_{n=-\infty}^{\infty} |x(n)|^2 \qquad (2.7.4)$$

能量谱可以借助信号的自相关函数来计算，序列 $x(n)$ 的自相关函数为

$$\phi_{xx}(m) = \sum_{n=-\infty}^{\infty} x(m)x^*(n+m) = x(m)*x^*(-m) \qquad (2.7.5)$$

利用关系 $\mathcal{F}[x^*(-m)] = X^*(e^{j2\pi f})$ ，得到

$$\Phi_{xx}(e^{j2\pi f}) = \mathcal{F}[\phi_{xx}(m)] \qquad (2.7.6)$$

2.7.2　功率信号

如果序列 $x(n)$ 的能量 E_x 是无限的，但其功率

$$P_x = \lim_{N\to\infty} \frac{1}{2N+1} \sum_{n=-N}^{N} |x(n)|^2 \qquad (2.7.7)$$

是有限的，那么称信号为功率有限型信号。功率信号的功率谱密度定义为

$$\Phi_{xx}(e^{j2\pi f}) = \mathcal{F}[\phi_{xx}(m)] \qquad (2.7.8)$$

式中

$$\phi_{xx}(m) = \lim_{N\to\infty} \frac{1}{2N+1} \sum_{n=-N}^{N} x(n)x^*(n+m) \qquad (2.7.9)$$

为信号 $x(n)$ 的平均自相关函数。

2.7.3　随机序列

假设序列 $x(n)$ 是随机过程 $X(n)$ 的一个样本，随机过程的自相关函数定义为

$$\phi_{xx}(n+m,n) = E[x(n)x^*(n+m)] \qquad (2.7.10)$$

式中，$E[\cdot]$ 表示集平均。如果 $X(n)$ 是平稳过程，那么集平均与时间无关，式 (2.7.10) 简化为

$$\phi_{xx}(m) = E[x(n)x^*(n+m)] \qquad (2.7.11)$$

更进一步，如果随机过程 $X(n)$ 是各态历经过程，那么集平均可用时间平均来代替

$$\phi_{xx}(m) = E[x(n)x^*(n+m)] = \lim_{N\to\infty} \frac{1}{2N+1} \sum_{n=-N}^{N} x(n)x^*(n+m) \qquad (2.7.12)$$

根据谱密度函数和自相关函数傅里叶对的关系，$\phi_{xx}(m)$ 等于谱密度函数 $\Phi_{xx}(\mathrm{e}^{\mathrm{j}2\pi f})$ 的逆变换

$$\phi_{xx}(m) = \frac{1}{f_s}\int_0^{f_s} \Phi_{xx}(\mathrm{e}^{\mathrm{j}2\pi f})\mathrm{e}^{\mathrm{j}2\pi fm}\mathrm{d}f \tag{2.7.13}$$

当 $m=0$ 时，

$$\phi_{xx}(0) = \frac{1}{f_s}\int_0^{f_s} \Phi_{xx}(\mathrm{e}^{\mathrm{j}2\pi f})\mathrm{d}f = \int_0^1 \Phi_{xx}(\mathrm{e}^{\mathrm{j}2\pi f})\mathrm{d}f \tag{2.7.14}$$

另外，当 $m=0$ 时，根据式 (2.7.12)，$\phi_{xx}(0)=E[|x(n)|^2]$，因此有

$$E[|x(n)|^2] = \int_0^1 \Phi_{xx}(\mathrm{e}^{\mathrm{j}2\pi f})\mathrm{d}f \tag{2.7.15}$$

式 (2.7.15) 是离散随机序列的帕塞瓦尔关系。

2.7.4　随机序列通过离散 LTI 系统

和连续时间随机函数通过连续 LTI 系统的输入输出关系类似，当离散随机序列 $x(n)$ 通过类似 LTI 系统后，输出序列 $y(n)$ 的谱密度函数 $\Phi_{yy}(\mathrm{e}^{\mathrm{j}2\pi f})$ 等于

$$\Phi_{yy}(\mathrm{e}^{\mathrm{j}2\pi f}) = \Phi_{xx}(\mathrm{e}^{\mathrm{j}2\pi f})\,|H(\mathrm{e}^{\mathrm{j}2\pi f})|^2 \tag{2.7.16}$$

式中，$H(\mathrm{e}^{\mathrm{j}2\pi f})$ 为离散 LTI 系统的系统函数，在 Z-变换域，有

$$\Phi_{yy}(z) = \Phi_{xx}(z)\,|H(z)|^2 \tag{2.7.17}$$

2.8　数字滤波器

2.8.1　FIR 滤波器

滤波器是通信系统中的一个重要组成部分，在发送端，整形端滤波器用于对发送信号进行低通滤波，把信号限制在发送频带内。在接收端，信道均衡滤波器用于去除信道干扰，匹配滤波器用于抵消发送端整形滤波器的作用重建发送信号。滤波器根据冲击响应函数的长度可分为有限冲击响应滤波器和无线冲击响应 (infinite impulse response，IIR) 滤波器。在通信系统中使用的几乎都是 FIR 滤波器，而且都是线性相位 FIR 滤波器，主要原因是 FIR 滤波器设计容易，而且没有极点，不存在稳定性问题。

如果 FIR 滤波器的系数长度为 N，假设 N 为偶数，线性相位 FIR 滤波器的条件是

$$h(n) = h(N - n - 1), \quad 0 \leqslant n \leqslant N/2 - 1 \tag{2.8.1}$$

其傅里叶变换 $H(\mathrm{e}^{\mathrm{j}2\pi f})$ 等于

$$
\begin{aligned}
H(\mathrm{e}^{\mathrm{j}2\pi f}) &= \mathrm{e}^{-\mathrm{j}\pi f(N-1)}\left[\sum_{n=0}^{N/2-1} h(n)\mathrm{e}^{-\mathrm{j}2\pi f\left(n-\frac{N-1}{2}\right)} + \sum_{n=0}^{N/2-1} h(N-1-n)\mathrm{e}^{\mathrm{j}2\pi f\left(n-\frac{N-1}{2}\right)} \right] \\
&= \mathrm{e}^{-\mathrm{j}\pi f(N-1)} \sum_{n=0}^{N/2-1} h(n)\left[\mathrm{e}^{-\mathrm{j}2\pi\left(n-\frac{N-1}{2}\right)} + \mathrm{e}^{\mathrm{j}2\pi\left(n-\frac{N-1}{2}\right)} \right] \\
&= \mathrm{e}^{-\mathrm{j}\pi f(N-1)} \sum_{n=0}^{N/2-1} 2h(n)\cos\left[2\pi f\left(n-\frac{N-1}{2}\right) \right] \\
&= \mathrm{e}^{-\mathrm{j}\pi f(N-1)} H_R(f)
\end{aligned} \tag{2.8.2}
$$

式中，$H_R(f)$ 为实数；$\varphi(f) = \pi f(N-1)$ 是频率 f 的线性函数。N 为奇数时也有类似的结果。

2.8.2　匹配滤波器

匹配滤波器是指能够使接收端输出信号的信噪比最大的滤波器。图 2.1 给出了一个基带信号传输系统，调制信号 $s(t)$ 经过发送滤波器 $p(t)$ 后进入信道 $g(t)$ 传输。在接收端，接收信号加信道噪声 $n(t)$ 后，首先通过均衡滤波器去除信道的作用，然后进入接收滤波器 $r(t)$，进行滤波处理得到重建发送信号 $y(t)$，$y(t)$ 经过抽样后得到重建调制符号 $y(n)$，在没有误码的情况下，$y(n) = s(n)$，这里 $s(n)$ 为调制符号，

$$s(t) = \sum_{n=-\infty}^{\infty} s(n)\delta(t - nT) \text{。}$$

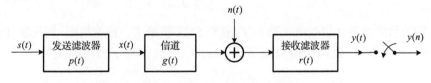

图 2.1　通信基带传输系统框图

图 2.1 中，接收滤波器输出 $y(t)$ 等于

$$y(t) = s(t) * p(t) * g(t) * r(t) + n(t) * r(t) \tag{2.8.3}$$

假设信道的作用完全可以由接收端的均衡滤波器抵消，那么 $y(t)$ 可表示为

$$y(t) = s(t) * p(t) * r(t) + \tilde{n}(t) \tag{2.8.4}$$

式中，$\tilde{n}(t) = n(t) * r(t)$。我们感兴趣的是如何选取接收滤波器 $r(t)$，使得重建符号 $y(n)$ 的信噪比（signal noise ratio，SNR）最大。对于某一个抽样点 $t = nT$，式 (2.8.4) 变为

$$y(nT) = s(n)\delta(t - nT) * p(t) * r(t) + \tilde{n}(nT) = y_s(nT) + \tilde{n}(nT) \tag{2.8.5}$$

$y(nT)$ 由信号 $y_s(nT)$ 和噪声 $\tilde{n}(nT)$ 两部分组成，要计算 SNR 需要分别计算信号和噪声的功率。根据式 (2.8.5)，信号 $y_s(nT)$ 可表示为

$$
\begin{aligned}
y_s(nT) &= \int_{-\infty}^{\infty} \mathcal{F}[y_s(nT)] \, \mathrm{e}^{\mathrm{j}2\pi nTf} \, \mathrm{d}f \\
&= \int_{-\infty}^{\infty} \mathcal{F}[s(n)\delta(t - nT) * p(t) * r(t)] \mathrm{e}^{\mathrm{j}2\pi nTf} \, \mathrm{d}f \\
&= s(n) \int_{-\infty}^{\infty} P(f) R(f) \, \mathrm{d}f
\end{aligned}
\tag{2.8.6}
$$

信号 $y_s(t)$ 在抽样点 $t = nT$ 的能量为

$$\left| y_s(nT) \right|^2 = \left| s(n) \right|^2 \left| \int_{-\infty}^{\infty} P(f) R(f) \mathrm{d}f \right|^2 \tag{2.8.7}$$

噪声 $\tilde{n}(nT)$ 是随机信号 $n(t)$ 通过接收滤波器 $R(f)$ 的输出，计算 $\tilde{n}(nT)$ 的功率需要用到随机信号和 LTI 系统的关系。假设噪声 $n(t)$ 是一个功率谱密度为 $N_0/2$ 的白噪声，那么 $\tilde{n}(nT)$ 的功率谱密度为 $(N_0/2) \left| R(f) \right|^2$，功率等于

$$E[|\tilde{n}(t)|^2] = \frac{N_0}{2} \int_{-\infty}^{\infty} |R(f)|^2 \mathrm{d}f \tag{2.8.8}$$

根据式 (2.8.7) 和式 (2.8.8) 得到接收信号在抽样点 $t = nT$ 的信噪比为

$$\mathrm{SNR} = \frac{\left| y_s(nT) \right|^2}{E[|\tilde{n}(nT)|^2]} = \frac{\left| s(n) \right|^2 \left| \int_{-\infty}^{\infty} P(f) R(f) \mathrm{d}f \right|^2}{\dfrac{N_0}{2} \int_{-\infty}^{\infty} |R(f)|^2 \, \mathrm{d}f} \tag{2.8.9}$$

我们的目的是设计接收滤波器 $R(f)$ 使得 SNR 值最大，根据柯西-施瓦茨 (Cauchy-Schwarz) 不等式，任意两个能量型函数 $f_1(x)$，$f_2(x)$，有下列不等式

$$\left| \int_{-\infty}^{\infty} f_1(x) f_2(x) \mathrm{d}x \right|^2 \leqslant \int_{-\infty}^{\infty} |f_1(x)|^2 \, \mathrm{d}x \int_{-\infty}^{\infty} |f_2(x)|^2 \, \mathrm{d}x \tag{2.8.10}$$

当 $f_1(x) = c f_2^*(x)$（c 为任意常数）时，等式成立。

把 $f_1(x) = P(f)$，$f_2(x) = R(f)$ 代入式 (2.8.9) 的分子有

$$\mathrm{SNR} = \frac{\left| s(n) \right|^2 \left| \int_{-\infty}^{\infty} P(f) R(f) \mathrm{d}f \right|^2}{\dfrac{N_0}{2} \int_{-\infty}^{\infty} |R(f)|^2 \, \mathrm{d}f} \leqslant \frac{\left| s(n) \right|^2 \int_{-\infty}^{\infty} |P(f)|^2 \, \mathrm{d}f \int_{-\infty}^{\infty} |R(f)|^2 \, \mathrm{d}f}{\dfrac{N_0}{2} \int_{-\infty}^{\infty} |R(f)|^2 \, \mathrm{d}f} \tag{2.8.11}$$

当 $R(f) = c P^*(f)$ 时，式 (2.8.11) 中的 SNR 最大

$$\text{SNR} = \frac{2|s(n)|^2}{N_0} \int_{-\infty}^{\infty} |P(f)|^2 \, \mathrm{d}f \tag{2.8.12}$$

取 $c=1$，有

$$R(f) = P^*(f) \tag{2.8.13}$$

式 (2.8.12) 意味着 $r(t) = p(-t)$，也就是说，当接收滤波器等于发送滤波器的时间反转形式时，接收端重建得到的符号 $y(n)$ 具有最大信噪比 (SNR)，或者说误码率 (bit error rate，BER) 最小。我们把满足条件 (2.8.12) 的接收滤波器 $R(f)$ 称为匹配滤波器。

2.8.3　平方根升余弦滤波器

匹配滤波器只保证了接收端信号在抽样点的 SNR 最大，但不能保证符号 $s(n)$ 能完全重建，即 $y(n) = s(n)$，因为发送滤波器 $p(t)$ 的作用，所以发送符号间存在符号间干扰。为了去除符号间干扰，在满足匹配滤波的条件下，还需要设计能够满足完全重建条件的接收滤波器。先来推导完全重建条件。

在匹配滤波的条件下，图 2.1 的输入输出关系等于

$$Y(f) = H(f)S(f) = P^*(f)P(f)S(f) = |P(f)|^2 S(f) \tag{2.8.14}$$

如果

$$H(f) = |P(f)|^2 = 1 \tag{2.8.15}$$

那么 $Y(f) = S(f)$，信号得到完全重建，式 (2.8.15) 表示了匹配滤波器的完全重建条件，也就是无符号间干扰条件。在离散域，式 (2.8.15) 等于

$$H(\mathrm{e}^{\mathrm{j}2\pi f}) = f_s \sum_{k=-\infty}^{\infty} |P(f - kf_s)|^2 = 1 \tag{2.8.16}$$

式 (2.8.16) 要求发送滤波器的能量谱密度 $|P(f)|^2$ 在频率轴上的移位叠加为常数，如图 2.2 所示，式 (2.8.16) 也称为功率互补条件。满足条件 (2.8.16) 的发送和接收滤波器称为正交滤波器对。

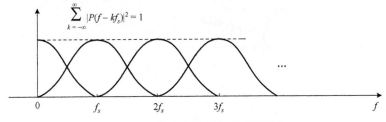

图 2.2　函数在频率轴上的移位叠加

一种能满足条件 (2.8.16) 的函数称为升余弦函数，定义为

$$P^2(\mathrm{e}^{\mathrm{j}2\pi f}) = \begin{cases} 1, & \dfrac{|f|}{f_s} \leqslant 1-r \\ \dfrac{1}{2} + \dfrac{1}{2}\cos\left[\dfrac{\pi}{2r}\left(\dfrac{f}{f_s} - (1-r)\right)\right], & 1-r \leqslant \dfrac{|f|}{f_s} \leqslant 1+r \\ 0, & \dfrac{|f|}{f_s} \geqslant 1+r \end{cases} \tag{2.8.17}$$

式中，$0 < r \leqslant 1$ 为滚降因子，用于控制升余弦函数的滚降速度。

把式 (2.8.17) 开根号得到平方根升余弦函数为

$$H(\mathrm{e}^{\mathrm{j}2\pi f}) = \begin{cases} 1, & \dfrac{|f|}{f_s} \leqslant 1-r \\ \cos\left[\dfrac{\pi}{4r}\left(\dfrac{f}{f_s} - (1-r)\right)\right], & 1-r \leqslant \dfrac{|f|}{f_s} \leqslant 1+r \\ 0, & \dfrac{|f|}{f_s} \geqslant 1+r \end{cases} \tag{2.8.18}$$

平方根升余弦函数如图 2.3 所示。

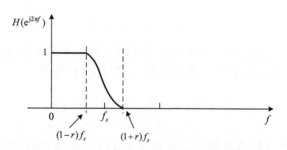

图 2.3　平方根升余弦函数 $H(\mathrm{e}^{\mathrm{j}2\pi})$ 频谱示意图

对式 (2.8.18) 两边进行傅里叶逆变换，得到升余弦函数的时域函数为

$$h(t) = \dfrac{\dfrac{4rt}{T}\cos\left[\dfrac{\pi(1+r)t}{T}\right] + \sin\left[\dfrac{\pi(1-r)t}{T}\right]}{\left[1 - \left(\dfrac{4rt}{T}\right)^2\right]\pi\dfrac{t}{T}} \tag{2.8.19}$$

在离散时间域，式 (2.8.19) 表示为

$$h(n) = \dfrac{4rn\cos[\pi(1+r)n] + \sin[\pi(1-r)n]}{[1 - (4rn)^2]\pi n}, \quad -\infty < n < \infty \tag{2.8.20}$$

2.8.4　接收滤波器的设计

在理想情况下，平方根升余弦函数是最佳的接收滤波器，因为理想平方根升余弦函数既能消除符号间干扰，又能使接收端信号判决点的 SNR 值最高。但理想平方根升余弦函数是不可能实现的，因为式(2.8.20)中的系数长度无限长。在实际应用中必须对系数进行截断，截断后的滤波器系数长度是有限的，但有限长度的平方根升余弦函数不满足无符号间干扰的条件，也就是说有限长度的平方根升余弦函数本身就带来了干扰误差。这样一来，我们在讨论匹配滤波器时计算 SNR 的公式就不完全成立了，需要修改。

考虑发送和接收滤波器的非正交，接收信号可表示为

$$y(nT) = s(n)\delta(t-nT) * p(t) * [r_s(t) + r_e(t)] + \tilde{n}(nT)$$
$$= y_s(nT) + e(nT) + \tilde{n}(nT) \tag{2.8.21}$$

式中，我们把接收滤波器 $r(t)$ 分成两部分 $r(t) = r_s(t) + r_e(t)$，其中 $r_s(t)$ 用于重建发送符号 $s(nT)$，$r_e(t)$ 产生非正交误差 $e(t)$

$$e(nT) = s(n)\delta(t-nT) * p(t) * r_e(t) \tag{2.8.22}$$

$y_s(nT)$ 表示能完全重建发送信号

$$y(nT) = s(n)\delta(t-nT) * p(t) * r_s(t) = s(nT) \tag{2.8.23}$$

根据式(2.8.21)，图 2.1 中的基带传输系统可以重新表示为图 2.4。

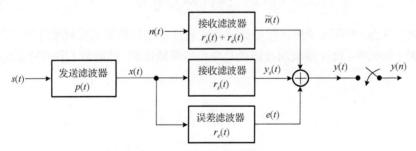

图 2.4　考虑滤波器非正交误差的通信基带传输系统框图

图 2.4 中，信号 $y_s(nT)$ 的能量等于

$$\left|y_s(nT)\right|^2 = |s(n)|^2 \left|\int_{-\infty}^{\infty} P(f)R_s(f)\mathrm{d}f\right|^2 \tag{2.8.24}$$

假设误差信号 $e(t)$ 是一个功率谱密度为 $N/2$ 的白噪声，其功率为

$$E\left[|e(t)|^2\right] = \frac{N}{2}\int_{-\infty}^{\infty}\left|R_e(f)\right|^2\mathrm{d}f \tag{2.8.25}$$

信道噪声的功率为

$$E[|\tilde{n}(t)|^2] = \frac{N_0}{2}\left\{\int_{-\infty}^{\infty}|R_s(f)|^2\mathrm{d}f + \int_{-\infty}^{\infty}|R_e(f)|^2\mathrm{d}f\right\} \tag{2.8.26}$$

接收输出的 SNR 等于

$$\begin{aligned} \mathrm{SNR} &= \frac{|y_s(nT)|^2}{E[|e(nT)|^2] + E[|\tilde{n}(nT)|^2]} \\ &= \frac{|s(n)|^2\left|\int_{-\infty}^{\infty}P(f)R_s(f)\mathrm{d}f\right|^2}{\dfrac{N_0}{2}\int_{-\infty}^{\infty}|R_s(f)|^2\,\mathrm{d}f + \left(\dfrac{N+N_0}{2}\right)\int_{-\infty}^{\infty}|R_e(f)|^2\,\mathrm{d}f} \end{aligned} \tag{2.8.27}$$

根据柯西-施瓦茨不等式, 有

$$\mathrm{SNR} \leqslant \frac{|s(n)|^2\int_{-\infty}^{\infty}|P(f)|^2\,\mathrm{d}f}{\dfrac{N_0}{2} + \left(\dfrac{N+N_0}{2}\right)\dfrac{E[|r_e(t)|^2]}{E[|r_s(t)|^2]}} \tag{2.8.28}$$

式中

$$E[|r_e(t)|^2] = \int_{-\infty}^{\infty}|R_e(f)|^2\,\mathrm{d}f \tag{2.8.29}$$

$$E[|r_s(t)|^2] = \int_{-\infty}^{\infty}|R_s(f)|^2\,\mathrm{d}f \tag{2.8.30}$$

从式(2.8.28)中可以看出, 接收滤波器和发送滤波器的非正交降低了信号的 SNR, 从而加大了误码率。设计接收滤波器就是要设法降低比例, 即降低 $E[|r_e(t)|^2]/E[|r_s(t)|^2]$ 的值。

2.9 自适应滤波器

自适应滤波是滤波器中的一种重要分类, 自适应的意思就是滤波器的系数能够根据输入信号的特性而变化以达到最优的滤波效果, 自适应滤波器的系数不是固定的, 根据输入信号的变化周期性地更新。在通信传输系统中, 接收端的很多部分都需要根据接收信号的特性来设计, 如自动增益控制模块就必须具有调节接收信号功率的能力, 使得后续处理模块具有接近常数的输入信号功率。载波和时间同步模块也必须具有自适应的能力, 载波同步要从接收调制信号中提取载波频率和相位, 而时间同步需要从接收信号中找到最优的抽样时间, 以保证接收信号的抽样率和发送端一致。接收端的另外两个重要模块, 信道估计和均衡也要用到自适应滤波, 信道估计的目的是周期性地更新信道的传输函数，在时域均衡器设计中，均衡器的系数需要根据信道特性变化，以便能够准确地去除信道干扰，总之，传输系统接收端的设计离不开自适应滤波器的应用。

假设系统的参数为 $h(i)$（$0 \leqslant i \leqslant N-1$），系统的输入信号为 $x(n)$，一般而言，自适应滤波的目的就是通过调整参数 $h(i)$ 使得代价函数趋于最小，根据不同的代价函数自适应滤波器的设计也会不同。最常用的代价函数是系统的输出信号 $y(n)$ 和理想信号 $d(n)$ 的误差 $e(n) = d(n) - y(n)$，在这种情况下，自适应滤波器的设计就是寻找一种算法来不断地调整参数 $h(i)$，使得误差 $e(n)$ 保持最小。

2.9.1　自适应滤波结构

图 2.5 给出了一个自适应 FIR 滤波器结构图。

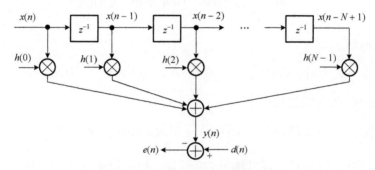

图 2.5　自适应 FIR 滤波器结构图

图 2.5 中，$x(n)$ 和 $y(n)$ 为输入输出信号，$d(n)$ 表示希望得到的信号，$x(n)$、$d(n)$ 都是平稳随机过程，$e(n)$ 为理想信号和滤波输出的差。自适应滤波的设计就是寻找系数 $h(i)$ 使得 $e(n)$ 最小。衡量 $e(n)$ 的大小有两种方式，一种是均方误差（mean-square error），从统计的角度来度量误差，定义为

$$\xi = E[e^2(n)] \tag{2.9.1}$$

式中，$E\{\cdot\}$ 表示统计平均，当用统计方法来衡量误差时，图 2.5 中的结构也称为维纳（Wiener）滤波器。

另一种衡量误差的方法是用平方误差（square error），是在某一固定点来度量误差的，定义为

$$\xi(n) = \sum_{k=0}^{N-1} e_n^2(k) \tag{2.9.2}$$

式中，$e_n(k)$ 表示第 n 时刻的误差。

不同的误差优化函数导致了不同的优化算法，把均方误差作为代价函数得到最

小均方(least mean square，LMS)误差算法，如果把平方误差作为代价函数进行优化我们得到最小平方(least square，LS)误差算法。

2.9.2 最小均方误差算法

在推导 LMS 算法前先定义下面向量

$$\boldsymbol{x}(n) = \begin{bmatrix} x(n) & x(n-1) & \cdots & x(n-N+1) \end{bmatrix}^{\mathrm{T}} \tag{2.9.3}$$

$$\boldsymbol{h} = \begin{bmatrix} h(0) & h(1) & \cdots & h(N-1) \end{bmatrix}^{\mathrm{T}} \tag{2.9.4}$$

式中，$\boldsymbol{x}(n)$ 表示信号向量；$\boldsymbol{h}$ 表示系数向量。根据图 2.5，滤波器输出等于

$$y(n) = \sum_{i=0}^{N-1} h(i)x(n-i) = \boldsymbol{h}^{\mathrm{T}}\boldsymbol{x}(n) = \boldsymbol{x}^{\mathrm{T}}(n)\boldsymbol{h} \tag{2.9.5}$$

误差 $e(n)$ 等于

$$e(n) = d(n) - y(n) = d(n) - \boldsymbol{h}^{\mathrm{T}}\boldsymbol{x}(n) = d(n) - \boldsymbol{x}^{\mathrm{T}}(n)\boldsymbol{h} \tag{2.9.6}$$

把式(2.9.6)代入式(2.9.1)中有

$$\xi = E\left[\left|e(n)\right|^2\right] = E\left[(d(n) - \boldsymbol{h}^{\mathrm{T}}\boldsymbol{x}(n))(d(n) - \boldsymbol{x}^{\mathrm{T}}(n)\boldsymbol{h})\right] \tag{2.9.7}$$

系数 $\boldsymbol{h}$ 不是随机变量，可以移出 $E[\cdot]$ 运算，把式(2.9.7)展开后得到

$$\xi = E[d^2(n)] - \boldsymbol{h}^{\mathrm{T}}E[\boldsymbol{x}(n)d(n)] - E[d(n)\boldsymbol{x}^{\mathrm{T}}(n)]\boldsymbol{h} - \boldsymbol{h}^{\mathrm{T}}E[\boldsymbol{x}(n)\boldsymbol{x}^{\mathrm{T}}(n)]\boldsymbol{h} \tag{2.9.8}$$

为了进一步简化式(2.9.8)，定义下面两个相关矩阵，$\boldsymbol{x}(n)$ 和 $d(n)$ 的互相关矩阵

$$\boldsymbol{p} = E[\boldsymbol{x}(n)d(n)] = \begin{bmatrix} p_0 & p_1 & \cdots & p_{N-1} \end{bmatrix}^{\mathrm{T}} \tag{2.9.9}$$

和 $\boldsymbol{x}(n)$ 的自相关矩阵

$$\boldsymbol{R} = E[\boldsymbol{x}(n)\boldsymbol{x}^{\mathrm{T}}(n)] = \begin{bmatrix} r_{00} & r_{01} & r_{02} & \cdots & r_{0,N-1} \\ r_{10} & r_{11} & r_{12} & \cdots & r_{1,N-1} \\ r_{20} & r_{21} & r_{22} & \cdots & r_{2,N-1} \\ \vdots & \vdots & \vdots & & \vdots \\ r_{N-1,0} & r_{N-1,1} & r_{N-1,2} & \cdots & r_{N-1,N-1} \end{bmatrix} \tag{2.9.10}$$

利用矩阵 $\boldsymbol{p}$ 和 $\boldsymbol{R}$，式(2.9.8)可简化为

$$\xi = E[d^2(n)] - 2\boldsymbol{h}^{\mathrm{T}}\boldsymbol{p} + \boldsymbol{h}^{\mathrm{T}}\boldsymbol{R}\boldsymbol{h} \tag{2.9.11}$$

如果把式(2.9.11)看成系数向量 $\boldsymbol{h}$ 的函数，剩下的问题就是如何计算 ξ 为最小值

时的系数向量 h ，这是一个最优化问题，从数学中可知，当 ξ 对系数 $h(i)$ 的导数等于零时，这时函数 ξ 的值最小，即

$$\frac{\partial \xi}{\partial h(i)} = 0, \quad 0 \leqslant i \leqslant N-1 \tag{2.9.12}$$

利用梯度算子

$$\nabla = \left[\frac{\partial}{\partial h(0)} \quad \frac{\partial}{\partial h(1)} \quad \cdots \quad \frac{\partial}{\partial h(N-1)} \right]^{\mathrm{T}} \tag{2.9.13}$$

式 (2.9.12) 等于

$$\nabla \xi = \mathbf{0} \tag{2.9.14}$$

为了求解式 (2.9.14)，把式 (2.9.11) 展开为

$$\xi = E\left[d^2(n) \right] - 2\sum_{l=0}^{N-1} p_i h(i) + \sum_{l=0}^{N-1}\sum_{m=0}^{N-1} h(l)h(m)r_{lm} \tag{2.9.15}$$

式中

$$\sum_{l=0}^{N-1}\sum_{m=0}^{N-1} h(l)h(m)r_{lm} = \sum_{\substack{l=0 \\ l\neq i}}^{N-1}\sum_{\substack{m=0 \\ m\neq i}}^{N-1} h(l)h(m)r_{lm} + h(i)\sum_{\substack{l=0 \\ l\neq i}}^{N-1} h(l)r_{li}$$
$$+ h(i)\sum_{\substack{m=0 \\ m\neq i}}^{N-1} h(m)r_{mi} + h^2(i)r_{ii} \tag{2.9.16}$$

对式 (2.9.15) 求偏微分有

$$\frac{\partial \xi}{h(i)} = -2p_i + \sum_{l=0}^{N-1} h(i)(r_{li} + r_{il}), \quad 0 \leqslant i \leqslant N-1 \tag{2.9.17}$$

对式 (2.9.17) 进一步简化，对于平稳随机过程 $x(n)$ ，自相关函数 r_{li} 和 r_{il} 定义为

$$r_{li} = E\left[x(n-l)x(n-i) \right] = \phi_{xx}(i-l)$$
$$r_{il} = E\left[x(n-i)x(n-l) \right] = \phi_{xx}(l-i) \tag{2.9.18}$$

由于 $\phi_{xx}(i-l) = \phi_{xx}(l-i)$ ，所以 $r_{li} = r_{il}$ ，因此式 (2.9.17) 可以进一步写为

$$\frac{\partial \xi}{h(i)} = 2\sum_{l=0}^{N-1} r_{il}h(i) - 2p_i, \quad 0 \leqslant i \leqslant N-1 \tag{2.9.19}$$

用矩阵表示有

$$\nabla \xi = 2\mathbf{R}h - 2\mathbf{p} \tag{2.9.20}$$

当 $\nabla \xi = \mathbf{0}$ 时，得到

$$Rh = p \tag{2.9.21}$$

式 (2.9.21) 称为维纳-霍普夫方程，当矩阵 R 的逆矩阵存在时，方程的解等于

$$h_{\text{opt}} = R^{-1} p \tag{2.9.22}$$

式中，h_{opt} 就是 LMS 算法的最优解。把式 (2.9.22) 代入式 (2.9.19) 中得到维纳滤波器可以取得的最小误差为

$$\xi = E\left[d^2(n) \right] - p^{\mathrm{T}} R^{-1} p \tag{2.9.23}$$

2.9.3　最陡下降法

根据式 (2.9.22) 直接求解维纳方程系数 h 实际上是不可能的，因为相关函数 R 的计算要求无穷个输入信号 $x(n)$ 的样值，才能得到统计平均值，在实际应用中通常使用迭代算法来逼近 LMS 算法的最优解 h_{opt}，称为最陡下降法。假设在迭代逼近的过程中，第 n 步得到的系数为 $h(n)$。那么第 $n+1$ 步的系数为

$$h(n+1) = h(n) - \mu\nabla_n\xi \tag{2.9.24}$$

式中，μ 是一个正数，代表迭代步长；$\nabla_n\xi$ 表示第 n 步误差的梯度向量。在式 (2.9.24) 中梯度向量 $\nabla_n\xi$ 的计算仍然需要相关函数 R，为了避免这个问题，用 $\hat{\xi} = \left| e(t) \right|^2$ 代替 $\xi = E\left[\left| e(t) \right|^2 \right]$，这种替代在 μ 值很小时是可行的。把 $\hat{\xi} = \left| e(t) \right|^2$ 代入式 (2.9.25) 中有

$$h(n+1) = h(n) - \mu\nabla_n\left| e(n) \right|^2 \tag{2.9.25}$$

由于

$$\nabla_n\left| e(n) \right|^2 = -2e(n)x(n) \tag{2.9.26}$$

所以

$$h(n+1) = h(n) + 2\mu e(n)x(n) \tag{2.9.27}$$

当滤波器处理的是复数信号时，式 (2.9.27) 变成

$$h(n+1) = h(n) + 2\mu e^*(n)x(n) \tag{2.9.28}$$

下面总结一下 LMS 迭代算法的步骤。

（1）计算的滤波输出。

$$y(n) = h^{\mathrm{T}}(n)x(n)$$

（2）计算误差。

$$e(n) = d(n) - y(n)$$

（3）更新滤波系数。

$$h(n+1) = h(n) + 2\mu e^*(n)x(n)$$

（4）重复第 1～3 步，直到滤波系数 h 收敛到希望的值。

2.9.4 最小平方算法

LMS 算法是使误差 $e(n)$ 的统计平均最小，着眼于信号的统计特性，当使用 LMS 迭代算法时，如果迭代的时间足够长我们总是可以得到逼近最优的滤波系数，但迭代算法复杂、耗时长，有些时候并不需要根据信号的统计特性来设计滤波器，而只需要根据当前时刻的 N 点信号值来设计滤波器，这时就没有必要用 LMS 算法，我们不需要对 $|e(n)|^2$ 求统计平均，而只需要对 $|e(n)|^2$ 进行时间平均即可，这就是最小平方算法的思想，LS 算法可以描述如下：

$$求系数 \boldsymbol{h}(n)：使得 \xi(n) = \sum_{i=0}^{N-1} |e(k,n)|^2 最小$$

式中，$e(k,n)$ 表示在 n 时刻的第 k 个误差，$e(k,n)$ 等于

$$e(k,n) = d(k) - y(k,n), \quad 0 \leqslant k \leqslant N-1 \tag{2.9.29}$$

式中，$d(k)$ 为理想输出；$y(k,n)$ 为滤波器输出

$$y(k,n) = \boldsymbol{h}(n)\boldsymbol{x}(k), \quad 0 \leqslant k \leqslant N-1 \tag{2.9.30}$$

为了用矩阵来描述 LS 算法定义下面向量

$$\boldsymbol{d}(n) = \begin{bmatrix} d(0) & d(1) & \cdots & d(N-1) \end{bmatrix}^{\mathrm{T}} \tag{2.9.31}$$

$$\boldsymbol{y}(n) = \begin{bmatrix} y(0,n) & y(1,n) & \cdots & y(N-1,n) \end{bmatrix}^{\mathrm{T}} \tag{2.9.32}$$

$$\boldsymbol{e}(n) = \begin{bmatrix} e(0,n) & e(1,n) & \cdots & e(N-1,n) \end{bmatrix}^{\mathrm{T}} \tag{2.9.33}$$

$$\boldsymbol{X}(n) = \begin{bmatrix} \boldsymbol{x}(0) & \boldsymbol{x}(1) & \cdots & \boldsymbol{x}(N-1) \end{bmatrix} \tag{2.9.34}$$

需要注意的是，这里我们用了两个变量，n 代表时间变量，表明 LS 的求解是在 n 时刻进行的。根据式 (2.9.31)～式 (2.9.34) 有

$$\boldsymbol{y}(n) = \boldsymbol{X}^{\mathrm{T}}(n)\boldsymbol{h}(n) \tag{2.9.35}$$

把式 (2.9.35) 进一步展开得到

$$\underbrace{\begin{bmatrix} y(0,n) \\ y(1,n) \\ y(2,n) \\ \vdots \\ y(N-1,n) \end{bmatrix}}_{\boldsymbol{y}(n)} = \begin{bmatrix} \underbrace{x(n)}_{\boldsymbol{x}(0)} & \underbrace{x(n-1)}_{\boldsymbol{x}(1)} & \underbrace{x(n-2)}_{\boldsymbol{x}(2)} & \cdots & \underbrace{x(n-N+1)}_{\boldsymbol{x}(N-1)} \\ x(n-1) & x(n-2) & x(n-3) & \cdots & x(n-N) \\ x(n-2) & x(n-3) & x(n-4) & \cdots & x(n-N-1) \\ \vdots & \vdots & \vdots & & \vdots \\ x(n-N+1) & x(n-N) & x(n-N-1) & \cdots & x(n-2N+2) \end{bmatrix} \underbrace{\begin{bmatrix} h(0,n) \\ h(1,n) \\ h(2,n) \\ \vdots \\ h(N-1,n) \end{bmatrix}}_{\boldsymbol{h}(n)}$$

$$\tag{2.9.36}$$

从式(2.9.36)中可以看出，求解$h(n)$需要知道$2N-1$个n时刻之前的信号样值。误差信号等于

$$e(n) = d(n) - y(n) \tag{2.9.37}$$

误差信号的平方和为

$$\xi(n) = e^{\mathrm{T}}(n)e(n) \tag{2.9.38}$$

把式(2.9.35)和式(2.9.37)代入式(2.9.38)中有

$$\xi(n) = d^{\mathrm{T}}(n)d(n) - p^{\mathrm{T}}(n)h(n) - h^{\mathrm{T}}(n)p(n) + h^{\mathrm{T}}(n)R(n)h(n) \tag{2.9.39}$$

式中

$$R(n) = X(n)X^{\mathrm{T}}(n) \tag{2.9.40}$$

$$p(n) = X(n)d(n) \tag{2.9.41}$$

对$\xi(n)$进行梯度运算，利用矩阵$R(n)$中元素的对称性（$r_{ij} = r_{ji}$）有

$$\nabla_n \xi(n) = 2R(n)h(n) - 2p(n) \tag{2.9.42}$$

令$\nabla_n \xi(n) = 0$，有

$$R(n)h(n) = p(n) \tag{2.9.43}$$

最后得到 LS 算法的最优解为

$$h(n) = R^{-1}(n)p(n) \tag{2.9.44}$$

最小误差等于

$$\xi(n) = d^{\mathrm{T}}(n)d(n) - p^{\mathrm{T}}(n)h(n) \tag{2.9.45}$$

注意，式(2.9.44)和 式(2.9.22)中 LSM 算法的解形式一样，但矩阵$R(n)$和$p(n)$的计算与含义完全不一样。

2.10 锁相环原理

锁相环(phase locked loop，PLL)顾名思义就是一个反馈环，检测输出信号和输入信号的相位差来调节振荡器，使得输出信号的相位锁定到输入信号上，从而达到和输入信号同步的目的。锁相环是时钟信号发生器中不可缺少的部分，在信号发生器中，通过锁相环把输出信号同步到一个由晶振产生的高精度参考信号的相位上，以保证输出信号的精度。在通信系统中，锁相环主要用于接收端载波的同步。锁相环可以看成自适应滤波原理的一个具体应用，不同之处在于，自适应滤波调节的是滤波器系数，而锁相环调节的是相位参数，由于同步在通信系统中的重要性，我们在这一节对锁相环作一个专门介绍。

2.10.1　锁相环结构

锁相环的离散时间域模型如图 2.6 所示。

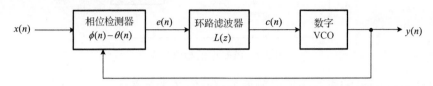

图 2.6　自离散时间域锁相环结构图

图 2.6 中，$x(n)$ 为输入参考信号，$y(n)$ 是需要同步的输出信号，$e(n)$ 表示 $y(n)$ 和 $x(n)$ 的相位差，$c(n)$ 是电压振荡器的控制信号。锁相环由三个部分组成，相位检测器、环路滤波器和数字电压控制振荡器(voltage controlled oscillator，VCO)，相位检测器用于检测能够使相位差 $e(n)$ 最小的输出信号相位，环路滤波在反馈环中起两个作用：一是控制锁相环的锁相范围和稳定性；二是对误差信号 $e(n)$ 的高频部分进行滤波，去除控制信号 $c(n)$ 中的波纹；数字 VCO 是压控振荡器，用于控制输出信号 $y(n)$ 的相位。图 2.6 中的输入输出信号等于

$$x(n) = a\cos(2\pi f_c nT + \theta(n)) + v(n) \tag{2.10.1}$$

$$y(n) = b\cos(2\pi f_c nT + \phi(n)) \tag{2.10.2}$$

式中，f_c 代表参考频率；$v(n)$ 表示噪声；$\phi(n)$ 为输出信号的相位，PLL 的目的就是要通过锁相使得 $\phi(n)$ 尽可能地逼近 $\theta(n)$。控制信号 $c(n)$ 和相位 $\phi(n)$ 的关系可用下面的等式来描述

$$\phi(n+1) = \phi(n) + \mu c(n) \tag{2.10.3}$$

式中，μ 为一常数，称为步长参数，根据式(2.10.3)有

$$c(n) = \frac{\phi(n+1) - \phi(n)}{\mu} \tag{2.10.4}$$

对式(2.10.4)两边进行 Z-变换得到

$$\frac{\Phi(z)}{C(z)} = \frac{\mu}{z-1} = \frac{\mu z^{-1}}{1 - z^{-1}} \tag{2.10.5}$$

把式(2.10.5)中的关系代入图 2.6 中，得到图 2.7 所示的相位传输关系。
图 2.7 中 $\phi(n)$ 和 $\theta(n)$ 的传输关系可表示为

$$H(z) = \frac{\Phi(z)}{\Theta(z)} = \frac{\mu z^{-1} L(z)/(1-z^{-1})}{1 + \mu z^{-1} L(z)/(1-z^{-1})} = \frac{\mu L(z)}{\mu L(z) + z - 1} \tag{2.10.6}$$

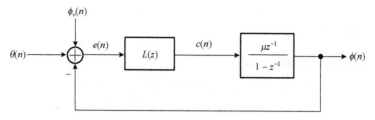

图 2.7　PLL 中的相位关系

忽略噪声 $\phi_v(n)$ 的影响相位误差信号 $e(n)$ 的 Z-变换等于

$$E(z) = \Theta(z) - \Phi(z) = \Theta(z)\big(1 - H(z)\big) = \frac{(z-1)\Theta(z)}{\mu L(z) + z - 1} \tag{2.10.7}$$

根据离散时间域的终值定理（final-value theorem，FVT），误差信号 $e(n)$ 的收敛稳定值等于

$$e_{ss} = \lim_{x \to \infty} e(n) = \lim_{z \to 1}(z-1)E(z) = \lim_{z \to 1} \frac{(z-1)^2 \Theta(z)}{\mu L(z) + z - 1} \tag{2.10.8}$$

2.10.2　环路滤波器的影响

从式(2.10.8)中可以看出，环路滤波器 $L(z)$ 的选取对锁相环的稳定和收敛都有影响，当 $L(z) = K$ 时，传输函数 $H(z)$ 等于

$$H(z) = \frac{\mu K}{z - (1 - \mu K)} = \frac{\mu K z^{-1}}{1 - (1 - \mu K)z^{-1}} \tag{2.10.9}$$

式(2.10.9)是一个一阶低通 IIR 滤波器，极点在 $z = 1 - \mu K$，其收敛范围为 $|1 - \mu K| < 1$ 或 $0 < K < 2/\mu$。当取 $\theta(n) = \theta_0 u(n)$ 时（$u(n)$ 表示单位阶跃函数，θ_0 是一个常数）

$$\Theta(z) = \frac{1}{1 - z^{-1}} = \frac{z}{z - 1} \tag{2.10.10}$$

把式(2.10.10)和 $L(z) = K$ 代入式(2.10.8)中有

$$e_{ss} = \lim_{z \to 1} \frac{z(z-1)}{\mu K + z - 1} = 0 \tag{2.10.11}$$

也就是说，当参考信号的相位为阶跃函数时，相位误差收敛于零。

取 $\theta(n) = 2\pi \Delta f_c n T u(n)$（$\Delta f_c$ 表示载波漂移），$\Theta(z)$ 等于

$$\Theta(z) = \frac{2\pi \Delta f_c T}{(1 - z^{-1})^2} = \frac{2\pi \Delta f_c T z}{(z - 1)^2} \tag{2.10.12}$$

这时相位误差的收敛值等于

$$e_{ss} = \lim_{z \to 1} \frac{2\pi \Delta f_c T z}{\mu K + z - 1} = \frac{2\pi \Delta f_c T}{\mu K} \tag{2.10.13}$$

也就是说，当有载波漂移时，PPL 中的相位误差不收敛于零，由于 $|e_{ss}| < \pi$，所以有

$$\left| \frac{2\pi \Delta f_c T}{\mu K} \right| < \pi \tag{2.10.14}$$

从而得到一阶 PLL 的锁相范围

$$\left| \Delta f_c \right| < \frac{\mu K}{2T} \tag{2.10.15}$$

对于二阶 PLL 取 $L(z)$ 为

$$L(z) = K \frac{1 + \alpha z^{-1}}{1 + \beta z^{-1}} \tag{2.10.16}$$

把式 (2.10.16) 代入式 (2.10.6) 有

$$H(z) = \frac{\mu K (1 + \alpha z^{-1}) z^{-1}}{1 + (\mu K + \beta - 1) z^{-1} + (\mu K \alpha - \beta) z^{-2}} \tag{2.10.17}$$

式 (2.10.17) 是一个二阶 IIR 滤波器，对应的误差信号 $e(n)$ 的 Z-变换等于

$$E(z) = \frac{(z-1)(z+\beta) \Theta(z)}{z^2 + (\mu K + \beta - 1) z + \mu K \alpha - \beta} \tag{2.10.18}$$

误差信号 $e(n)$ 的收敛稳定值等于

$$\begin{aligned}
e_{ss} &= \lim_{x \to \infty} e(n) = \lim_{z \to 1} (z-1) E(z) \\
&= \lim_{z \to 1} \frac{(z-1)^2 (z+\beta) \Theta(z)}{z^2 + (\mu K + \beta - 1) z + \mu K \alpha - \beta}
\end{aligned} \tag{2.10.19}$$

对于二阶 PLL 系统，相位误差收敛值为

$$e_{ss} = \begin{cases} 0, & \theta(n) = \theta_0 u(n) \\ \dfrac{2\pi \Delta f_c T (1+\beta)}{\mu K (1+\alpha)}, & \theta(n) = 2\pi \Delta f_c n T u(n) \end{cases} \tag{2.10.20}$$

当有载波漂移时，二阶 PLL 的锁相范围为

$$\left| \Delta f_c \right| < \frac{\mu K (1 + \alpha)}{2T (1 + \beta)} \tag{2.10.21}$$

2.10.3　相位检测器

在上面的讨论中我们假设相位误差 $e(n)$ 已经知道，但在实际应用中，$e(n)$ 是不知道的，需要通过相位检测器来检测。这里我们介绍一种根据最大似然估计来检测

相位误差的方法，根据式(2.10.1)和式(2.10.2)有

$$\hat{v}(n) = x(n) - y(n)$$
$$= v(n) + a\{\cos(2\pi f_c nT + \theta) - \cos(2\pi f_c nT + \phi)\} \tag{2.10.22}$$

式中，把 $\theta(n)$ 和 $\phi(n)$ 换成了 θ 与 ϕ，θ 表示 PLL 目前要锁定的相位，ϕ 表示估计得到的相位，在相位估计过程中 θ 和 ϕ 都可以认为是非随机变量，由于 $v(n)$ 是一个服从高斯分布的白噪声，所以有

$$p(\hat{v}(n)\,|\,\phi) = \frac{1}{\sqrt{2\pi}\sigma_{\hat{v}}} e^{-(x(n)-y(n))^2/2\sigma_{\hat{v}}^2} \tag{2.10.23}$$

式中，$p(\cdot\,|\,\cdot)$ 表示条件概率密度函数，根据式(2.10.23)，参数 ϕ 的似然函数为

$$\mathrm{lik}(\phi) = \frac{1}{\sqrt{2\pi}\sigma_{\hat{v}}} e^{-(x(n)-y(n))^2/2\sigma_{\hat{v}}^2} \tag{2.10.24}$$

由于指数函数 e^{-x^2} 的最大值在 $x=0$ 点，所以当函数 $\mathrm{lik}(\phi)$ 最大时，$(x(n)-y(n))^2$ 的值最小，这样就可以把求最大似然函数 $\mathrm{lik}(\phi)$ 转变为求最小 $(x(n)-y(n))^2$，定义下面目标函数为

$$\xi = E\left[(x(n)-y(n))^2\right] \tag{2.10.25}$$

这样相位检测就变成了对目标函数 ξ 的优化。根据 LMS 算法，把式(2.10.25)简化成

$$\hat{\xi} = (x(n)-y(n))^2 \tag{2.10.26}$$

ϕ 可以用式(2.10.27)进行更新

$$\phi(n+1) = \phi(n) - \mu\frac{\partial\hat{\xi}}{\partial\phi} \tag{2.10.27}$$

式中，μ 表示步长参数。把式(2.10.26)代入式(2.10.27)有

$$\phi(n+1) = \phi(n) - 2\mu a\sin(2\pi f_c nT + \phi(n))(x(n)-y(n)) \tag{2.10.28}$$

通过式(2.10.28)的迭代运算我们就可以得到最优估计相位值 ϕ_{opt}。

参 考 文 献

[1] Farhang-Boroujeny B. Signal Processing Techniques for Software Radios. 2nd ed. Dubai: Lulu Publishing House, 2010.

[2] Tse D, Viswanath V. Fundamentals of Wireless Communication. New York: Cambridge University Press, 2005.

[3] Molisch A F. Wireless Communications. 2nd ed. Hoboken: John Wiley & Sons, 2011.

[4] Oppenheim A, Schafer R. Discrete-Time Signal Processing. New Jersey: Prentice-Hall, 1998.

第 3 章 滤波器组理论

滤波器组是 FBMC（filter bank multi-carrier）多载波调制的理论基础,在这一章中我们综述性地介绍滤波器组及多速率信号处理的主要理论[1-3],这些理论在以后几章介绍多载波调制系统时需要用到。

3.1 抽 取 器

把抽样率为 M 的抽取器定义为一个线性离散时间系统,它的输出信号速率是输入信号的 $\frac{1}{M}$,即输入信号每隔 M 个样值抽取一个输出,如图 3.1 所示。

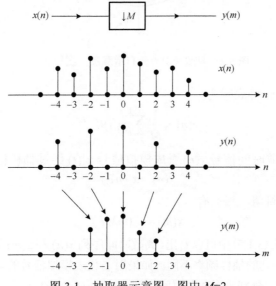

图 3.1 抽取器示意图,图中 $M=2$

图 3.1 中, n、m 分别表示输入和输出信号的时间速率,在这里引入了两个不同的离散时间变量 n 和 m ,以区别抽取器输入输出信号的不同速率。抽取器的输出信号 y 在时间轴 n 和 m 上的描述是完全不同的, 在时间轴 m 上抽取器的输入输出关系为

$$y(m) = x(mM) \tag{3.1.1}$$

但在时间轴 n 上,抽取器的输入输出关系没有这样简单的关系,因为 $y(n)$ 中两个抽样值之间为零。为了表示 $y(n)$ 需要引入一个特殊函数,即周期冲击序列 $p(n)$

$$p(n) = \frac{1}{M}\sum_{k=0}^{M-1} W_M^{-kn} = \sum_{m=-\infty}^{\infty} \delta(n-mM) = \begin{cases} 1, & n=mM \\ 0, & \text{其他} \end{cases} \tag{3.1.2}$$

式中，$W_M = \mathrm{e}^{-\mathrm{j}2\pi/M}$；$p(n)$ 又称为抽样函数，$p(n)$ 只在 $n=mM$ 时为 1，其他时间点为 0，因为 W_M 在单位圆上是均匀分布的，如图 3.2 所示。

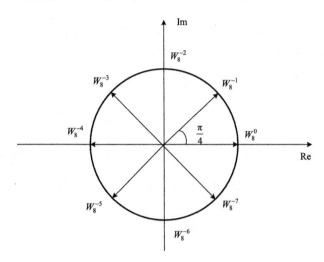

图 3.2　复数 W_M 的分布示意图，图中 $M=8$

利用 $p(n)$，$y(n)$ 可表示为

$$y(n) = \frac{1}{M}\sum_{k=0}^{M-1} x(n) W_M^{-kn} \tag{3.1.3}$$

如果把输入离散时间信号 $x(n)$ 看成模拟信号 $x_c(t)$ 经过抽样得到，即

$$x(n) = x_c(nT) \tag{3.1.4}$$

式中，T 表示抽样周期，那么有

$$x(m) = x_c(mMT) \tag{3.1.5}$$

从式 (3.1.4) 和式 (3.1.5) 中可以看出，离散时间序列 $x(n)$ 和 $x(m)$ 对应的数字角频率是不同的，因为两个序列的抽样频率不同。如果用 f 代表模拟信号的频率，Ω 代表模拟信号的角频率，ω、ω_m 分别表示离散时间序列 $x(n)$ 和 $x(m)$ 对应的数字角频率，那么有

$$\omega_m = (\Omega T)M = M\omega \tag{3.1.6}$$

这里我们简单地概括一下模拟信号频率 f、角频率 Ω 及离散时间信号角频率 ω 的关系，因为以上这几个频率的关系贯穿了整个信号处理理论，但同时也很容易让人混淆。f 的单位是 Hz，代表模拟信号在时间轴上重复的频率，$f=1/T_f$，T_f 是模拟信号的周期。Ω 的单位是 rad/s，表示模拟信号在复平面单位圆上旋转的频率，$\Omega=2\pi f=2\pi/T_f$。ω 的单位是 rad，代表在对模拟信号进行抽样时，两个样值之间

在复平面单位圆上对应的弧度，$\omega = \Omega T = 2\pi fT = 2\pi T / T_f$。数字角频率 ω 没有频率的含义，如果我们对一个以 Ω 角频率在单位圆上旋转的模拟信号进行抽样，那么 ω 就是抽样在单位圆上每一步的长度，ω 的大小和抽样频率有关，抽样周期 T 越长，抽样的步伐越大，数字角频率 ω 也越大。因此，不同抽样率得到的离散时间序列对应的数字角频率 ω 也是不一样的，这就是我们为什么引入两个数字角频率来分析抽取器的原因。同样地，在 z 平面上，和离散时间序列 $x(n)$ 和 $x(m)$ 对应的 z 变量也不一样，我们用 z、z_m 分别代表与 $x(n)$ 和 $x(m)$ 相对应的 Z 平面上变量，z 和 z_m 的关系为

$$z_m = z^M$$

在分析多速率系统时，我们感兴趣的是输入信号通过一个滤波器 $H(z)$ 后再通过抽取器的情况，如图 3.3 所示。

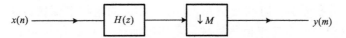

$$x(n) \longrightarrow \boxed{H(z)} \longrightarrow \boxed{\downarrow M} \longrightarrow y(m)$$

图 3.3　滤波器和抽取器的级联

利用线性系统的卷积运算，图 3.3 中系统的输入输出关系为

$$y(m) = \sum_{i=-\infty}^{\infty} x(i)h(mM - i) \tag{3.1.7}$$

在时间轴 n 上

$$y(n) = \frac{1}{M} \sum_{i=-\infty}^{\infty} \sum_{k=0}^{M-1} x(i)h(n-i)W_M^{-nk} \tag{3.1.8}$$

3.1.1　抽取器的频域分析

为了得到抽取器的频域关系对式 (3.1.7) 两边在 m 时间轴上作 Z-变换

$$Y(z_m) = \sum_{m=-\infty}^{\infty} y(m)z_m^{-m} \tag{3.1.9}$$

由于时间信号 $x(n)$ 和 $y(m)$ 的变换速率不一样，需要把式 (3.1.9) 右边在 m 轴上的 Z-变换变到 n 轴上的 Z-变换。把式 (3.1.9) 中的 $y(m)$ 用 $y(n)$ 代替后得到

$$
\begin{aligned}
Y(z_m) &= \sum_{m=-\infty}^{\infty} x(mM)z_m^{-m} = \sum_{n=-\infty}^{\infty} y(n)z_m^{-n/M} \\
&= \frac{1}{M} \sum_{k=0}^{M-1} \sum_{n=-\infty}^{\infty} x(n)(z_m^{1/M}W_M^k)^{-n} \\
&= \frac{1}{M} \sum_{k=0}^{M-1} X(z_m^{1/M}W_M^k)
\end{aligned}
\tag{3.1.10}
$$

式 (3.1.10) 表示了抽样率为 M 的抽取器的输入输出在 Z-变换域的关系。对于

图 3.3 中的系统，有

$$Y(z_m) = \frac{1}{M} \sum_{k=0}^{M-1} H(z_m^{1/M} W_M^k) X(z_m^{1/M} W_M^k) \tag{3.1.11}$$

或

$$Y(z^M) = \frac{1}{M} \sum_{k=0}^{M-1} H(z W_M^k) X(z W_M^k)$$

把 $z_m = \mathrm{e}^{\mathrm{j}\omega_m}$ 代入式 (3.1.10) 的左右两边，得到抽取器在频域的输入输出关系为

$$Y(\mathrm{e}^{\mathrm{j}\omega_m}) = \frac{1}{M} \sum_{k=0}^{M-1} X(\mathrm{e}^{\mathrm{j}\omega_m/M} W_M^k) = \frac{1}{M} \sum_{k=0}^{M-1} X(\mathrm{e}^{\mathrm{j}(\omega_m - 2\pi k)/M}) \tag{3.1.12}$$

通过上述分析看到，时间变量 n、m 以及相应的角频率变量 ω 和 ω_m 的引入更好地体现了抽取器中的多速率信号处理，更清晰地表示了多速率系统。为了更直观地理解式 (3.1.12) 所描述的输入输出频域关系，我们给出图 3.4 所示的例子。注意，图中只画出了信号的幅度值随数字角频率的变换，没有相位值，我们也可以认为图 3.4 中信号的相位为零，在以后的章节我们也使用类似的假设，这种假设不影响图的正确性。

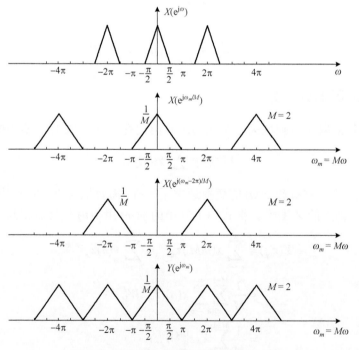

图 3.4　抽取器输入输出频域关系示意图

3.1.2　抽取器的时域分析

当抽取器是非时变时，频域分析可以很清楚地看出信号通过抽取器后的频谱变化，但如果抽取器是时变的，那就不能用频域分析方法了，因此我们需要一种适合于分析时变和非时变抽取器的方法。根据离散时间系统的矩阵描述方法，图 3.3 中滤波器和抽取器的级联系统可以用下面的矩阵关系来描述

$$
\begin{pmatrix} \vdots \\ y(-1) \\ y(0) \\ y(1) \\ \vdots \end{pmatrix} = \begin{pmatrix} \ddots & \vdots & & \vdots & & \vdots & & \vdots & & \vdots & & \vdots & & \vdots & \ddots \\ \cdots & h(L-1) & \cdots & h(L-M-1) & \cdots & h(L-2M) & \cdots & h(0) & \cdots & 0 & \cdots & 0 & \cdots \\ \cdots & 0 & \cdots & h(L-1) & \cdots & h(L-M) & \cdots & h(M) & \cdots & h(0) & \cdots & 0 & \cdots \\ \cdots & 0 & & 0 & & h(L-1) & & h(2M) & & h(M) & & h(0) & \cdots \\ & \vdots & & \vdots & & \vdots & & \vdots & & \vdots & & \vdots & \ddots \end{pmatrix} \begin{pmatrix} \vdots \\ x(-1) \\ x(0) \\ x(1) \\ \vdots \end{pmatrix}
$$
(3.1.13)

式中，系数矩阵每行之间有 M 点的延时，这是由于抽取器的原因，因为滤波器的输出经过抽取器后每 M 点才输出一点。这里需要指出的是，式(3.1.13)中的系数矩阵和 FIR 滤波器系数矩阵的区别，FIR 滤波器系数矩阵是一个 Toeplitz 矩阵，图 3.3 在没有抽取器时的输入输出关系为

$$
\begin{pmatrix} \vdots \\ y(-1) \\ y(0) \\ y(1) \\ \vdots \end{pmatrix} = \begin{pmatrix} \ddots & \vdots & & \vdots & & \vdots & \\ \cdots & h(0) & & 0 & & 0 & \cdots \\ \cdots & h(1) & & h(0) & & 0 & \cdots \\ \cdots & h(2) & & h(1) & & h(0) & \cdots \\ & \vdots & & \vdots & & \vdots & \\ \cdots & h(L-1) & & h(L-2) & & h(L-3) & \cdots \\ \cdots & 0 & & h(L-1) & & h(L-2) & \cdots \\ & \vdots & & \vdots & & \vdots & \ddots \end{pmatrix} \begin{pmatrix} \vdots \\ x(-1) \\ x(0) \\ x(1) \\ \vdots \end{pmatrix}
$$
(3.1.14)

3.2　插　值　器

与抽取器相对应，一个插值为 M 的插值器的功能是在输入信号样值之间插入 $M-1$ 个零，从而提高输出信号的速率，如图 3.5 所示。

和抽取器一样，这里也使用了两个不同的离散时间变量 m 和 n，以区别输入输出信号的速率。插值器的输入输出时域关系为

$$
x(n) = \begin{cases} y(m), & n = mM \\ 0, & \text{其他} \end{cases}
$$
(3.2.1)

和抽取器一样，插值器也能和滤波器级联，如图 3.6 所示。

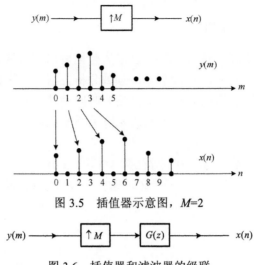

图 3.5　插值器示意图，$M=2$

图 3.6　插值器和滤波器的级联

图 3.6 中的输入输出信号可用卷积表示为

$$x(n) = \sum_{m=-\infty}^{\infty} y(m)g(n-mM) \tag{3.2.2}$$

3.2.1　插值器的频域分析

和抽取器相比插值器的频域分析相对简单，根据式 (3.2.1) 的关系我们在 n 轴上对 $x(n)$ 作 Z-变换得到

$$X(z) = \sum_{n=-\infty}^{\infty} x(n)z^{-n} = \sum_{m=-\infty}^{\infty} y(m)z^{-mM} = Y(z^M) = Y(z_m) \tag{3.2.3}$$

把 $z = \mathrm{e}^{\mathrm{j}\omega}$ 代入式 (3.2.3) 中得到

$$X(\mathrm{e}^{\mathrm{j}\omega}) = Y(\mathrm{e}^{\mathrm{j}\omega M}) = Y(\mathrm{e}^{\mathrm{j}\omega_m}) \tag{3.2.4}$$

图 3.7 给出一个插值器频域变化的例子。

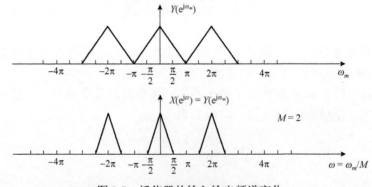

图 3.7　插值器的输入输出频谱变化

对于图 3.6 中所示的插值器和滤波器的级联情况，输出信号的 Z-变换等于

$$X(z) = G(z)Y(z^M) \tag{3.2.5}$$

3.2.2　插值器的时域分析

设 $g(n)$ 是滤波器的系数，式(3.2.2)的卷积可以用下列矩阵来实现

$$
\begin{pmatrix} \vdots \\ x(-1) \\ x(0) \\ x(1) \\ \vdots \end{pmatrix} = \begin{pmatrix} \ddots & \vdots & \vdots & \vdots & \vdots \\ \cdots & g(0) & 0 & \cdots & 0 & \cdots \\ \cdots & \vdots & \vdots & \vdots & \vdots & \cdots \\ \cdots & g(M) & g(0) & \cdots & 0 & \cdots \\ \cdots & \vdots & \vdots & \vdots & \vdots & \cdots \\ \cdots & g(L-M) & g(L-2M) & \cdots & g(0) & \cdots \\ \cdots & \vdots & \vdots & \cdots & \vdots & \cdots \\ \cdots & 0 & 0 & \cdots & g(L-1) & \cdots \\ & \vdots & \vdots & \vdots & \vdots & \ddots \end{pmatrix} \begin{pmatrix} \vdots \\ y(-1) \\ y(0) \\ y(1) \\ \vdots \end{pmatrix} \tag{3.2.6}
$$

这里需要注意的是，式(3.2.6)中的 $g(n)$ 系数矩阵的排列和式(3.1.13)中抽取器的 $h(n)$ 系数矩阵排列呈转置的关系，系数 $h(n)$ 是沿行的方向排列，而系数 $g(n)$ 是沿列的方向排列，这反映了抽取器和插值器的逆向运算关系。把式(3.2.6)两边左乘下列 z 变量向量

$$z = \left\{ \cdots \quad z^{-1} \quad z^0 \quad z^1 \quad z^2 \quad \cdots \right\}$$

即可得到式(3.2.5)描述的 Z-变换。

3.3　多相分解表示

在多速率系统中，常常需要把滤波器和抽取器或插值器的顺序进行交换，如图 3.8 所示。

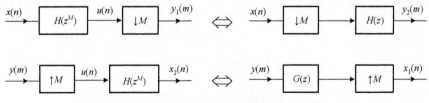

图 3.8　滤波器和抽取器、插值器的等同级联组合

图 3.8 表示了两种完全相同的级联组合，在图 3.8 中有

$$Y_1(z) = \sum_{k=0}^{M-1} U(z^{1/M} W_M^k) = \sum_{k=0}^{M-1} X(z^{1/M} W_M^k) H(z W_M^{kM}) = \sum_{k=0}^{M-1} X(z^{1/M} W_M^k) H(z) = Y_2(z) \qquad (3.3.1)$$

$$X_2(z) = U(z) G(z^M) = Y(z^M) G(z^M) = X_1(z) \qquad (3.3.2)$$

这种交换在滤波器组的分析和设计中非常有用，目的是让滤波器组中分析滤波器与综合滤波器可以越过抽取器和插值器直接进行运算，以便设计滤波器组，这一点在介绍滤波器组时再详细说明。从图 3.8 中可以看出，要进行滤波器和抽取器、插值器的交换需要把滤波器表示成 $H(z^M)$ 和 $G(z^M)$ 的形式，要把滤波器表示成这种形式需要对滤波器进行相位分解。一般而言，任何一个 Z-变换都可以进行下列多相分解

$$\begin{aligned} H(z) &= \sum_{n=-\infty}^{\infty} h(n) z^{-n} \\ &= \sum_{i=0}^{M-1} \left\{ \sum_{m=-\infty}^{\infty} h(mM + M - 1 - i) z^{-mM} \right\} z^{-(M-1-i)} \\ &= \sum_{i=0}^{M-1} H_i(z^M) z^{-(M-1-i)} \end{aligned} \qquad (3.3.3)$$

式中

$$H_i(z) = \sum_{m=-\infty}^{\infty} h(mM + M - 1 - i) z^{-m} \qquad (3.3.4)$$

称为类型-2 多相位分解。把式 (3.3.4) 代入图 3.8 的滤波器和抽取器的级联中得到图 3.9 所示的多相分解图。

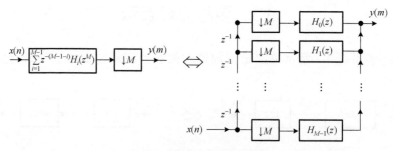

图 3.9　类型-2 多相位分解

类似地可以把和插值器对应的滤波器 $G(z)$ 作另一种多相分解

$$G(z) = \sum_{n=-\infty}^{\infty} g(n) z^{-n} = \sum_{i=0}^{M-1} \left\{ \sum_{m=-\infty}^{\infty} g(mM + i) z^{-mM} \right\} z^{-i} = \sum_{i=0}^{M-1} G_i(z^M) z^{-i} \qquad (3.3.5)$$

式中

$$G_i(z) = \sum_{m=-\infty}^{\infty} g(mM+i)z^{-m} \tag{3.3.6}$$

称为类型-1 多相分解。把式 (3.3.5) 代入图 3.8 中滤波器和插值器的级联中得到图 3.10 所示的另一种多相分解图。

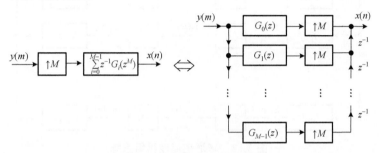

图 3.10　类型-1 多相位分解

在类型-1 和类型-2 的多相位分解中，原函数都是由多相分解函数的延时组合而得的，这也是有理系统的要求，因为在一个有理系统中输出不能超前于输入。但在理论上分析滤波组时常常需要对一个无延时系统进行分析，因此还需要引入另一种多相分解，以抵消类型-1 或类型-2 中的延时，本书把这种相位分解称为类型-3 相位分解。系统函数 $H(z)$ 可用类型-3 多相分解表示为

$$H(z) = \sum_{n=-\infty}^{\infty} h(n)z^{-n} = \sum_{i=0}^{M-1}\left\{ \sum_{m=-\infty}^{\infty} h(mM-i)z^{-mM} \right\} z^{i} = \sum_{i=0}^{M-1} H_i(z^M)z^i \tag{3.3.7}$$

式中

$$H_i(z) = \sum_{m=-\infty}^{\infty} h(mM-i)z^{-m} \tag{3.3.8}$$

称为类型-3 多相分解。类型-3 多相分解可用图 3.11 来描述。

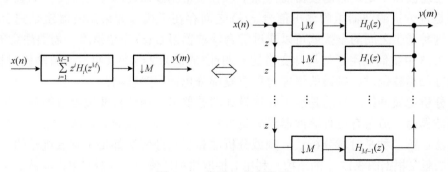

图 3.11　类型-3 多相分解

3.4　多通道滤波器组结构

一个 M 通道的滤波器组由分析滤波器组和综合滤波器组组成，如图 3.12 所示。

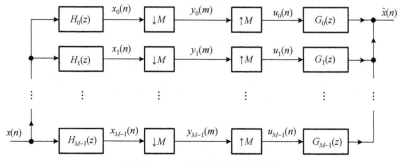

图 3.12　M 通道滤波器组系统

在图 3.12 中，抽取器的抽取值 M 和滤波器组的通道数相同，这种滤波器组称为最大抽取滤波器组。也就是说抽取值不能大于滤波器组的通道数，否则子带信号的样值太少，综合端无法重建输入信号。图中分析滤波器组由 M 个滤波器 $H_i(z)$ $(0 \leqslant i \leqslant M-1)$ 和抽取器级联而成，分析滤波器组的目的是把输入信号 $x(n)$ 分成 M 个子带信号 $x_i(n)$ $(0 \leqslant i \leqslant M-1)$，在实际运用中，这些子带信号将被进行相应的处理，然后输送到接收端。如果是编码系统，子带信号 $x_i(n)$ 将被进行相应的编码，然后送到解码器，在这里假设子带信号 $x_i(n)$ 被直接送到综合滤波器组进行处理。综合滤波器组由 M 个滤波器 $G_i(z)$ $(0 \leqslant i \leqslant M-1)$ 和插值器级联而成，综合滤波器组的目的是把 M 个子带信号 $x_i(n)$ 综合起来重建分析端的输入信号 $x(n)$。我们把重建信号用 $\hat{x}(n)$ 表示，在滤波器组完全重建的情况下，$\hat{x}(n) = x(n)$，但在大多数情况下信号完全重建是不可能的，滤波器组设计的一个主要目标就是让滤波器组的重建误差尽可能的小，图 3.13 给出了滤波器组中各点信号频谱变化的示意图。从图中可以看出，在滤波器不是理想滤波器的情况下，各子带滤波器之间总是有交叉混叠干扰，也就是说分析滤波器组的输出信号 $x_i(n)$ 之间存在干扰，如果滤波器组是完全重建的，这种子带之间的干扰就可以通过综合滤波器组 $G_i(z)$ 完全消除。需要注意的是，在图 3.13 中我们利用了傅里叶变换的周期性(周期为 2π)和其幅度函数的偶对称性。在进行频谱移位时，频谱的镜像对称重复部分也需同时移动。

分析滤波器组的目的是能更好地设计滤波器组，而分析滤波器组的第一步是描述滤波器组。通常有三种滤波器组分析方法：第一种是频域分析法；第二种是多相分解法；第三种是时域分析法。频域分析法和多相分解法都是在频域进行的，频域分析法就是根据图 3.12 中的结构，利用对抽取器和插值器的分析来得出滤波器组输入

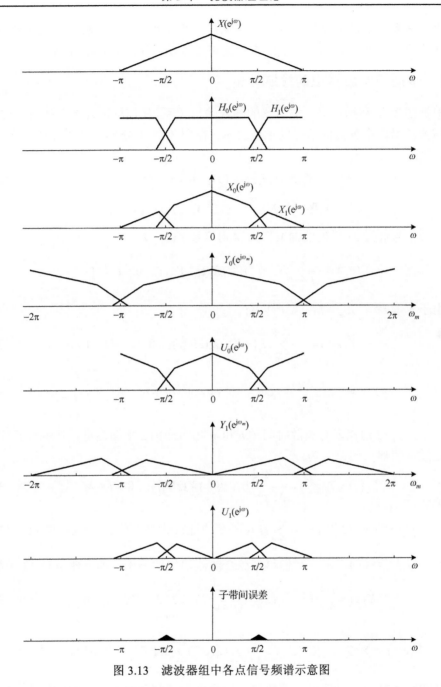

图 3.13 滤波器组中各点信号频谱示意图

输出在频域的关系。多相分解法是先对滤波器 $H(z)$ 和 $G(z)$ 进行多相分解,对图 3.12 中的滤波器和抽取器及插值器进行交换,然后再对滤波器组进行分析。时域分析法就是用矩阵来描述滤波器组,然后对其进行时域的分析。这三种分析方法从不同的角度来描述和分析滤波器组，从而得到不同的滤波器组设计方法。但这三种方法是有内在联系的，在下面几节里我们将对这三种方法分别进行详细介绍。

3.4.1 多通道滤波器组的频域分析

根据图 3.12 和抽取器及插值器的输入输出关系，我们可以直接得到图 3.12 所示多通道滤波器组中各点的信号的频域表示。在图 3.12 中分析滤波器组时，子带信号 $X_i(z)$ 等于

$$X_i(z) = H_i(z)X(z), \quad 0 \leqslant i \leqslant M-1 \tag{3.4.1}$$

$$X_i(\mathrm{e}^{\mathrm{j}\omega}) = H_i(\mathrm{e}^{\mathrm{j}\omega})X(\mathrm{e}^{\mathrm{j}\omega}), \quad 0 \leqslant i \leqslant M-1 \tag{3.4.2}$$

子带信号经过 M 样值的抽取器后得到信号 $Y_i(z_m)$ 为

$$Y_i(z_m) = \frac{1}{M}\sum_{k=0}^{M-1} H_i(z_m^{1/M}W_M^k)X(z_m^{1/M}W_M^k), \quad 0 \leqslant i \leqslant M-1$$

由于 $z_m = z^M$ ，$\omega_m = M\omega$ ，所以有

$$Y_i(z^M) = \frac{1}{M}\sum_{k=0}^{M-1} H_i(zW_M^k)X(zW_M^k), \quad 0 \leqslant i \leqslant M-1 \tag{3.4.3}$$

$$Y_i(\mathrm{e}^{\mathrm{j}M\omega}) = \frac{1}{M}\sum_{k=0}^{M-1} H_i(\mathrm{e}^{\mathrm{j}(\omega-2\pi k/M)})X(\mathrm{e}^{\mathrm{j}(\omega-2\pi k/M)}), \quad 0 \leqslant i \leqslant M-1 \tag{3.4.4}$$

式中，z 、z_m 分别代表与离散时间轴 n 和 m 相对应的 z 平面变量。在综合滤波器组端，经过插值器后的信号为

$$U_i(z) = Y_i(z^M) = \frac{1}{M}\sum_{k=0}^{M-1} H_i(zW_M^k)X(zW_M^k), \quad 0 \leqslant i \leqslant M-1 \tag{3.4.5}$$

$$U_i(\mathrm{e}^{\mathrm{j}\omega}) = Y_i(\mathrm{e}^{\mathrm{j}M\omega}) = \frac{1}{M}\sum_{k=0}^{M-1} H_i(\mathrm{e}^{\mathrm{j}(\omega-2\pi k/M)})X(\mathrm{e}^{\mathrm{j}(\omega-2\pi k/M)}), \quad 0 \leqslant i \leqslant M-1 \tag{3.4.6}$$

有了以上信号的表示，我们得到综合滤波器组的输出，即重建信号 $\hat{X}(z)$ 为

$$\hat{X}(z) = \sum_{i=0}^{M-1} G_i(z)U_i(z) = \frac{1}{M}\sum_{i=0}^{M-1} G_i(z)\sum_{k=0}^{M-1} X(zW_M^k)H_i(zW_M^k) \tag{3.4.7}$$

$$\hat{X}(\mathrm{e}^{\mathrm{j}\omega}) = \sum_{i=0}^{M-1} G_i(\mathrm{e}^{\mathrm{j}\omega})U_i(\mathrm{e}^{\mathrm{j}\omega}) = \frac{1}{M}\sum_{i=0}^{M-1} G_i(\mathrm{e}^{\mathrm{j}\omega})\sum_{k=0}^{M-1} X(\mathrm{e}^{\mathrm{j}(\omega-2\pi k/M)})H_i(\mathrm{e}^{\mathrm{j}(\omega-2\pi k/M)}) \tag{3.4.8}$$

从式 (3.4.7) 中可以看出，重建信号的频谱由两部分组成：一部分是输入信号的频谱；另一部分是干扰。这些干扰是由输入信号和分析滤波器组在频率轴上的移位部分造成的。式 (3.3.7) 可用矩阵表示为

$$\hat{X}(z) = \frac{1}{M} \underbrace{\begin{pmatrix} G_0(z) \\ G_1(z) \\ \vdots \\ G_{M-1}(z) \end{pmatrix}^{\mathrm{T}}}_{\boldsymbol{G}^{\mathrm{T}}(z)} \underbrace{\begin{pmatrix} H_0(z) & H_0(zW_M) & \cdots & H_0(zW_M^{M-1}) \\ H_1(z) & H_1(zW_M) & \cdots & H_1(zW_M^{M-1}) \\ \vdots & \vdots & & \vdots \\ H_{M-1}(z) & H_{M-1}(zW_M) & \cdots & H_{M-1}(zW_M^{M-1}) \end{pmatrix}}_{\boldsymbol{H}_m(z)} \underbrace{\begin{pmatrix} X(z) \\ X(zW_M) \\ \vdots \\ X(zW_M^{M-1}) \end{pmatrix}}_{\boldsymbol{X}_m(z)} \quad (3.4.9)$$

式中，矩阵 $\boldsymbol{H}_m(z)$ 是分析滤波器组的频域调制矩阵。定义矩阵 $\boldsymbol{A}(z)$ 为子带间干扰误差矩阵，$\boldsymbol{A}(z)$ 等于

$$\boldsymbol{A}^{\mathrm{T}}(z) = \begin{pmatrix} A_0(z) \\ A_1(z) \\ \vdots \\ A_{M-1}(z) \end{pmatrix}^{\mathrm{T}} = \begin{pmatrix} G_0(z) \\ G_1(z) \\ \vdots \\ G_{M-1}(z) \end{pmatrix}^{\mathrm{T}} \begin{pmatrix} H_0(z) & H_0(zW_M) & \cdots & H_0(zW_M^{M-1}) \\ H_1(z) & H_1(zW_M) & \cdots & H_1(zW_M^{M-1}) \\ \vdots & \vdots & & \vdots \\ H_{M-1}(z) & H_{M-1}(zW_M) & \cdots & H_{M-1}(zW_M^{M-1}) \end{pmatrix} = \boldsymbol{G}^{\mathrm{T}}(z)\boldsymbol{H}_m(z)$$

$$(3.4.10)$$

利用矩阵 $\boldsymbol{A}(z)$，重建信号 $\hat{X}(z)$ 可表示为

$$\hat{X}(z) = \frac{1}{M} \boldsymbol{A}^{\mathrm{T}}(z)\boldsymbol{X}_m(z) = \frac{1}{M} \boldsymbol{G}^{\mathrm{T}}(z)\boldsymbol{H}_m(z)\boldsymbol{X}_m(z) \quad (3.4.11)$$

从式中可以清楚地看出，滤波器完全重建的条件是

$$\boldsymbol{A}^{\mathrm{T}}(z)\boldsymbol{X}_m(z) = MX(z) \quad (3.4.12)$$

3.4.2　多通道滤波器组的多相分解表示

前面介绍了抽取器和插值器的多相分解表示，定义了类型-1、类型-2 和类型-3 三种多相位分解方法。为了得到一个无延时系统，我们对图 3.12 中的分析滤波器 $H_i(z)$（$0 \leqslant i \leqslant M-1$）进行类型-3 的多相位分解，$H_i(z)$ 可写成

$$H_i(z) = \sum_{n=-\infty}^{\infty} h_i(n)z^{-n} = \sum_{k=0}^{M-1} \left\{ \sum_{m=-\infty}^{\infty} h_i(mM-k)z^{-mM} \right\} z^k = \sum_{k=0}^{M-1} H_{ik}(z^M)z^k \quad (3.4.13)$$

式中

$$H_{ik}(z^M) = \sum_{m=-\infty}^{\infty} h_i(mM-k)z^{-mM} \quad (3.4.14)$$

根据式 (3.4.13) 和式 (3.4.14) 有下列矩阵等式

$$\underbrace{\begin{pmatrix} H_0(z) \\ H_1(z) \\ \vdots \\ H_{M-1}(z) \end{pmatrix}}_{\boldsymbol{H}(z)} = \underbrace{\begin{pmatrix} H_{00}(z^M) & H_{01}(z^M) & \cdots & H_{0,M-1}(z^M) \\ H_{10}(z^M) & H_{11}(z^M) & \cdots & H_{1,M-1}(z^M) \\ \vdots & \vdots & & \vdots \\ H_{M-1,0}(z^M) & H_{M-1,1}(z^M) & \cdots & H_{M-1,M-1}(z^M) \end{pmatrix}}_{\boldsymbol{H}_p(z^M)} \underbrace{\begin{pmatrix} 1 \\ z \\ \vdots \\ z^{M-1} \end{pmatrix}}_{\tilde{z}} \quad (3.4.15)$$

式中，把 $\boldsymbol{H}_p(z)$ 称为分析滤波器组的多相分解矩阵。根据式(3.4.15)及图3.8中分析滤波器和抽取器的等同交换关系，可以把图3.12中分析滤波器组简化为图3.14。

图 3.14　用矩阵表示的分析滤波器组的等同交换关系示意图

如果把图3.14展开得到分析滤波器组的多相分解图3.15。

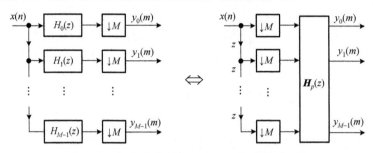

图 3.15　分析滤波器组的等同交换关系示意图

同样我们也可以把综合滤波器组用多相位分解来表示。如果用类型-1对综合滤波器 $G_i(z)$（$0 \leqslant i \leqslant M-1$）进行多相位分解，得到

$$G_i(z) = \sum_{n=-\infty}^{\infty} g_i(n)z^{-n} = \sum_{k=0}^{M-1} \left\{ \sum_{m=-\infty}^{\infty} g_i(mM+k)z^{-mM} \right\} z^{-k} = \sum_{k=0}^{M-1} G_{ki}(z^M)z^{-k} \quad (3.4.16)$$

式中

$$G_{ki}(z) = \sum_{m=-\infty}^{\infty} g_i(mM+k)z^{-m} \quad (3.4.17)$$

和分析滤波器组一样，把式(3.4.16)用矩阵表示为

$$\underbrace{\begin{pmatrix} G_0(z) \\ G_1(z) \\ \vdots \\ G_{M-1}(z) \end{pmatrix}^{\mathrm{T}}}_{\boldsymbol{G}^{\mathrm{T}}(z)} = \underbrace{\begin{pmatrix} 1 \\ z^{-1} \\ \vdots \\ z^{-(M-1)} \end{pmatrix}^{\mathrm{T}}}_{\boldsymbol{z}^{\mathrm{T}}} \underbrace{\begin{pmatrix} G_{00}(z^M) & G_{10}(z^M) & \cdots & G_{M-1,0}(z^M) \\ G_{01}(z^M) & G_{11}(z^M) & \cdots & G_{M-1,1}(z^M) \\ \vdots & \vdots & & \vdots \\ G_{0,M-1}(z^M) & G_{1,M-1}(z^M) & \cdots & G_{M-1,M-1}(z^M) \end{pmatrix}}_{\boldsymbol{G}_p(z^M)} \quad (3.4.18)$$

式中，$\boldsymbol{G}_p(z)$ 称为综合滤波器组的多相分解矩阵。这里需要特别指出的是，矩阵 $\boldsymbol{G}_p(z)$ 中元素的排列和矩阵 $\boldsymbol{H}_p(z)$ 中的元素排列呈转置关系，这是因为综合滤波器组是分析滤波器组的逆运算。根据式(3.4.18)中的矩阵表示和滤波器与插值器的交换关系，我们可以得到如图3.16所示的综合滤波器组的等同关系。

图 3.16　用矩阵表示的综合滤波器组的等同交换关系示意图

把图 3.16 中右边矩阵扩展后得到图 3.17 所示的综合滤波器组多相分解表示图。

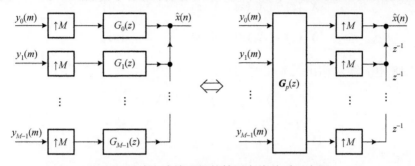

图 3.17　综合滤波器组的等同交换关系示意图

从图 3.15 和图 3.17 可以看出，引入滤波器多相分解的目的是要把分析滤波器和抽取器，以及插值器与综合滤波器的位置进行交换，让分析滤波器组和综合滤波器组可以进行直接运算，从而可以更好地设计滤波器组。把图 3.1.5 和图 3.1.7 的右边代入图 3.12，得到多相分解表示的无延时多通道滤波器组，如图 3.18 所示。

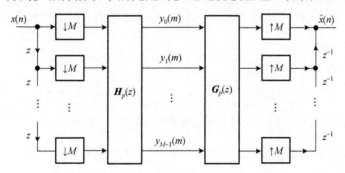

图 3.18　多通道滤波器组的多相分解示意图

为了得出图 3.18 中输入输出关系，把输入输出信号 $x(n)$ 和 $\hat{x}(n)$ 也做相位分解

$$X(z) = \sum_{k=0}^{M-1} X_k(z^M) z^{-k} \tag{3.4.19}$$

$$\hat{X}(z) = \sum_{k=0}^{M-1} \hat{X}_k(z^M) z^{-k} \tag{3.4.20}$$

式中

$$X_k(z) = \sum_{n=-\infty}^{\infty} x(nM+k) z^{-n} \tag{3.4.21}$$

$$\hat{X}_k(z) = \sum_{n=-\infty}^{\infty} \hat{x}(nM+k)z^{-n} \tag{3.4.22}$$

定义下列向量

$$\boldsymbol{X}_p(z) = \begin{pmatrix} X_0(z) & X_1(z) & \cdots & X_{M-1}(z) \end{pmatrix}^{\mathrm{T}}$$

$$\hat{\boldsymbol{X}}_p(z) = \begin{pmatrix} \hat{X}_0(z) & \hat{X}_1(z) & \cdots & \hat{X}_{M-1}(z) \end{pmatrix}^{\mathrm{T}}$$

图 3.18 中的输入输出关系可写为

$$\hat{\boldsymbol{X}}_p(z^M) = \boldsymbol{G}_p(z^M)\boldsymbol{H}_p(z^M)\boldsymbol{X}_p(z^M)$$

$$\hat{X}(z) = (1 \quad z^{-1} \quad \cdots \quad z^{-(M-1)})\hat{\boldsymbol{X}}_p(z^M) \tag{3.4.23}$$

如果定义

$$\boldsymbol{P}(z) = \boldsymbol{G}_p(z)\boldsymbol{H}_p(z) \tag{3.4.24}$$

为滤波器组的多相位矩阵，那么图 3.18 可进一步简化为图 3.19。

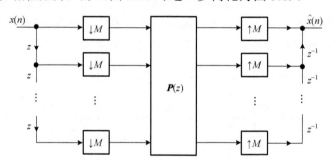

图 3.19　多通道滤波器组的多相位矩阵表示

如果多相位矩阵 $\boldsymbol{P}(z) = \boldsymbol{I}$，这里 $\boldsymbol{I}$ 表示 $M \times M$ 单位矩阵，也即

$$\boldsymbol{P}(z) = \boldsymbol{I} = \begin{pmatrix} 1 & 0 & \cdots & 0 \\ 0 & 1 & \cdots & 0 \\ \vdots & \vdots & & \vdots \\ 0 & 0 & \cdots & 1 \end{pmatrix} \tag{3.4.25}$$

那么滤波器组就是一个完全重建滤波器组。用电路理论中的术语来说，图 3.19 所示的系统为一个无损耗系统，如图 3.20 所示。

滤波器组的多相分解表示对滤波器组设计的最大贡献就是把矩阵 $\boldsymbol{H}_p(z)$ 和矩阵 $\boldsymbol{G}_p(z)$ 结合起来，从而把滤波器组的设计问题转化为了寻找一个满足条件 (3.4.25) 的酉 (unitary) 矩阵 $\boldsymbol{H}_p(z)$。

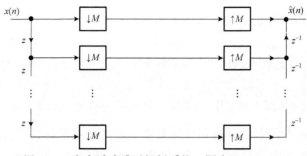

图 3.20　完全重建或无损耗系统，图中 $\hat{x}(n) = x(n)$

3.4.3　多通道滤波器组的时域表示

为了能用矩阵来描述滤波器组，首先需要定义分析滤波器组系数矩阵 $\boldsymbol{T}_a$ 和综合滤波器系数矩阵 $\boldsymbol{T}_s$。假设滤波器组中滤波器 $h_i(n)$ 和 $g_i(n)$（$0 \leqslant i \leqslant M-1$）的系数长度均为 $L = NM$，把 $\boldsymbol{T}_a$ 定义为

$$\boldsymbol{T}_a = \begin{pmatrix} \ddots & \vdots & \vdots & \vdots & \vdots & \vdots & \vdots & \\ \cdots & \boldsymbol{h}_0 & \boldsymbol{h}_1 & \cdots & \boldsymbol{h}_{N-1} & \boldsymbol{0} & \cdots & \boldsymbol{0} & \cdots \\ \cdots & \boldsymbol{0} & \boldsymbol{h}_0 & \cdots & \boldsymbol{h}_{N-2} & \boldsymbol{h}_{N-1} & \cdots & \boldsymbol{0} & \cdots \\ & \vdots & \vdots & & \vdots & \vdots & & \vdots & \\ \cdots & \boldsymbol{0} & \boldsymbol{0} & \cdots & \boldsymbol{h}_0 & \boldsymbol{h}_1 & \cdots & \boldsymbol{h}_{N-1} & \cdots \\ & \vdots & \vdots & & \vdots & \vdots & & \vdots & \ddots \end{pmatrix} \tag{3.4.26}$$

矩阵 $\boldsymbol{T}_a$ 中的元素是无限的，其中 $M \times M$ 方块矩阵 $\boldsymbol{h}_i$（$0 \leqslant i \leqslant N-1$）定义为

$$\boldsymbol{h}_i = \begin{pmatrix} h_0(L-iM-1) & h_0(L-iM-2) & \cdots & h_0(L-iM-M) \\ h_1(L-iM-1) & h_1(L-iM-2) & \cdots & h_1(L-iM-M) \\ \vdots & \vdots & & \vdots \\ h_{M-1}(L-iM-1) & h_{M-1}(L-iM-2) & \cdots & h_{M-1}(L-iM-M) \end{pmatrix} \tag{3.4.27}$$

矩阵 $\boldsymbol{h}_i$ 中的系数 $h_i(n)$ 是按时间反转 $h_i(-n)$ 排列的，这是由于线性系统卷积运算的要求。另外，$\boldsymbol{T}_a$ 中的相邻行矩阵之间有 M 个样值的移位，这是由于抽样器造成的。同样我们把综合滤波器组系数矩阵 $\boldsymbol{T}_s$ 定义为

$$\boldsymbol{T}_s = \begin{pmatrix} \ddots & \vdots & \vdots & \vdots & \vdots & \\ \cdots & \boldsymbol{g}_0 & \boldsymbol{0} & \cdots & \boldsymbol{0} & \cdots \\ \cdots & \boldsymbol{g}_1 & \boldsymbol{g}_0 & \cdots & \boldsymbol{0} & \cdots \\ & \vdots & \vdots & & \vdots & \\ \cdots & \boldsymbol{g}_{N-1} & \boldsymbol{g}_{N-2} & \cdots & \boldsymbol{g}_0 & \cdots \\ \cdots & \boldsymbol{0} & \boldsymbol{g}_{N-1} & \cdots & \boldsymbol{g}_1 & \cdots \\ & \vdots & \vdots & & \vdots & \\ \cdots & \boldsymbol{0} & \boldsymbol{0} & \cdots & \boldsymbol{g}_{N-1} & \cdots \\ & \vdots & \vdots & & \vdots & \ddots \end{pmatrix} \tag{3.4.28}$$

式中，$M \times M$ 方块矩阵 $\boldsymbol{g}_i$（$0 \leqslant i \leqslant N-1$）定义为

$$\boldsymbol{g}_i = \begin{pmatrix} g_0(iM) & g_1(iM) & \cdots & g_{M-1}(iM) \\ g_0(iM+1) & g_1(iM+1) & \cdots & g_{M-1}(iM+1) \\ \vdots & \vdots & & \vdots \\ g_0(iM+M-1) & g_1(iM+M-1) & \cdots & g_{M-1}(iM-M+1) \end{pmatrix} \tag{3.4.29}$$

注意，矩阵 $\boldsymbol{g}_i$ 中元素的排列和矩阵 $\boldsymbol{h}_i$ 中元素的排列呈转置的关系，这是因为分析和综合滤波器组是两个相反的运算，如果 $g_i(n) = h_i(-n)$，那么 $\boldsymbol{g}_i = \boldsymbol{h}_i^{\mathrm{T}}$。另外，$\boldsymbol{T}_s$ 中的相邻列矩阵之间有 M 个样值的错位，这反映了综合滤波器组中的插值运算。根据系数矩阵 $\boldsymbol{T}_a$ 和 $\boldsymbol{T}_s$，图 3.12 中多通道滤波器组的输入输出关系可表示为

$$\left. \begin{array}{l} \boldsymbol{y} = \boldsymbol{T}_a \boldsymbol{x} \\ \hat{\boldsymbol{x}} = \boldsymbol{T}_s \boldsymbol{y} \end{array} \right\} \Rightarrow \hat{\boldsymbol{x}} = \boldsymbol{T}_s \boldsymbol{T}_a \boldsymbol{x} \tag{3.4.30}$$

式中

$$\begin{cases} \boldsymbol{y} = \begin{pmatrix} \cdots & y_0(-1) \cdots y_{M-1}(-1) & y_0(0) \cdots y_{M-1}(0) & y_0(1) \cdots y_{M-1}(1) & \cdots \end{pmatrix}^{\mathrm{T}} \\ \boldsymbol{x} = \begin{pmatrix} \cdots & x(-1) & x(0) & x(1) & \cdots \end{pmatrix}^{\mathrm{T}} \\ \hat{\boldsymbol{x}} = \begin{pmatrix} \cdots & \hat{x}(-1) & \hat{x}(0) & \hat{x}(1) & \cdots \end{pmatrix}^{\mathrm{T}} \end{cases} \tag{3.4.31}$$

其中，$\boldsymbol{y}$ 代表分析滤波器组的输出向量；$\boldsymbol{x}$、$\hat{\boldsymbol{x}}$ 分别是输入信号和重建信号向量。如果我们把矩阵展开，式(3.4.30)的矩阵运算可表示为

$$y_k(m) = \sum_{n=-\infty}^{\infty} x(n) h_k(mM-n), \qquad 0 \leqslant k \leqslant M-1 \tag{3.4.32}$$

$$\begin{aligned} \hat{x}(n) &= \sum_{k=0}^{M-1} \left\{ \sum_{m=-\infty}^{\infty} y_k(m) g_k(n-mM) \right\} \\ &= \sum_{l=-\infty}^{\infty} x(l) \left\{ \sum_{k=0}^{M-1} \sum_{m=-\infty}^{\infty} g_k(n-mM) h_k(mM-l) \right\} \\ &= \sum_{l=-\infty}^{\infty} x(l) h_T(l,n) \end{aligned} \tag{3.4.33}$$

式中

$$h_T(l,n) = \sum_{k=0}^{M-1} \sum_{m=-\infty}^{\infty} g_k(n-mM) h_k(mM-l) \tag{3.4.34}$$

其中，$h_T(l,n)$ 表示整个滤波器组系统的系统函数。从式(3.4.30)和式(3.4.33)中可以看出，如果滤波器组是完全重建的，那么

$$\boldsymbol{T}_s \boldsymbol{T}_a = \boldsymbol{I} \tag{3.4.35}$$

$$h_T(l,n) = \delta(l-n) \tag{3.4.36}$$

式中，$\mathbf{I}$ 是一个有无限元素的单位矩阵，即

$$\mathbf{I} = \begin{pmatrix} \ddots & & & & & \\ & 1 & & & & \\ & & 1 & & & \\ & & & \ddots & & \\ & & & & 1 & \\ & & & & & \ddots \end{pmatrix} \tag{3.4.37}$$

根据 $\mathbf{T}_a$ 和 $\mathbf{T}_s$ 中元素的结构可以把完全重建条件 (3.4.35) 作进一步的简化。首先定义下列矩阵

$$\mathbf{G} = (\mathbf{g}_{N-1} \quad \mathbf{g}_{N-2} \quad \cdots \quad \mathbf{g}_0) \tag{3.4.38}$$

$$\mathbf{H} = \begin{pmatrix} \mathbf{h}_0 & \mathbf{h}_1 & \cdots & \mathbf{h}_{N-1} & \mathbf{0} & \cdots & \mathbf{0} \\ \mathbf{0} & \mathbf{h}_0 & \cdots & \mathbf{h}_{N-2} & \mathbf{h}_{N-1} & \cdots & \mathbf{0} \\ \vdots & \vdots & & \vdots & \vdots & & \vdots \\ \mathbf{0} & \mathbf{0} & \cdots & \mathbf{h}_0 & \mathbf{h}_1 & \cdots & \mathbf{h}_{N-1} \end{pmatrix} \tag{3.4.39}$$

完全重建条件 $\mathbf{T}_s \mathbf{T}_a = \mathbf{I}$ 意味着

$$\mathbf{G}\mathbf{H} = \left(\underbrace{\mathbf{0} \quad \cdots \quad \mathbf{0}}_{N-1} \quad \mathbf{I}_M \quad \underbrace{\mathbf{0} \quad \cdots \quad \mathbf{0}}_{N-1} \right) \tag{3.4.40}$$

式中，$\mathbf{I}_M$ 是一个有 M 个元素的单位矩阵。这样完全重建条件 $\mathbf{T}_s \mathbf{T}_a = \mathbf{I}$ 等同于

$$\sum_{i=0}^{N-1-k} \mathbf{g}_i \mathbf{h}_{k+i} = \sum_{i=0}^{N-1-k} \mathbf{g}_{i+k} \mathbf{h}_i = \begin{cases} \mathbf{I}_M, & k=0 \\ \mathbf{0}, & 1 \leqslant k \leqslant N-1 \end{cases} \tag{3.4.41}$$

根据式 (3.4.40) 可以得到多通道滤波器组，如图 3.21 所示的另一种结构。

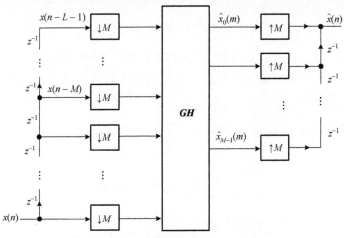

图 3.21　多通道滤波器组的时域实现结构

从式(3.4.30)和图 3.21 中可以看出，滤波器组的输出每一帧信号的延时为 M 样值。滤波器组的时域矩阵表示比频域表示更能直接揭示滤波器组的运算，在实际应用中，滤波器组的实现正是按图 3.21 的结构来实现的，而且式(3.4.30)给出的时域表示的 PR(perfect reconstruction)条件给滤波器组的设计带来了另外一种设计方法。

3.5　M 通道 DFT 滤波器组

3.5.1　DFT 滤波器组的多相位实现结构

一般情况，把 DFT 滤波器组的原型函数定义为一个长度为 $L(L > M)$ 的非矩形函数 $h(n)$，由于 DFT 滤波器组中所有通道的滤波器都是由 $h(n)$ 在频率轴上移位而来的，如图 3.22 所示，DFT 滤波器组的综合滤波器组定义为

$$g_k(n) = h(n)W_M^{-nk}, \ 0 \leqslant k \leqslant M-1 \tag{3.5.1}$$

当 $h_k(n)$ 和 $g_k(n)$ 为匹配滤波器对时，分析滤波器组等于

$$h_k(n) = g_k^*(-n) = h(-n)W_M^{-nk}, \ 0 \leqslant k \leqslant M-1 \tag{3.5.2}$$

如果原型函数 $h(n)$ 是对称的，即 $h(n) = h(-n)$，那么有

$$h_k(n) = g_k(n) = h(n)W_M^{-nk}, \ 0 \leqslant k \leqslant M-1 \tag{3.5.3}$$

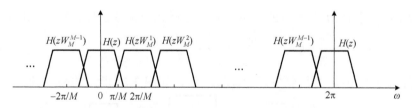

图 3.22　DFT 滤波器组频谱示意图

我们把由式(3.5.1)和式(3.5.2)定义的 DFT 滤波器组称为扩展的 DFT 滤波器组。在下面的讨论中假设 $h(n)$ 都是对称的，因此式(3.5.3)总是成立的。DFT 滤波器组中的输入输出可表示为

$$X_k(m) = \sum_{n=-\infty}^{\infty} x(n)h(n-mM)W_M^{-k(mM-n)} = \sum_{n=-\infty}^{\infty} x(n)h_k(mM-n), \ 0 \leqslant k \leqslant M-1 \tag{3.5.4}$$

$$\begin{aligned} \hat{x}(n) &= \frac{1}{M}\sum_{k=0}^{M-1}\left\{ \sum_{m=-\infty}^{\infty} X_k(m)h(n-mM)W_M^{-(n-mM)k} \right\} \\ &= \frac{1}{M}\sum_{k=0}^{M-1}\left\{ \sum_{m=-\infty}^{\infty} X_k(m)g_k(n-mM) \right\} \end{aligned} \tag{3.5.5}$$

为了有效地实现 DFT 滤波器组，把式(3.5.4)进行多相位分解为

$$
\begin{aligned}
X_k(m) &= \sum_{n=-\infty}^{\infty} x(n)h(n-mM)W_M^{nk} \\
&= \sum_{i=0}^{M-1}\left\{\sum_{l=-\infty}^{\infty} x(lM+i)h(lM+i-mM)\right\}W_M^{ki} \\
&= \sum_{i=0}^{M-1} u_i(m)W_M^{ki},\ 0 \leqslant k \leqslant M-1
\end{aligned}
\tag{3.5.6}
$$

式中

$$
\begin{aligned}
u_i(m) &= \sum_{l=-\infty}^{\infty} x(lM+i)h(lM+i-mM) \\
&= \sum_{l=-\infty}^{\infty} x_i(l)p_i(l-m),\ 0 \leqslant i \leqslant M-1
\end{aligned}
\tag{3.5.7}
$$

$x_i(m)$、$p_i(m)$ 表示输入信号 $x(n)$ 和原型滤波器 $h(n)$ 的多相分解

$$
x_i(m) = x(mM+i)
\tag{3.5.8}
$$

$$
p_i(m) = h(mM+i)
\tag{3.5.9}
$$

因此，根据式(3.5.6)和式(3.5.7)，可以把 DFT 滤波器组用 M 点 DFT 变换来实现，而 M 点 DFT 变换的输入等于输入信号 $x(n)$ 的多相分解信号通过滤波器 $p_i(m)$ 得到。如果把变量 n 分解为 $n=mM+i$（$0 \leqslant i \leqslant M-1$），同样 DFT 滤波器组的输出可分解为

$$
\begin{aligned}
\hat{x}(n) = \hat{x}(mM+i) &= \hat{x}_i(m) \\
&= \sum_{l=-\infty}^{\infty}\left\{\frac{1}{M}\sum_{k=0}^{M-1} X_k(l)W_M^{-ki}\right\}h(mM-lM-i) \\
&= \sum_{l=-\infty}^{\infty} \hat{u}_i(l)q_i(m-l),\ 0 \leqslant i \leqslant M-1
\end{aligned}
\tag{3.5.10}
$$

式中

$$
\hat{x}_i(m) = \hat{x}(mM+i)
\tag{3.5.11}
$$

$$
q_i(m) = h(mM+i)
\tag{3.5.12}
$$

$$
\hat{u}_i(m) = \frac{1}{M}\sum_{k=0}^{M-1} X_k(m)W_M^{-ki}
\tag{3.5.13}
$$

式(3.5.10)表明 DFT 滤波器组的输出等于 M 点 DFT 逆变换的输出经过滤波器

$q_i(n)$ 后的输出。根据式(3.5.6)和式(3.5.10)，我们得到 DFT 滤波器组的多相位实现结构，如图 3.23 所示。

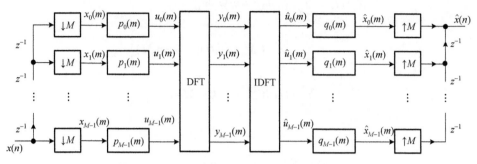

图 3.23　DFT 滤波器组的多相位分解实现结构

如果我们用 FFT（fast Fourier transform）来实现 M 点 DFT，可以把图 3.23 用图 3.24 的形式来表示，图 3.24 中，IFFT 表示快速傅里叶逆变换。

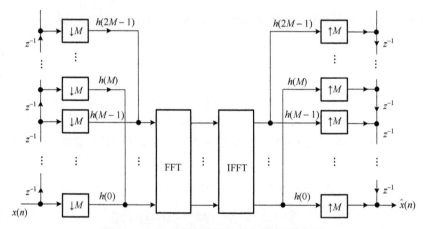

图 3.24　DFT 滤波器组的 FFT 实现示意图

图 3.24 描述了图 3.23 中结构的具体实现，在实现 DFT 滤波器组时首先要合成 M 个信号 $u_i(m)$，然后对 $u_i(m)$ 进行 M 点的 FFT 运算，图 3.25 给出了计算 $u_i(m)$ 的示意图。

为了设计 DFT 滤波器组我们把图 3.23 中的综合滤波器用矩阵形式表示为

$$\begin{pmatrix} \hat{x}(mM) \\ \hat{x}(mM+1) \\ \vdots \\ \hat{x}(mM+M-1) \end{pmatrix} = \begin{pmatrix} \boldsymbol{H}_{N-1} & \boldsymbol{H}_{N-2} & \cdots & \boldsymbol{H}_0 \end{pmatrix} \boldsymbol{W}_M^* \begin{pmatrix} y(m-N+1) \\ y(m-N+2) \\ \vdots \\ y(m) \end{pmatrix} \quad (3.5.14)$$

式中，$\boldsymbol{W}_M^*$ 表示傅里叶矩阵 $\boldsymbol{W}_M$ 的共轭转置。式(3.5.14)描述了在时间点 m 时，M 点输出样值的计算，其中

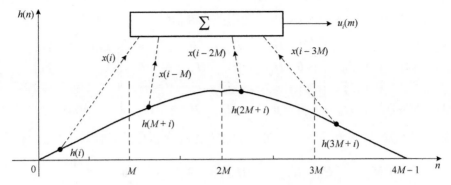

图 3.25　合成信号 $u_i(m)$ 的计算示意图

$$\boldsymbol{H}_i = \begin{pmatrix} h(iM) & 0 & \cdots & 0 \\ 0 & h(iM+1) & \cdots & 0 \\ \vdots & \vdots & & \vdots \\ 0 & 0 & \cdots & h(iM+M-1) \end{pmatrix}, \quad 0 \leqslant i \leqslant N-1 \quad (3.5.15)$$

$$\boldsymbol{I}_M = \begin{pmatrix} 1 & 0 & 0 & 0 \\ 0 & 1 & 0 & 0 \\ 0 & 0 & \ddots & 0 \\ 0 & 0 & 0 & 1 \end{pmatrix} \quad (3.5.16)$$

$$\boldsymbol{W}_M = \begin{pmatrix} 1 & 1 & 1 & \cdots & 1 \\ 1 & W_M^1 & W_M^2 & \cdots & W_M^{(M-1)} \\ 1 & W_M^2 & W_M^4 & \cdots & W_M^{2(M-1)} \\ \vdots & \vdots & \vdots & & \vdots \\ 1 & W_M^{(M-1)} & W_M^{2(M-1)} & \cdots & W_M^{(M-1)(M-1)} \end{pmatrix} \quad (3.5.17)$$

$$\boldsymbol{y}(m) = \begin{pmatrix} y_0(m) & y_1(m) & \cdots & y_{M-1}(m) \end{pmatrix}^{\mathrm{T}} \quad (3.5.18)$$

式中，$L=NM$ 表示原型滤波器 $h(n)$ 的长度。在分析滤波器组，$\boldsymbol{y}(m)$ 由下列矩阵运算得到

$$\begin{pmatrix} \boldsymbol{y}(m-N+1) \\ \boldsymbol{y}(m-N+2) \\ \vdots \\ \boldsymbol{y}(m) \end{pmatrix} = \boldsymbol{W}_M \begin{pmatrix} \boldsymbol{H}_0 & \boldsymbol{H}_1 & \cdots & \boldsymbol{H}_{N-1} & \boldsymbol{0} & \cdots & \boldsymbol{0} \\ \boldsymbol{0} & \boldsymbol{H}_0 & \cdots & \boldsymbol{H}_{N-2} & \boldsymbol{H}_{N-1} & \cdots & \boldsymbol{0} \\ \vdots & \vdots & & \vdots & \vdots & & \vdots \\ \boldsymbol{0} & \boldsymbol{0} & \cdots & \boldsymbol{H}_0 & \boldsymbol{H}_1 & \cdots & \boldsymbol{H}_{N-1} \end{pmatrix} \begin{pmatrix} \boldsymbol{x}(m-N+1) \\ \boldsymbol{x}(m-N+2) \\ \vdots \\ \boldsymbol{x}(m+N-1) \end{pmatrix} \quad (3.5.19)$$

式中

$$\boldsymbol{x}(m) = \begin{pmatrix} x(mM) & x(mM+1) & \cdots & x(mM+M-1) \end{pmatrix}^{\mathrm{T}}$$

把式 (3.5.19) 代入式 (3.5.14) 中，利用关系 $\boldsymbol{W}_M^*\boldsymbol{W}_M = \boldsymbol{I}_M$，得到

$$
\begin{pmatrix}
\hat{x}(mM) \\
\hat{x}(mM+1) \\
\vdots \\
\hat{x}(mM+M-1)
\end{pmatrix}
=
\begin{pmatrix}
\boldsymbol{H}_{N-1} \\
\boldsymbol{H}_{N-2} \\
\vdots \\
\boldsymbol{H}_0
\end{pmatrix}^{\mathrm{T}}
\begin{pmatrix}
\boldsymbol{H}_0 & \boldsymbol{H}_1 & \cdots & \boldsymbol{H}_{N-1} & \boldsymbol{0} & \cdots & \boldsymbol{0} \\
\boldsymbol{0} & \boldsymbol{H}_0 & \cdots & \boldsymbol{H}_{N-2} & \boldsymbol{H}_{N-1} & \cdots & \boldsymbol{0} \\
\vdots & \vdots & & \vdots & \vdots & & \vdots \\
\boldsymbol{0} & \boldsymbol{0} & & \boldsymbol{H}_0 & \boldsymbol{H}_1 & \cdots & \boldsymbol{H}_{N-1}
\end{pmatrix}
\begin{pmatrix}
\boldsymbol{x}(m-N+1) \\
\boldsymbol{x}(m-N+2) \\
\vdots \\
\boldsymbol{x}(m)
\end{pmatrix}
\tag{3.5.20}
$$

从式 (3.5.20) 中很容易看出，DFT 滤波器组完全重建的条件为

$$
\begin{pmatrix}
\boldsymbol{H}_{N-1} \\
\boldsymbol{H}_{N-2} \\
\vdots \\
\boldsymbol{H}_0
\end{pmatrix}^{\mathrm{T}}
\begin{pmatrix}
\boldsymbol{H}_0 & \boldsymbol{H}_1 & \cdots & \boldsymbol{H}_{N-1} & \boldsymbol{0} & \cdots & \boldsymbol{0} \\
\boldsymbol{0} & \boldsymbol{H}_0 & \cdots & \boldsymbol{H}_{N-2} & \boldsymbol{H}_{N-1} & \cdots & \boldsymbol{0} \\
\vdots & \vdots & & \vdots & \vdots & & \vdots \\
\boldsymbol{0} & \boldsymbol{0} & & \boldsymbol{H}_0 & \boldsymbol{H}_1 & \cdots & \boldsymbol{H}_{N-1}
\end{pmatrix}
=
\begin{pmatrix}
\boldsymbol{0} \\
\vdots \\
\boldsymbol{I}_M \\
\vdots \\
\boldsymbol{0}
\end{pmatrix}
\tag{3.5.21}
$$

例如，当原型滤波器 $h(n)$ 的长度为 $L = 2M$ 时，完全重建的条件可表示为

$$
\begin{pmatrix}
\boldsymbol{H}_1 & \boldsymbol{H}_0
\end{pmatrix}
\begin{pmatrix}
\boldsymbol{H}_0 & \boldsymbol{H}_1 & \boldsymbol{0} \\
\boldsymbol{0} & \boldsymbol{H}_0 & \boldsymbol{H}_1
\end{pmatrix}
=
\begin{pmatrix}
\boldsymbol{0} \\
\boldsymbol{I}_M \\
\boldsymbol{0}
\end{pmatrix}^{\mathrm{T}}
\tag{3.5.22}
$$

为了能更直观地看出式 (3.5.22) 中对原型滤波器系数 $h(n)$ 的约束，我们举一个具体的例子，当 $M = 2$，$L = 4$ 时，式 (3.5.22) 等于

$$
\begin{pmatrix}
h(0) & 0 & h(2) & 0 \\
0 & h(1) & 0 & h(3)
\end{pmatrix}
\begin{pmatrix}
h(0) & 0 & h(2) & 0 & 0 & 0 \\
0 & h(1) & 0 & h(3) & 0 & 0 \\
0 & 0 & h(0) & 0 & h(2) & 0 \\
0 & 0 & 0 & h(1) & 0 & h(3)
\end{pmatrix}
=
\begin{pmatrix}
0 & 0 \\
0 & 0 \\
1 & 0 \\
0 & 1 \\
0 & 0 \\
0 & 0
\end{pmatrix}^{\mathrm{T}}
\tag{3.5.23}
$$

通过式 (3.5.21)，DFT 滤波器组的设计就变成了寻找满足条件 (3.5.23) 的原型滤波器 $h(n)$，但寻找满足条件 (3.5.21) 的 $h(n)$ 并不是一件容易的事，一种可能的方法是建立下面的目标函数

$$
E_{PR} = \sum_{l=0}^{N-1}\sum_{n=0}^{M-1}\left[\sum_{i=0}^{L-l-1} h(n+iM)h(n+iM+lM) - \delta(l)\right]^2
\tag{3.5.24}
$$

然后通过优化算法寻找使 E_{PR} 最小的 $h(n)$。

3.5.2　改进的 DFT 滤波器组

为了简化 DFT 滤波器组的设计，本书介绍一种改进的 DFT 滤波器组，称为

MDFT（modified discrete Fourier transform）滤波器组。在 DFT 滤波器组中，如果原型滤波器 $H_0(z)$ 是一个长度为 L 的线性相位 FIR 滤波器，即

$$h(n) = h(L-1-n) \tag{3.5.25}$$

那么根据式（3.5.1）和式（3.5.2），滤波器组的分析和综合滤波器为

$$G_k(z) = H_k(z) = H_0(zW_M^k), \quad 0 \leqslant k \leqslant M-1 \tag{3.5.26}$$

当 $M = 2$ 时，$G_1(z) = H_1(z) = H_0(-z)$，这样得到如图 3.26 所示的两通道 DFT 滤波器组。

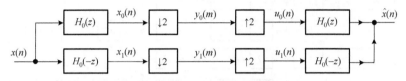

图 3.26　两通道 DFT 滤波器组

和两通道 QMF（quadrature mirror filter）滤波器组相比，唯一的区别在于两通道 QMF 滤波器组中的 $G_1(z)$ 等于 $-H_0(-z)$，而两通道 DFT 滤波器组中的 $G_1(z)$ 等于 $H_0(-z)$。在 QMF 滤波器组中，$G_1(z)$ 前加负数的目的是要消除两带间的干扰误差，因为在图 3.26 中的输入输出关系为

$$\hat{X}(z) = \left(H_0(z) \quad \underbrace{H_0(-z)}_{G_1(z)} \right) \begin{pmatrix} H_0(z) & H_0(-z) \\ H_0(-z) & \underbrace{H_0(z)}_{H_1(zW_2^1)} \end{pmatrix} \begin{pmatrix} X(z) \\ X(-z) \end{pmatrix} \tag{3.5.27}$$

两带间的误差项等于

$$\{H_0(z)H_0(-z) + G_1(z)H_1(W_2^1)\}X(-z)$$

为了消除带间干扰我们只有下面两种方法。

（1）$G_1(z) = -H_0(-z)$。

（2）$H_1(zW_2^1) = -H_0(z)$。

传统的两通道 QMF 滤波器组选择了第一种消除干扰的方法，巧妙地去掉了带间干扰。但遗憾的是这种方法不能推广到 M 带 QMF 滤波器组，因为在 M 通道的情况下，靠改变综合滤波器组的符号来消除带间误差会给重建信号带来严重的幅度误差，因此只剩下第二种方法。但第二种方法的实现并不简单，我们必须对滤波器组的实现结构进行修改，引入符号因子。把图 3.27 所示的 DFT 滤波器组称为改进的 DFT（MDFT）滤波器组。

MDFT 滤波器组的结构有下列特点。

（1）每个通道分为上下两部分，上部分在分析端没有延时，在综合端有 $\dfrac{M}{2}$ 延时，下部分在分析端有 $\dfrac{M}{2}$ 延时，而在综合端没有延时。

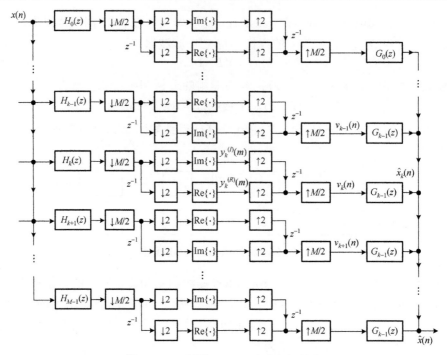

图 3.27 M 通道 MDFT 滤波器组结构

(2) 在每一通道的上下两部分分别进行实部和虚部运算。

(3) 实部和虚部运算在通道之间交替出现。

(4) $\dfrac{M}{2}$ 延时的目的是要引入符号因子 $(-1)^k$，从而产生能抵消带间干扰的成分。

图 3.28 给出了 MDFT 滤波器组中实部通道和虚部通道的相对延时。

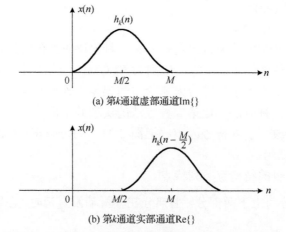

图 3.28 MDFT 滤波器组虚部和实部通道的相对延时

　　下面来解释图 3.27 中 MDFT 滤波器组消除带间混叠干扰的原理,理解这个原理不仅对理解 MDFT 滤波器组,而且对设计完全重建 DFT 滤波器组都很重要。

　　为了能容易解释 MDFT 滤波器组消除带间干扰的原理,我们假设通道 k 只和相邻的通道 $k-1$ 与通道 $k+1$ 产生混叠干扰误差,而和相邻通道以外的其他通道没有混叠干扰,即

$$H_k(\mathrm{e}^{\mathrm{j}\omega}) \approx 0, \quad 0 \leqslant \omega \leqslant \frac{(2k-1)\pi}{M}, \quad \frac{(2k+1)\pi}{M} \leqslant \omega \leqslant \pi \tag{3.5.28}$$

图 3.29 给出了在这种假设下通道 k 和相邻通道 $k-1$ 与通道 $k+1$ 的频谱关系。

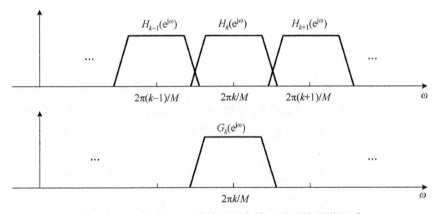

图 3.29　M 通道 DFT 滤波器组中第 k 通道的频谱关系

根据图 3.29 中的频谱关系我们得到改进的 M 通道 DFT 滤波器组的输入输出关系为

$$\begin{aligned}
\hat{X}(z) &= \frac{1}{M}\sum_{k=0}^{M-1} G_k(z) \sum_{i=0}^{M-1} X(zW_M^i) H_k(zW_M^i) \\
&= \frac{1}{M}\sum_{k=0}^{M-1} G_k(z)\left\{ X(zW_M^0)H_k(zW_M^0) + X(zW_M^1)H_k(zW_M^1) + X(zW_M^{M-1})H_k(zW_M^{M-1}) \right\} \\
&= \frac{1}{M}\sum_{k=0}^{M-1} G_k(z) \sum_{i=-1}^{1} X(zW_M^i) H(zW_M^{k+i})
\end{aligned}$$

$$\tag{3.5.29}$$

式中,我们利用了下列关系

$$H_k(z) = H(zW_M^k), \ H(zW_M^{k+M-1}) = H(zW_M^{k-1}), \ X(zW_M^{M-1}) = X(zW_M^{-1}) \tag{3.5.30}$$

　　在式 (3.5.29) 中左右相邻通道的重叠误差仍然存在,下面说明图 3.27 结构是如何消除相邻带间误差的。根据式 (3.5.29),在图 3.27 中,输入信号 $x(n)$ 经过 $k+l$ 通道后在第 k 通道分析滤波器组虚部通道的输出 $y_k^{(I)}(m,l)$ 等于

$$y_k^{(I)}(m,l) = \mathrm{Im}\left\{\sum_{i=-\infty}^{\infty} x(i)h(mM-i)W_M^{-k(mM-i)}\right\}$$

$$= \sum_{i=-\infty}^{\infty} h(mM-i)\mathrm{Im}\left\{x(i)W_M^{ki}\right\}$$

$$= \frac{1}{2}\sum_{i=-\infty}^{\infty} h(mM-i)W_M^{-(k+l)(mM-i)}x(i)W_M^{-il}\left\{1-W_M^{-2ki}\right\}$$

$$= \frac{1}{2}\sum_{i=-\infty}^{\infty} h_{k+l}(mM-i)x(i)W_M^{-il}\left\{1-W_M^{-2ki}\right\} \tag{3.5.31}$$

式中，$|k+l| \leqslant M-1$。在综合端，由于有 $\dfrac{M}{2}$ 的移位，所以输出信号 $v_k^{(I)}(n)$ 等于

$$v_k^{(I)}\left(n-\frac{M}{2},l\right) = \begin{cases} y_k^{(I)}(m,l), & n=mM \\ 0, & \text{其他} \end{cases} \tag{3.5.32}$$

式中，$v_k^{(I)}(n,l)$ 表示输入信号 $x(n)$ 经过第 $(k+l)$ 通道泄漏到第 k 虚部通道的输出，$v_k^{(I)}(n,0)$ 表示信号经过 k 通道的输出。把式 (3.5.32) 代入式 (3.5.31) 中有

$$v_k^{(I)}\left(n-\frac{M}{2},l\right)\bigg|_{n=mM} = \frac{1}{2}h_{k+l}(n) * x(n)W_M^{-nl}\left\{1-W_M^{-2kn}\right\}\bigg|_{n=mM} \tag{3.5.33}$$

　　式 (3.5.33) 表明，在图 3.27 的结构中，$v_k^{(I)}(n,0)$ 由两个输入信号 $x(n)$ 和 $x(n)W_M^{-2kn}$ 作用而得，$x(n)W_M^{-2kn}$ 表示 $x(n)$ 的镜像对称信号，它由信号 $x(n)$ 的镜像部分 $X^{(M)}(e^{j\omega})$ 在频率轴上右移 $\dfrac{4\pi k}{M}$ 而得，如图 3.30 所示，图中，O、M 分别表示原信号和它的镜像信号；AO、AM 分别是原信号和镜像信号通过相邻通道后对 k 通道输出的影响。在图 3.30 中我们假设原信号的频谱 $X(e^{j\omega})$ 在 k 和 $k+1$ 通道的重叠之间，但这种假设不失一般性。当 $X(e^{j\omega})$ 在 k 和 $k-1$ 通道的重叠之间时，下面的推导同样成立。这里需要特别指出的是，镜像信号 $x(n)W_M^{-2nk}$ 是随通道数 k 变化的，不同的通道具有不同的镜像信号，图 3.30 中 $X_k^{(M)}(e^{j\omega})$ 表示移入 k 通道的镜像，$X_{k+1}^{(M)}(e^{j\omega})$ 表示移入 $k+1$ 通道的镜像，定义为

$$X^{(O)}(e^{j\omega}) = X(e^{j\omega}), \; X_k^{(M)}(e^{j\omega}) = X(e^{j\omega}W_M^{2k}), \; X_{k+1}^{(M)}(e^{j\omega}) = X(e^{j\omega}W_M^{2k+2})$$

$X_k^{(M)}(e^{j\omega})$ 和 $X(e^{j\omega})$ 相对于 $\dfrac{2\pi k}{M}$ 对称，而 $X_{k+1}^{(M)}(e^{j\omega})$ 和 $X(e^{j\omega})$ 相对于 $\dfrac{2\pi(k+1)}{M}$ 对称。

　　在 Z 变换域，若不考虑综合端插入器的影响，则有

$$V_k^{(I)}(z,l) = \frac{1}{2}H_{k+l}(z)\left\{X(zW_M^l) - X(zW_M^{2k+l})\right\}z^{-M/2}, \quad -1 \leqslant l \leqslant 1 \tag{3.5.34}$$

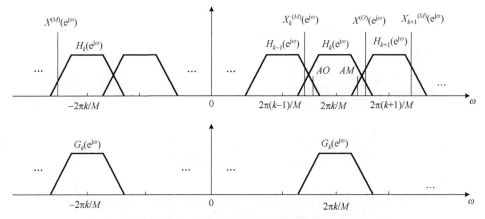

图 3.30　改进的 DFT 滤波器组中通道 k 的频谱关系示意图

对于 k 通道的实部，由于输入信号先经过 $\dfrac{M}{2}$ 的延时后再通过滤波器组，所以

$$v_k^{(R)}(n) = \begin{cases} y_k^{(R)}\left(m - \dfrac{1}{2}, l\right), & n = mM \\ 0, & \text{其他} \end{cases} \tag{3.5.35}$$

从而有

$$
\begin{aligned}
v_k^{(R)}(n,l)\Big|_{n=mM} &= \frac{1}{2}\sum_{i=-\infty}^{\infty} h\left(mM - i - \frac{M}{2}\right) W_M^{-k\left(mM - \left(i + \frac{M}{2}\right)\right)}\left\{1 + W_M^{-2ki}\right\} \\
&= \frac{1}{2}\sum_{i=-\infty}^{\infty} h\left(mM - i - \frac{M}{2}\right) W_M^{-(k+l)\left(mM - \left(i + \frac{M}{2}\right)\right)} W_M^{-il} x(i)\left\{1 + W_M^{-2ki}\right\} W_M^{-l\frac{M}{2}} \\
&= \frac{1}{2} h_{k+l}\left(n - \frac{M}{2}\right) * x(n) W_M^{-nl}\left\{1 + W_M^{-2kn}\right\}(-1)^l\Big|_{n=mM}
\end{aligned}
\tag{3.5.36}
$$

在 Z 变换域，若不考虑综合端插入器的影响，则有

$$V_k^{(R)}(z,l) = \frac{1}{2} H_{k+l}(z)\left\{X(zW_M^l) + X(zW_M^{2k+l})\right\}(-1)^l z^{-\frac{M}{2}} \tag{3.5.37}$$

式中，$V_k^{(R)}(z,l)$ 表示输入信号 $x(n)$ 经过第 $(k+l)$ 通道泄漏到第 k 实部通道的输出。在式 $(3.5.37)$ 中，符号因子 $(-1)^l$ 是由于分析滤波器端 $\dfrac{M}{2}$ 的延时造成的，这个符号因子只与延时发生的顺序有关，而与实部或虚部运算无关。因此，只要通道的延时发生在分析滤波器组，就会产生符号因子，这是图 3.27 结构中消除通道间干扰的关键技术。

在图 3.27 中，每通道的实部和虚部运算以及延时的前后顺序是交替进行的，因

为 k 通道的虚部运算 $\dfrac{M}{2}$ 延时在综合端，所以根据图 3.30 我们得到 $v_k^{(I)}(n,l)$ 对输出信号 $\hat{x}(n)$ 的贡献为

$$\hat{X}_k^{(I)}(z) = \frac{1}{M}\sum_{l=-1}^{1} G_k(z)V_k^{(I)}(z,l)$$

$$= \frac{1}{2M}\left\{\underbrace{G_k(z)H_k(z)X(z)}_{\hat{X}_k^{(I,O)}(z)} - \underbrace{G_k(z)H_k(z)X(zW_M^{2k})}_{\hat{X}_k^{(I,M)}(z)}\right. \tag{3.5.38}$$

$$\left. + \underbrace{G_k(z)H_k(zW_M^{-1})X(zW_M^{-1})}_{\hat{X}_k^{(I,AO)}(z)} - \underbrace{G_k(z)H_k(zW_M^{1})X(zW_M^{2k+1})}_{\hat{X}_k^{(I,AM)}(z)}\right\}z^{\frac{M}{2}}$$

式中，$\hat{X}_k^{(I,O)}(z)$ 表示原信号的成分；$\hat{X}_k^{(I,M)}(z)$ 表示镜像信号成分；$\hat{X}_k^{(I,AO)}(z)$ 表示原信号通过左边相邻通道产生的混叠误差；$\hat{X}_k^{(I,AM)}(z)$ 表示镜像信号通过右边相邻通道产生的混叠误差，由于其他项没有进入相邻通道的覆盖范围，所以为零。

类似地我们得到 $v_k^{(R)}(n,l)$ 对输出信号 $\hat{x}(n)$ 的贡献为

$$\hat{X}_k^{(R)}(z) = \frac{1}{M}\sum_{l=-1}^{1} G_k(z)V_k^{(R)}(z,l)$$

$$= \frac{1}{2M}\left\{\underbrace{G_k(z)H_k(z)X(z)}_{\hat{X}_k^{(R,O)}(z)} + \underbrace{G_k(z)H_k(z)X(zW_M^{2k})}_{\hat{X}_k^{(R,M)}(z)}\right.$$

$$\left. + \underbrace{G_k(z)H_k(zW_M^{-1})X(zW_M^{-1})(-1)^{-1}}_{\hat{X}_k^{(R,AO)}(z)} + \underbrace{G_k(z)H_k(zW_M^{1})X(zW_M^{2k+1})(-1)^{+1}}_{\hat{X}_k^{(R,AM)}(z)}\right\}z^{\frac{M}{2}}$$

$$\tag{3.5.39}$$

因为 k 通道中实部运算的延时在分析端，所以有符号因子。把式 (3.5.38) 和式 (3.5.39) 相加有

$$\hat{X}_k(z) = \hat{X}_k^{(I)}(z) + \hat{X}_k^{(R)}(z)$$

$$= \frac{1}{M}\left\{G_k(z)H_k(z)X(z) - G_k(z)H_k(zW_M^{1})X(zW_M^{2k+1})\right\}$$

$$= \frac{1}{M}\left\{G_k(z)H_k(z)X(z) - G_k(z)H_{k+1}(z)X(zW_M^{2k+1})\right\} \tag{3.5.40}$$

$$= \frac{1}{M}\left\{H_k^2(z)X(z) - \underbrace{H_k(z)H_{k+1}(z)X(zW_M^{2k+1})}_{\hat{X}_k^{(AM)}(z)}\right\}z^{\frac{M}{2}}$$

在式 (3.5.40) 中，镜像信号 $X(zW_M^{2k})$ 产生的误差项 $\hat{X}_k^{(AM)}(z)$ 仍然没有消除，为了消除 $\hat{X}_k^{(AM)}(z)$ 我们需要第 $k+1$ 通道输出 $\hat{X}_{k+1}(z)$ 的帮助。

对于 $k+1$ 通道，由于分析端的 $\dfrac{M}{2}$ 延时在虚部通道，所以符号 $(-1)^l$ 将引入虚部通道而非实部通道。根据式 (3.5.34) 和式 (3.5.37)，$\hat{X}_{k+1}^{(R)}(z)$ 和 $\hat{X}_{k+1}^{(I)}(z)$ 可表示为

$$\hat{X}_{k+1}^{(I)}(z) = \frac{1}{M}\sum_{l=-1}^{1} G_{k+1}(z)V_{k+1}^{(I)}(z,l)$$

$$= \frac{1}{2M}\left\{ \underbrace{G_{k+1}(z)H_{k+1}(z)X(z)}_{\hat{X}_{k+1}^{(I,O)}(z)} - \underbrace{G_{k+1}(z)H_{k+1}(z)X(zW_M^{2(k+1)})}_{\hat{X}_{k+1}^{(I,M)}(z)} \right.$$

$$\left. \underbrace{G_{k+1}(z)H_{k+1}(zW_M^1)X(zW_M^1)(-1)^{-1}}_{\hat{X}_{k+1}^{(I,AO)}(z)} - \underbrace{G_{k+1}(z)H_{k+1}(zW_M^{-1})X(zW_M^{2k+1})(-1)^{-1}}_{\hat{X}_{k+1}^{(I,AM)}(z)} \right\} z^{-\frac{M}{2}}$$

$$(3.5.41)$$

$$\hat{X}_{k+1}^{(R)}(z) = \frac{1}{M}\sum_{l=-1}^{1} G_{k+1}(z)V_{k+1}^{(R)}(z,l)$$

$$= \frac{1}{2M}\left\{ \underbrace{G_{k+1}(z)H_{k+1}(z)X(z)}_{\hat{X}_{k+1}^{(R,O)}(z)} + \underbrace{G_{k+1}(z)H_{k+1}(z)X(zW_M^{2(k+1)})}_{\hat{X}_{k+1}^{(R,M)}(z)} \right. \qquad (3.5.42)$$

$$\left. \underbrace{G_{k+1}(z)H_{k+1}(zW_M^1)X(zW_M^1)}_{\hat{X}_{k+1}^{(R,AO)}(z)} + \underbrace{G_{k+1}(z)H_{k+1}(zW_M^{-1})X(zW_M^{2k+1})}_{\hat{X}_{k+1}^{(R,AM)}(z)} \right\} z^{-\frac{M}{2}}$$

把式 (3.5.41) 和式 (3.5.42) 相加得到

$$\hat{X}_{k+1}(z) = \hat{X}_{k+1}^{(I)}(z) + \hat{X}_{k+1}^{(R)}(z)$$

$$= \frac{1}{2M}\left\{ G_{k+1}(z)H_{k+1}(z)X(z) + G_{k+1}(z)H_{k+1}(zW_M^{-1})X(zW_M^{2k+1}) \right\} \qquad (3.5.43)$$

$$= \frac{1}{2M}\left\{ H_{k+1}^2(z)X(z) + \underbrace{H_{k+1}(z)H_k(z)X(zW_M^{2k+1})}_{\hat{X}_{k+1}^{(AM)}(z)} \right\} z^{-\frac{M}{2}}$$

从图 3.30 中可以看出，通道 k、通道 $k+1$ 产生的镜像误差 $\hat{X}_k^{(AM)}(z)$ 和 $\hat{X}_{k+1}^{(AM)}(z)$ 都在同一位置，如图 3.30 中 AM 所示，但符号相反，因此把通道 k 和通道 $k+1$ 输出相加后得到

$$\hat{X}(z) = \hat{X}_k(z) + \hat{X}_{k+1}(z)$$

$$= \frac{1}{2M}\left\{ H_k^2(z) + H_{k+1}^2(z) \right\} X(z) z^{-\frac{M}{2}} \qquad (3.5.44)$$

式 (3.5.44) 表明输出信号中的带间干扰已完全消除，只剩下原信号。

参 考 文 献

[1]　王光宇. 多速率数字信号处理和滤波器组理论. 北京：科学出版社，2013.

[2]　Vaidyanathan P P. Multirate Systems and Filter Banks. Englewood Cliffs: Prentice-Hall, 1993.

[3]　Fliege N T. Multirate Digital Signal Processing: Multirate Systems-Filter Banks-Wavelets. New Jersey: John Wiley & Sons, 1999.

第 4 章　数字传输系统

数字传输系统是通信系统物理层的基本组成部分，传输系统的特性决定了物理层的性能，如传输速度、传输容量等。数字传输系统的目的就是把信号调制到发送频段进行发送，然后在接收端进行解调接收，调制技术的发展推动了通信系统的更新换代，使得通信的速度和容量不断得到提高。图4.1给出了数字传输系统的结构框图[1]，数字传输系统的发送端主要由三部分组成，符号编码与映射、符号调制及发送滤波，接收端除了接收滤波、符号解调和符号解码及反映射，还有去除信道干扰的均衡滤波和同步系统。传输系统的实现并不难，但难点在于如何实现大容量和高速传输，高速传输首先要解决的问题是无线信道的多径干扰，而大容量传输要解决的是多址接入技术。传统的多址接入都是在时间和频率上采用复用技术实现的，随着对通信容量的要求不断提高，时分和频分技术已经不能满足要求，新的通信技术正在寻找其他的复用技术，如空间复用、能量复用等。要想提高传输系统的性能，必须对系统的每一个组成部分不断地进行技术更新，不断地引入核心技术。但无论使用什么技术，传输系统的基本结构和功能是不变的，在这一章我们将对传输系统进行一个综述性介绍[2-5]，包括每一个组成部分的功能、现有技术等。

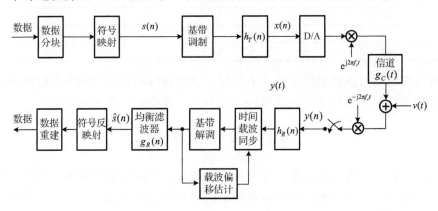

图 4.1　通信传输系统框图

4.1　符　号　映　射

在发送端，数字传输系统首先要做的是对二进制比特进行分块组合，然后把数据比特的组合映射成数据符号进行后续的处理。分块长度和系统采用的调制方式有直接的关系，二进制比特的块长度取决于调制系统能够区分的状态数，如调制系统能够识别 16 种不同的符号，那么长度等于 4 比特，因为 4 比特有 16 种不同的组合。调制系统能识别的调制符号越多，块长度越长，通信系统传输的数据速度也就越快。

在实际操作时，我们先根据块长度 M 把输入数据比特流分组，如 $M = 4$，每 4 比特一组，比特系列 $\{1,0,1,1,0,0,1,1,1,0,1,1\}$ 可分为三块 $\{1,0,1,1\}$, $\{0,0,1,1\}$, $\{1,0,1,1\}$。然后把每一组按规则映射成符号 $s(n)$，如图 4.2 所示。

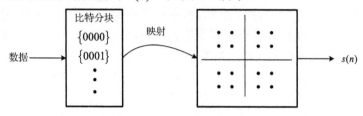

图 4.2　符号映射示意图

理论上，任意一种一对一的映射都可以用于把比特块映射到符号数据，但在实际应用中普遍采用格雷映射(Gray mapping)，因为格雷码能够降低误码率。表 4.1 给出了直接映射和格雷映射的区别。

表 4.1　直接映射和格雷映射的比较

直接映射	格雷映射	符号
0,0	0,0	−3
0,1	0,1	−1
1,0	1,1	+1
1,1	1,0	+3

格雷映射和直接映射的区别在于，每一个格雷码和其相邻的码只相差一比特，这种排列能够最大限度地降低相邻码间的干扰，使得误码率达到最小。

4.2　基　带　调　制

我们把调制分为两级：第一级为基带调制；第二级为射频调制。基带调制是指在信道带宽内进行的调制，射频调制指把信号调制到发送频率上。基带调制包括单载波和多载波调制，不同的调制方式中基带调制的结构完全不一样，下面我们分别给出单载波和多载波的基带调制结构。

4.2.1　单载波调制

对于单载波调制，基带调制的载波频率 $f_0 = 0$，没有任何的调制运算，符号 $s(n)$ 经过脉冲整形滤波器后直接进入射频调制发送，如图 4.3 所示。

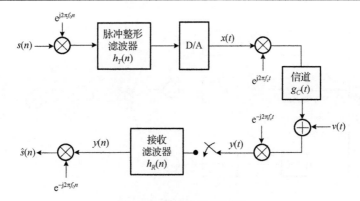

图 4.3　单载波基带调制

图 4.4 给出了单载波基带调制频谱图，图中 B 为信道带宽。

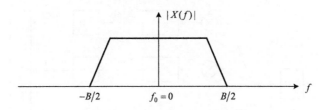

图 4.4　单载波基带调制频谱图

4.2.2　多载波调制

多载波调制技术是为了增强调制信号抗无线信道多径衰减提出来的。信道的多径效应是由于信号在多径传输中的时间扩展造成的，多径效应的直接结果就是产生符号间干扰，而且传输信号的速率越高，符号间干扰越大。由于多载波技术的抗多径干扰能力，多载波调制被广泛地应用在现代通信中。

多载波和单载波调制的根本区别在于基带调制部分，单载波调制没有基带调制，输入符号信号直接进入射频调制，但在多载波调制中，输入符号信号首先被分解为 M 个子信号（M 为子载波数），然后每个子信号分别被调制到 M 个子载波上，如图 4.5 所示。

图 4.5(a) 中，发送符号信号先经过串并变换把高速数据进行多项分解成低速数据信号 $s_k(n)$

$$s_k(n) = s(nM+k), \quad 0 \leqslant k \leqslant M-1 \tag{4.2.1}$$

然后进行 M 倍插值得到 M 路子信号 $s_k(n)$

$$u_k(n) = \begin{cases} s_k\left(\dfrac{n}{M}\right) = s(n+k), & n \text{是} M \text{的倍数} \\ 0, & \text{其他} \end{cases} \tag{4.2.2}$$

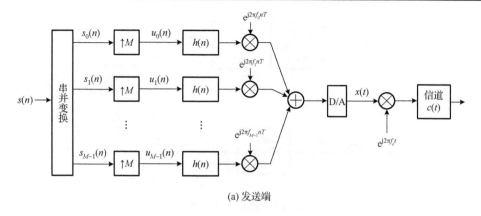

(a) 发送端

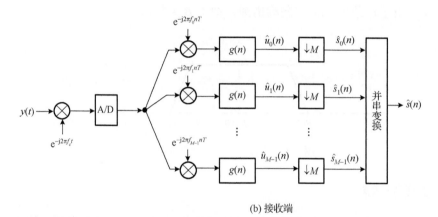

(b) 接收端

图 4.5　多载波基带调制

多载波调制信号可表示为

$$x(n) = \sum_{k=0}^{M-1} \left[u_k(n) * h(n) \right] e^{j2\pi f_k n} \tag{4.2.3}$$

式中，$h(n)$ 表示原型滤波器。在接收端，接收信号 $\hat{u}_k(n)$ 等于

$$\hat{u}_k(n) = \left[\hat{x}(n) e^{-j2\pi n f_k} \right] * g(n) \tag{4.2.4}$$

式中，$g(n)$ 为接收端多载波解调器原型函数。对 $\hat{u}_k(n)$ 进行 M 倍抽样得到 $\hat{s}(t)$

$$\hat{s}_k(n) = \hat{u}_k(nM), \quad 0 \leqslant k \leqslant M-1 \tag{4.2.5}$$

对结果进行并串变换后得到

$$\tilde{s}_k(n) = \begin{cases} \hat{s}_k\left(\dfrac{n}{M}\right), & n \text{是} M \text{的倍数} \\ 0, & \text{其他} \end{cases} \tag{4.2.6}$$

最后得到多载波解调信号 $\hat{s}(n)$ 为

$$\hat{s}(n) = \sum_{k=0}^{M-1} \tilde{s}_k(n-k), \quad 0 \leqslant k \leqslant M-1 \tag{4.2.7}$$

图 4.5 中的多载波调制也称为频分复用(frequency-division multiplexing，FDM)，因为子带信号 $s_k(n)$ 通过频率分割的方法复用同一频段，图 4.6 给出了多载波调制的调制信号频谱图。

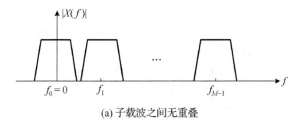

(a) 子载波之间无重叠

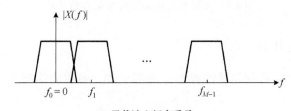

(b) 子载波之间有重叠

图 4.6　多载波基带调制频谱图

假设信道的频带宽度为 B，子载波周期 $T = 1/B$，把 B 分为 M 段，子载波 f_k 等于

$$f_k = kB/M = k/(MT) = k/T_s, \quad 0 \leqslant k \leqslant M-1 \tag{4.2.8}$$

式中，T_s 为符号调制周期。参数 B、f_k、T 和 T_s 是描述多载波系统的四个重要参数，容易混淆，为了容易理解把它们的关系用图 4.7 来表示。

当发送滤波器 $h_T(n)$ 是理想低通滤波器时，子带之间没有干扰，接收端解调可以完全重建信号。但实际应用中，理想滤波器是不可能实现的，子载波之间肯定是有交叉的，也就是说子载波之间总是存在干扰，这种干扰称为载波间干扰(intercarrier interference，ICI)。消除带间干扰最简单的办法是在子带间留足够的间隔，如图 4.6(a) 所示，但付出的代价是降低了频谱的利用率，带间间隔越大，所需频带越宽，频谱资源浪费越大，因此这种方法实用价值不大。广泛使用的方法是利用载波之间的正交性，利用离散傅里叶变换，在接收端通过正交变换消除载波间干扰。

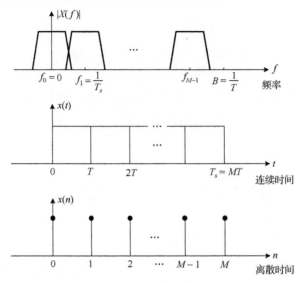

图 4.7　多载波调制系统时频域参数关系

4.2.3　原型函数 $h(n)$

把图4.5中的射频调制和脉冲整形滤波器去掉，多载波调制系统可以用图 4.8 的滤波器组结构来表示。

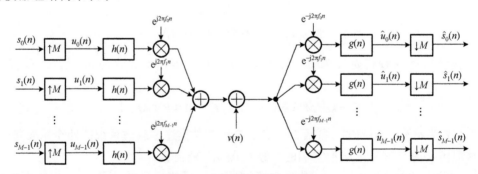

图 4.8　多载波系统简化模型

图 4.8 中的信号都用数字信号表示，$v(n)$ 表示信道噪声。假设子载波之间没有干扰，有下面的输入输出关系

$$\hat{s}_i(n) = u_i(n) * \big[h(n) * g(n) \big] + v(n) * g(n) \qquad (4.2.9)$$

把 $s_i(n) = \sum_{k=-\infty}^{\infty} s_i(k)\delta(n-k)$ 代入式 (4.2.9) 中，对某一具体时间点 $n = n_0$，式 (4.2.9) 简化为

$$\hat{s}_i(n) = s_i(n_0)\delta(n - n_0) * \left[h(n) * g(n)\right] + v(n) * g(n)$$
$$= \hat{s}_i(n) + \hat{v}(n) \tag{4.2.10}$$

接收信号 $\hat{s}(n)$ 包含两部分：一部分是信号 $\hat{s}_k(n)$；另一部分是噪声 $\hat{v}(n)$，对信号部分有

$$\hat{S}_i(e^{j2\pi f}) = s(n_0)H(e^{j2\pi f})G(e^{j2\pi f})e^{-j2\pi n_0 f} \tag{4.2.11}$$

对式 (4.2.11) 两边进行傅里叶逆变换得到

$$\hat{s}_i(n) = \int_{-\infty}^{\infty} s(n_0)H(e^{j2\pi f})G(e^{j2\pi f})e^{-j2\pi(n_0 - n)f}\, df \tag{4.2.12}$$

当 $n = n_0$ 时

$$\hat{s}_i(n_0) = \int_{-\infty}^{\infty} s(n_0)H(e^{j2\pi f})G(e^{j2\pi f})\, df \tag{4.2.13}$$

根据式 (4.2.13) 得到接收端在抽样点 n_0 信号部分的能量为

$$\left|\hat{s}_i(n_0)\right|^2 = \left|s(n_0)\right|^2 \left|\int_{-\infty}^{\infty} H(e^{j2\pi f})G(e^{j2\pi f})\, df\right|^2 \tag{4.2.14}$$

由于噪声是随机变量，$\hat{v}(n)$ 的功率不能简单地用卷积定理来计算，假设噪声 $v(n)$ 是功率谱密度为 N_0 的白噪声，那么信号 $\hat{v}(n)$ 的功率等于

$$E\left[\left|\hat{v}(n)\right|^2\right] = N_0 \int_{-\infty}^{\infty} \left|G(e^{j2\pi f})\right|^2 df \tag{4.2.15}$$

结合式 (4.2.14) 和式 (4.2.15) 得到接收端在采样点 n_0 时的信噪比为

$$\text{SNR} = \frac{\left|\hat{s}_i(n_0)\right|^2}{E\left[\left|\hat{v}(n)\right|^2\right]} = \frac{\left|s(n_0)\right|^2 \left|\int_{-\infty}^{\infty} H(e^{j2\pi f})G(e^{j2\pi f})\, df\right|^2}{N_0 \int_{-\infty}^{\infty} \left|G(e^{j2\pi f})\right|^2 df} \tag{4.2.16}$$

根据柯西-施瓦茨不等式有下面不等式

$$\text{SNR} = \frac{\left|s(n_0)\right|^2 \left|\int_{-\infty}^{\infty} H(e^{j2\pi f})G(e^{j2\pi f})\, df\right|^2}{N_0 \int_{-\infty}^{\infty} \left|G(e^{j2\pi f})\right|^2 df} \leqslant \frac{\left|s(n_0)\right|^2}{N_0} \int_{-\infty}^{\infty} \left|H(e^{j2\pi f})\right|^2 df \tag{4.2.17}$$

当

$$H(e^{j2\pi f}) = G^*(e^{j2\pi f}) \tag{4.2.18}$$

时，等式成立，也就是说，当接收端原型滤波器是发送端原型滤波器的共轭转置时，接收端在检测点 n_0 的信噪比最大 (最优检测条件)，这就是在第 2 章讨论过的匹配滤波器条件。在时域有

$$g(n) = h(-n) \tag{4.2.19}$$

也就是说，接收滤波器等于发送滤波器的时间反转。当条件(4.2.18)满足时，根据式(4.2.13)，接收信号等于

$$\hat{s}_i(n_0) = s(n_0)\int_{-\infty}^{\infty}\left|H(e^{j2\pi f})\right|^2 df \tag{4.2.20}$$

从式(4.2.20)中看出，符合信号重建的条件为

$$\int_{-\infty}^{\infty}\left|H_T(e^{j2\pi f})\right|^2 df = 1 \tag{4.2.21}$$

对于多载波调制，式(4.2.21)变为

$$\sum_{k=0}^{M-1}\int_{-\infty}^{\infty}\left|H(e^{j2\pi(f-f_k)})\right|^2 df = 1 \tag{4.2.22}$$

对于多载波调制，$H(e^{j2\pi(f-f_k)})$ 只占据信道带宽的 $1/M$，如果把频率归一化，并把信道频段分为 M 段，把 $df = 1/M$ 代入式(4.2.21)中得到

$$\frac{1}{M}\sum_{k=0}^{M-1}\left|H(e^{j2\pi(f-f_k)})\right|^2 = 1 \tag{4.2.23}$$

这就是多载波调制的完全重建条件。

4.3 射 频 调 制

射频调制是把基带信号调制到发射频段进行发射，我们通常所说的载波调制指的就是射频调制。射频调制技术直接决定了符号映射中比特分块的长度 M，从而直接影响数据的传输速度。下面介绍三种常用的载波调制技术，即幅度调制、正交幅度调制和相位调制。

4.3.1 脉冲幅度调制信号

因为射频调制都是在 D/A 变换后进行的，所以射频调制信号的分析通常在连续时间域进行，为此我们首先需要把符号信号 $s(n)$ 用脉冲幅度调制(pulse amplitude modulation，PAM)信号来表示。PAM 信号指的是发送端经过 D/A 变换和脉冲整形滤波器后，进行射频载波调制前的模拟信号，如图 4.9 所示。

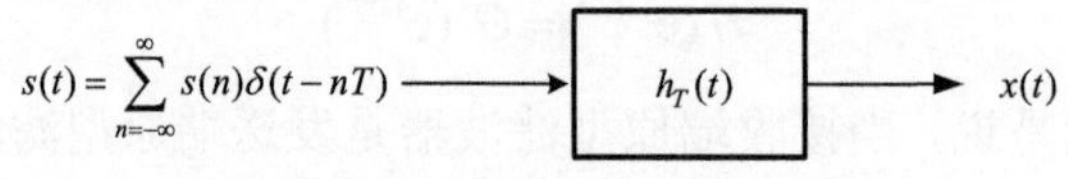

$$s(t) = \sum_{n=-\infty}^{\infty} s(n)\delta(t-nT) \longrightarrow \boxed{h_T(t)} \longrightarrow x(t)$$

图 4.9　脉冲幅度调制信号发生器

图 4.9 中 PAM 信号 $x(t)$ 可表示为

$$x(t) = \sum_{n=-\infty}^{\infty} s(n) h_T(t - nT) \tag{4.3.1}$$

式中，$h_T(t)$ 表示发送端整形滤波器；T 为抽样周期。最简单的方法是把 $h_T(t)$ 取为矩形窗函数，当 $h_T(t)$ 为矩形脉冲时

$$h_T(t) = \begin{cases} 1, & -\dfrac{T}{2} \le t \le \dfrac{T}{2} \\ 0, & \text{其他} \end{cases} \tag{4.3.2}$$

信号 $x(t)$ 由脉冲系列组成，如图 4.10 所示。

但脉冲信号的带宽很宽，不适合在有限带宽的信道传输，因此矩形脉冲 $h_T(t)$ 是不实用的。$h_T(t)$ 的选择需要满足不同的条件，从时域来看，$h_T(t)$ 需要满足奈奎斯特条件，以保证 $x(t)$ 在传输中无符号间干扰，也就是说，接收端在抽样点能够完全恢复发送符号。奈奎斯特条件等于

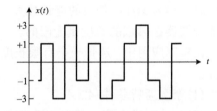

图 4.10　PAM 脉冲信号

$$h_T(nT) = \begin{cases} 1, & n = 0 \\ 0, & n \neq 0 \end{cases} \tag{4.3.3}$$

需要指出的是，奈奎斯特条件是对函数 $h_T(t)$ 在抽样点的约束，对其他时间 $t \neq nT$ 的值没有限制。当条件 (4.3.3) 成立时，在抽样点 $t = nT$，符号 $s(n)$ 可以从 $x(t)$ 中完全恢复，即 $x(nT) = s(n)$。根据抽样定律，奈奎斯特条件在频域可以表示为

$$\sum_{k=-\infty}^{\infty} H_T\left(f - \frac{k}{T}\right) = T \tag{4.3.4}$$

如果接收端整形滤波器 $h_R(t)$ 和 $h_T(t)$ 是匹配滤波器，在接收端，奈奎斯特条件等于

$$\sum_{k=-\infty}^{\infty} \left| H_T\left(f - \frac{k}{T}\right) \right|^2 = T \tag{4.3.5}$$

从频域上看，我们希望 $h_T(t)$ 是一个理想低通滤波器，这样可以把信号完全限制在带内，同时理想低通滤波器也满足奈奎斯特条件，因为理想低通滤波器的时域函数是 sinc 函数，$\text{sinc}(t)$ 函数满足条件 (4.3.3)。另外，理想低通滤波器可以让发送信号的功率谱密度最大。如果把输入符号 $s(n)$ 看成一个方差为 σ_s^2 的平稳随机变量，其

功率谱密度可表示为

$$\Phi_{ss}(f) = \frac{\sigma_s^2}{T} \qquad (4.3.6)$$

根据随机变量和 LTI 系统的关系，信号 $x(t)$ 的功率谱密度为

$$\Phi_{xx}(f) = \frac{\sigma_s^2}{T} |H_T(f)|^2 \qquad (4.3.7)$$

式中，$H_T(f)$ 表示整形滤波器 $h_T(t)$ 的傅里叶变换。式 (4.3.7) 表明，$H_T(f)$ 在频率轴的分布直接影响 PAM 信号 $x(t)$ 在信道传输的性能，$H_T(f)$ 在信道带宽内的能量越集中，带外泄露越小，信号传输的功率就越大，对旁带的干扰就越小，当 $H_T(f)$ 为矩形窗时，信号 $x(t)$ 在带内的能量最大。但理想低通滤波器是不可实现的，因为理想低通滤波器在时域的长度是无限的。

在实际应用中，选择一个有限长度的整形滤波器 $h_T(t)$ 需要尽可能逼近下面两个条件。

(1) 奈奎斯特条件 (4.3.4)。

(2) 让功率谱密度函数在信道带宽内最大。

一种常用的满足奈奎斯特条件的滤波器是升余弦滤波器，升余弦滤波器的频率响应如图 4.11 所示。

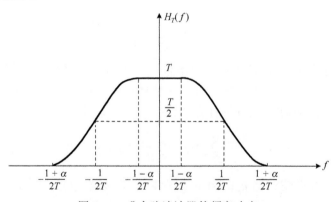

图 4.11　升余弦滤波器的频率响应

$H_T(f)$ 定义为

$$H_T(f) = \begin{cases} T, & |f| \leqslant \dfrac{1-\alpha}{2T} \\ \dfrac{T}{2}\left\{1 + \cos\left[\dfrac{\pi T}{\alpha}\left(|f| - \dfrac{1-\alpha}{2T}\right)\right]\right\}, & \dfrac{1-\alpha}{2T} \leqslant |f| \leqslant \dfrac{1+\alpha}{2T} \\ 0, & \text{其他} \end{cases} \qquad (4.3.8)$$

式中，α 为滚降因子，用于控制滤波器的带宽。把式 (4.3.8) 代入式 (4.3.4)，条件成立。对式 (4.3.8) 进行傅里叶变换有

$$h_T(t) = \frac{\sin(\pi t/T)}{\pi t/T} \frac{\cos(\pi \alpha t/T)}{1 - 4\alpha^2 t^2/T^2}$$

$$= \mathrm{sinc}(t/T) \frac{\cos(\pi \alpha t/T)}{1 - 4\alpha^2 t^2/T^2} \tag{4.3.9}$$

图 4.12 给出了不同滚降系数 α 的升余弦函数，从图中可以看出，随着 α 的增大，函数 $h_T(t)$ 的旁瓣降低，当抽样时间不是完全同步时，旁瓣对其相邻符号在抽样点的干扰减少，但 α 的增大也加大了滤波器带外的泄漏，对相邻频段的干扰加大，同时带内信号能量降低。因此 α 的取值需要根据系统的要求来决定。

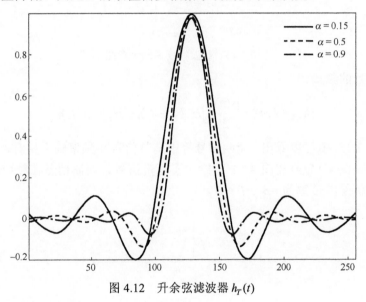

图 4.12　升余弦滤波器 $h_T(t)$

4.3.2　载波幅度调制

式 (4.3.1) 中的基带信号可进一步表示为

$$x(t) = \sum_{n=-\infty}^{\infty} x_n(t) \tag{4.3.10}$$

式中

$$x_n(t) = s(n) h_T(t - nT) \tag{4.3.11}$$

表示基带信号 $x(t)$ 中对应于 $s(n)$ 的第 n 个子信号。$x_n(t)$ 的频谱等于

$$|X_n(f)| = |s(n)| \cdot |H_T(f)| \tag{4.3.12}$$

载波幅度调制(amplitude modulation，AM)就是把基带信号 $x_n(t)$ 直接乘于载波复指数 $e^{j2\pi f_c t}$，然后取实部，如图 4.13 所示。

调制信号为

$$x_{AM}(t) = \text{Re}\left\{x(t)e^{j2\pi f_c t}\right\} = x(t)\cos(2\pi f_c t) \tag{4.3.13}$$

对于第 n 个子信号，调制信号为

$$x_{AM}(t,n) = \text{Re}\left\{x_n(t)e^{j2\pi f_c t}\right\} = x_n(t)\cos(2\pi f_c t) \tag{4.3.14}$$

式中，f_c 表示载波频率。

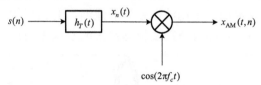

图 4.13　载波幅度调制示意图

调制信号的频谱为

$$\left|X_{AM}(f,n)\right| = \frac{|s(n)|}{2}\Big[\left|H_T(f - f_c)\right| + \left|H_T(f + f_c)\right|\Big] \tag{4.3.15}$$

从式(4.3.15)中可以看出，调制信号等于基带信号在频率轴上相对调制频率 $\pm f_c$ 的频谱搬移，图 4.14(a)和图 4.14(b)给出了基带信号、调制信号在频域的关系，图中假设基带信号的带宽为 $-B \leqslant f \leqslant B$。

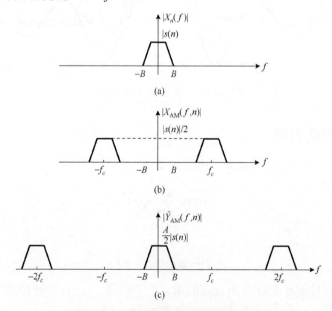

图 4.14　载波幅度调制的频谱关系

假设信道增益为 A，接收端收到的信号可表示为

$$y_{\text{AM}}(t,n) = A x_n(t)\cos(2\pi f_c t + \phi) + v(t) \tag{4.3.16}$$

式中，$v(t)$ 为信道噪声；ϕ 表示由于信道产生的载波附加相位。在接收端把信号 $x_n(t)$ 解调出来的一种简单方法就是把接收信号 $y_{\text{AM}}(t,n)$ 乘以 $\cos(2\pi f_c t + \phi)$，如图 4.15 所示。

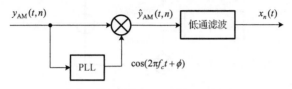

图 4.15 载波幅度调制解调器

图 4.15 中 PLL 是锁相环，用于对载波 f_c 和相位进行估计。如果忽略信道噪声，接收信号通过锁相环后的输出为

$$\begin{aligned}
\hat{y}_{\text{AM}}(t,n) &= y_{\text{AM}}(t,n)\cos(2\pi f_c t + \phi) \\
&= A x_n(t)\cos^2(2\pi f_c t + \phi) \\
&= \frac{A}{2} x_n(t) + \frac{A}{2} x_n(t)\cos(4\pi f_c t + 2\phi)
\end{aligned} \tag{4.3.17}$$

式 (4.3.17) 中的第二项是载波为 $2f_c$ 的调制项，通过低通滤波器后，这一项被去除，这样就可以还原出发送端 PAM 信号 $x_n(t)$。当低通滤波和发送端整形滤波 $h_T(t)$ 形成匹配滤波，即 $h_R(t) = h_T(-t)$，并满足奈奎斯特条件时，我们就可以完全恢复出符号信号 $s(n)$。

4.3.3 正交幅度调制

在载波幅度调制中，调制输入符号 $s(n)$ 是实数，一个载波只能对一个 PAM 信号进行调制。为了提高调制效率，可以先把两个调制符号组合成一个复数

$$s(n) = s_R(n) + \mathrm{j} s_I(n) \tag{4.3.18}$$

$$x(t) = \sum_{n=-\infty}^{\infty} s(n) h_T(t - nT) = x_R(t) + \mathrm{j} x_I(t) \tag{4.3.19}$$

然后再进行幅度调制

$$\begin{aligned}
x_{\text{QAM}}(t) &= \operatorname{Re}\left\{ x(t) \mathrm{e}^{\mathrm{j}2\pi f_c t} \right\} \\
&= x_R(t)\cos(2\pi f_c t) - x_I(t)\sin(2\pi f_c t)
\end{aligned} \tag{4.3.20}$$

这样就可以在同一个载波上同时对两个 PAM 信号进行调制，这种调制方法称为正交幅度调制 (quadrature amplitude modulation，QAM)，因为 $\cos(2\pi f_c t)$ 和 $\sin(2\pi f_c t)$ 是正交的。幅度调制和正交幅度调制都是对载波幅度进行调制，区别在于，

AM 中的幅度信号是实数，而 QAM 的幅度信号是复数信号。在正交幅度调制中，两个 PAM 信号分别对载波的余弦 $\cos(2\pi f_c t)$ 和正弦函数 $\sin(2\pi f_c t)$ 进行调制，然后相加进行传输，如图 4.16 所示。

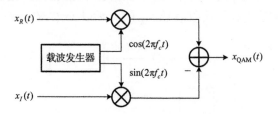

图 4.16　QAM 正交幅度调制示意图

接收端利用 $\cos(2\pi f_c t)$ 和 $\sin(2\pi f_c t)$ 的正交性对信号进行解调，QAM 也可以认为是正交载波复用。在接收端，用 $\mathrm{Re}\{e^{-j2\pi f_c t}\}$ 乘以 $x_{\mathrm{QAM}}(t)$，即可解调出 $x_R(t)$

$$
\begin{aligned}
x_{\mathrm{QAM}}(t)\mathrm{Re}\left\{e^{-j2\pi f_c t}\right\} &= \mathrm{Re}\left\{x(t)e^{j2\pi f_c t}\right\}\cdot\mathrm{Re}\left\{e^{-j2\pi f_c t}\right\}\\
&= \frac{1}{4}\left[x(t)e^{j2\pi f_c t}+x^{*}(t)e^{-j2\pi f_c t}\right]\cdot\left[e^{j2\pi f_c t}+e^{-j2\pi f_c t}\right]\\
&= \frac{1}{4}\left[x(t)+x^{*}(t)\right]+\frac{1}{4}\left[x(t)e^{j4\pi f_c t}+x^{*}(t)e^{-j4\pi f_c t}\right]\\
&= \frac{1}{2}x_R(t)+\frac{1}{4}\left[x(t)e^{j4\pi f_c t}+x^{*}(t)e^{-j4\pi f_c t}\right]
\end{aligned}
\tag{4.3.21}
$$

式 (4.3.21) 通过低通滤波后即可得到 $x_R(t)$。同样，把 $\mathrm{Im}\{e^{-j2\pi f_c t}\}$ 乘以 $x_{\mathrm{QAM}}(t)$ 可解调出 $x_I(t)$

$$
\begin{aligned}
x_{\mathrm{QAM}}(t)\mathrm{Im}\left\{e^{-j2\pi f_c t}\right\} &= \mathrm{Re}\left\{x(t)e^{j2\pi f_c t}\right\}\cdot\mathrm{Im}\left\{e^{-j2\pi f_c t}\right\}\\
&= \frac{1}{4}\left[x(t)e^{j2\pi f_c t}+x^{*}(t)e^{-j2\pi f_c t}\right]\cdot\left[e^{j2\pi f_c t}-e^{-j2\pi f_c t}\right]\\
&= \frac{1}{4}\left[x(t)-x^{*}(t)\right]+\frac{1}{4}\left[x(t)e^{j4\pi f_c t}-x^{*}(t)e^{-j4\pi f_c t}\right]\\
&= \frac{1}{2}x_I(t)+\frac{1}{4}\left[x(t)e^{j4\pi f_c t}-x^{*}(t)e^{-j4\pi f_c t}\right]
\end{aligned}
\tag{4.3.22}
$$

式 (4.3.22) 通过低通滤波后即可得到 $x_I(t)$。

如果考虑信道增益和信道产生的载波附加相位，接收信号等于

$$
y_{\mathrm{QAM}}(t)=Ax_R(t)\cos(2\pi f_c t+\phi)-Ax_I(t)\sin(2\pi f_c t+\phi)
\tag{4.3.23}
$$

把式 (4.3.23) 乘以 $\cos(2\pi f_c t+\phi)$，利用三角函数的等价关系有

$$
y_{\mathrm{QAM}}(t)\cos(2\pi f_c t+\phi)=\frac{A}{2}x_R(t)+\frac{A}{2}\left[x_R(t)\cos(4\pi f_c t+2\phi)-x_I(t)\sin(4\pi f_c t+2\phi)\right]
\tag{4.3.24}
$$

同样地有

$$y_{\text{QAM}}(t)\left[-\sin(2\pi f_c t + \phi)\right] = \frac{A}{2}x_I(t) - \frac{A}{2}\left[x_I(t)\cos(4\pi f_c t + 2\phi) + x_R(t)\sin(4\pi f_c t + 2\phi)\right] \quad (4.3.25)$$

把式 (4.3.24)、式 (4.3.25) 通过低通滤波后即可解调出 $x_R(t)$ 和 $x_I(t)$，如图 4.17 所示。

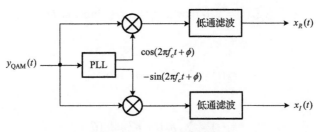

图 4.17　QAM 解调器

QAM 调制是应用最多的一种射频调制方法，复数信号 $s(t)$ 在复数平面上的分布图通常称为星座图，如图 4.18 所示。$s_R(t)$ 和 $s_I(t)$ 包含的二进制比特 (bit) 数越多，调制符号包含的信息就越大，信息传输的速度就越高，如 4-QAM 中，$s_R(t)$ 和 $s_I(t)$ 只包含 1 比特信息，代表 4 种符号。16-QAM 中 $s_R(t)$ 和 $s_I(t)$ 包含 2 比特信息，可以代表 16 种符号，信息量增加了 4 倍。

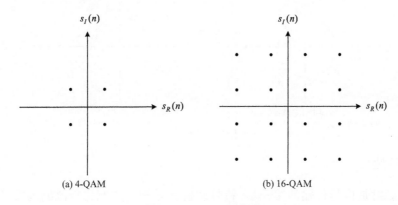

图 4.18　QAM 星座图

4.3.4　载波相位调制

载波幅度调制是对载波的幅度进行调制，载波的幅度包含了需要传输的信息，除了对幅度进行调制我们也可以对载波的相位进行调制，通过载波相位的变化来传输信息，这种调制方法称为相位调制 (phase modulation，PM)。相位调制可表示为

$$x_{\mathrm{PM}}(t) = \sum_{n=-\infty}^{\infty} h_T(t-nT)\cos(2\pi f_c t + \theta_n) \tag{4.3.26}$$

式中，θ_n 表示被调制的载波相位。和幅度调制相比，式 (4.3.26) 中符号信号 $s(n)$ 没有出现，这是因为符号信号的信息包含在了相位 θ_n 中。把式 (4.3.26) 中的余弦函数展开有

$$x_{\mathrm{PM}}(t) = x_R(t)\cos(2\pi f_c t) - x_I(t)\sin(2\pi f_c t) \tag{4.3.27}$$

式中

$$x_R(t) = \sum_{n=-\infty}^{\infty} h_T(t-nT)\cos(\theta_n) \tag{4.3.28}$$

$$x_I(t) = \sum_{n=-\infty}^{\infty} h_T(t-nT)\sin(\theta_n) \tag{4.3.29}$$

如果取 $s_R(n) = \cos(\theta_n)$，$s_I(n) = \sin(\theta_n)$，那么式 (4.3.28) 和式 (4.3.29) 就变成了 QAM，因此可以说 PM 调制是 QAM 调制当星座图变成单位圆时的特殊情况，如图 4.19 所示。图中 4-PM 也称为正交相移键控，因为相邻点的相位差为 90°。

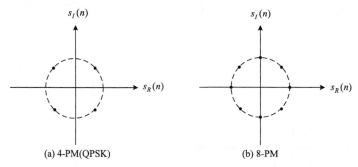

(a) 4-PM(QPSK)　　　　　(b) 8-PM

图 4.19　PM 星座图

4.3.5　星座图

符号影射是信号传输的第一步，符号影射就是把二进制比特流编码成符号数据，以便于传输。不同的调制方法，符号影射也有所不同，以 QAM 为例，符号影射就是把比特数据按一定的规则对应到星座图上。如 16-QAM 可以表示 16 种不同的符号，每个符号包含 4bit 二进制码，符号影射首先把二进制数据流按每 4bit 分组，然后把每组的 4bit 对应到星座图的不同点。理论上，只要对应是单一没有重复就可以，但实际上影射方法直接影响到调制后数据的传输效率及抗信道干扰的能力，符号影射的设计需要考虑影射后的符号对信号传输的影响，如何设计符号影射是传输系统中的一个重要研究内容。图 4.20 给出了用格雷码来设计的 16-QAM 星座图。

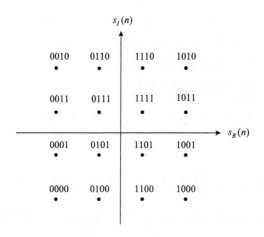

图 4.20 格雷码设计的 16-QAM 星座图

4.4 传输系统等效模型

信道包括无线信道和有线信道,无线信道的特征是多径传输,多径传输是由于电波在传输过程中受到建筑物的遮挡,形成了折射和反射波,这些波形通过不同的路径和时间到达接收端,形成了时间上的扩展,接收端的信号是这些不同路径信号的叠加。有线信道通常由铜轴电缆组成,信道的特性由电缆线的传输函数决定。有线和无线信道都可以用传输函数来描述,不同之处在于,无线信道的传输函数由不同路径的增益组成,而有线信道的传输函数由传输线的频率响应来决定。无论是有线还是无线传输,信道对信号的传输都认为是干扰,因为信道改变了传输信号,要想在接收端重建发送端的信号,我们需要消除信道带来的干扰,这就是信道均衡器的任务。要想去掉信道干扰首先得对信道进行估计,从而得到信道的传输函数,但进行信道估计和均衡的前提是建立信道模型。

在 1.4.5 节中我们介绍了信道的离散时间模型,但没有考虑传输系统的其他部分,这里我们将给出整个传输系统的等效模型。信道模型的目的是建立传输系统输入输出关系,对于 4.3 节介绍的射频调制方法我们可以用图 4.21 的模型来对传输系统进行模拟。

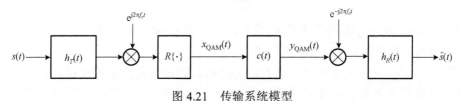

图 4.21 传输系统模型

图 4.21 中，$s(t)$ 为输入符号信号；$R\{\cdot\}$ 为取实部运算；$x_{QAM}(t)$ 为调制信号；$c(t)$ 为信道冲击响应；$y_{QAM}(t)$ 为接收端接收信号；$\hat{s}(t)$ 为接收端重建符号信号；$h_T(t)$ 为发送端整形滤波器；$h_R(t)$ 为接收端低通滤波器。

利用卷积定理，调制输出的频谱等于

$$X_{QAM}(f) = \frac{1}{2}\big[H_T(f - f_c) + H_T(f + f_c)\big]S(f) \tag{4.4.1}$$

信号通过信道后有

$$Y_{QAM}(f) = \frac{1}{2}\big[H_T(f - f_c) + H_T(f + f_c)\big]C(f)S(f) \tag{4.4.2}$$

式中，$G(f)$ 为信道传输函数 $G(f) = \mathcal{F}\{g(t)\}$，$Y_{QAM}(f)$ 通过解调器后等于

$$Y_{QAM}(f + f_c) = \frac{1}{2}\big[H_T(f)C(f + f_c) + H_T(f + 2f_c)C(f + f_c)\big]S(f) \tag{4.4.3}$$

$Y_{QAM}(f + f_c)$ 进一步通过低通滤波器后，式 (4.4.3) 的第二项被滤掉，得到

$$\hat{S}(f) = \frac{1}{2}H_T(f)H_R(f)C(f + f_c)S(f) \tag{4.4.4}$$

根据式 (4.4.4)，忽略系数 $\frac{1}{2}$，我们得到图 4.19 的等效传输函数为

$$P(f) = \frac{\hat{S}(f)}{S(f)} = H_T(f)H_R(f)C(f + f_c) \tag{4.4.5}$$

对应的冲击响应为

$$p(t) = \mathcal{F}^{-1}\{P(f)\} \tag{4.4.6}$$

对于无线信道，信道函数 $c(t)$ 等于

$$c(t) = \sum_{i=0}^{N-1} \alpha_i \delta(t - \tau_i) \tag{4.4.7}$$

式中，N 表示信号传输的路径数；α_i、τ_i 分别表示第 i 条路径的增益和延时。根据式 (4.4.6) 和卷积定理，等效系统的冲击响应 $p(t)$ 等于函数 $\beta_i = \alpha_i \mathrm{e}^{-j2\pi f_c \tau_i}$ 和 $h(t)$ 的卷积

$$p(t) = \sum_{i=0}^{N-1} \beta_i h(t - \tau_i) \tag{4.4.8}$$

式中，$h(t) = h_T(t) * h_R(t)$ 等于发送端整形滤波器和接收端低通滤波器的卷积。利用 $p(t)$ 我们可以把传输系统等效为图 4.22。

图 4.22 中，$v(t)$ 代表噪声，滤波器 $w(t)$ 的目的是去除信道的干扰，我们称为均衡器，这可以从下面的推导来说明。图 4.22 中信号的输入输出关系可表示为

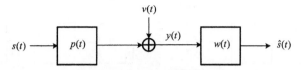

图 4.22 传输系统等效模型

$$\hat{s}(t) = \sum_{n=-\infty}^{\infty} y(n)w(t-nT)$$

$$y(t) = \sum_{n=-\infty}^{\infty} s(n)p(t-nT) + v(t)$$

(4.4.9)

在频域，忽略噪声的影响有

$$\hat{S}(f) = S(f)P(f)W(f) \tag{4.4.10}$$

当 $P(f)W(f)=1$ 时，$\hat{S}(f) = S(f)$，信号得以完全重建，信道的干扰得以完全消除。

当路径之间的延时 τ_i 足够小时，式（4.4.8）可以得到进一步简化，这时可以认为

$$h(t-\tau_0) \approx h(t-\tau_1) \approx \cdots \approx h(t-\tau_{N-1}) \approx h(t) \tag{4.4.11}$$

式（4.4.8）可以简化为

$$p(t) \approx h(t)\sum_{i=0}^{N-1}\beta_i = \gamma h(t) \tag{4.4.12}$$

式中，γ 是一个复数常数。

图 4.20 是传输系统在连续时间域的模型，由于均衡器的设计和实现通常在数字域进行，所以还需要离散时间域的传输等效模型。对图 4.22 中的系统进行抽样我们得到离散时间域的等效模型，如图 4.23 所示。

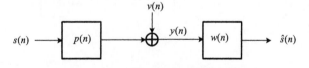

图 4.23 传输系统离散时间域等效模型

图 4.23 中的抽样频率和符号信号的抽样频率一样（$f_b = 1/T$），属于最大抽样，由图 4.23 系统设计出的均衡器 $w(n)$ 称为符号间隔均衡器。

如果图 4.23 中均衡器的输入信号速率不等于 f_b，而是 $(L/M)f_b$，$L > M$，由此设计出的均衡器称为分数间隔均衡器，如图 4.24 所示。

图 4.25 给出了分数间隔均衡器的具体实现，图中均衡器是一个有 N 个抽头系数的 FIR 滤波器。

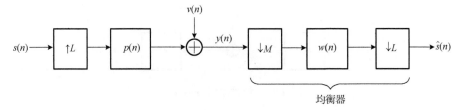

图 4.24　用于分数间隔均衡器设计的离散时间等效模型，$L > M$

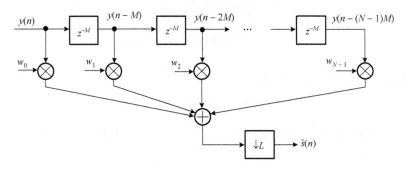

图 4.25　分数间隔均衡器结构图

4.5　信 道 估 计

无线信道是随时间变化的，图 4.23 中传输系统的等效传输函数 $p(n)$ 的系数需要周期性的更新，信道估计的任务就是对信道传输函数进行重新估计和更新，信道估计的模型如图 4.26 所示。

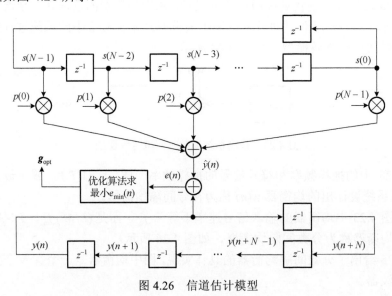

图 4.26　信道估计模型

图 4.26 中，发送端选取一组已知的周期为 N 的导频序列 $s(n)$，在发送端，导频序列 $s(n)$ 周期性地插入信号序列中，和信号一起传输到接收端，$y(n)$ 为对应的接收端信号，$e(n)$ 表示误差信号，信道估计就是利用已知输入输出信号 $s(n)$ 和 $y(n)$ 来求出信道系数 $p(n)$。比较图 4.26 和图 2.5 中的自适应滤波器，可以看出，信道估计实际上就是一个自适应滤波器求解的问题，因此可以用 2.9.3 节讨论的 LS 算法来求信道参数 $p(n)$。图 4.24 中输入输出有下列关系

$$\hat{y}(n) = s^{\mathrm{H}}(n)\boldsymbol{p} \tag{4.5.1}$$

$$e(n) = y(n) - s^{\mathrm{H}}(n)\boldsymbol{p} \tag{4.5.2}$$

式中，$0 \leqslant n \leqslant N-1$，$H$ 表示对矩阵进行共轭转置，这里假设 $s(n)$ 是复数信号，$p(n)$ 是实数，$\boldsymbol{s}$、$\boldsymbol{p}$ 分别代表导频信号和信道参数向量。

$$\boldsymbol{s}(i) = \begin{bmatrix} s((2N-i-1)\bmod N) & s((2N-i-2)\bmod N) & \cdots & s((N-i)\bmod N) \end{bmatrix}^{\mathrm{H}} \tag{4.5.3}$$

$$\boldsymbol{p} = \begin{bmatrix} p(0) & p(1) & \cdots & p(N-1) \end{bmatrix}^{\mathrm{T}} \tag{4.5.4}$$

$$\boldsymbol{S} = \begin{bmatrix} \boldsymbol{s}^*(0) & \boldsymbol{s}^*(1) & \cdots & \boldsymbol{s}^*(N-1) \end{bmatrix} \tag{4.5.5}$$

式 (4.5.3) 中 mod 表示对 N 取模数，因为导频序列 $s(n)$ 是周期序列，把式 (4.5.5) 展开有

$$\boldsymbol{S} = \begin{bmatrix} s(N-1) & s(0) & s(1) & \cdots & s(N-2) \\ s(N-2) & s(N-1) & s(0) & \cdots & s(N-3) \\ s(N-3) & s(N-2) & s(N-1) & \cdots & s(N-4) \\ \vdots & \vdots & \vdots & & \vdots \\ s(0) & s(1) & s(2) & \cdots & s(N-1) \end{bmatrix} \tag{4.5.6}$$

进一步定义下列向量

$$\boldsymbol{y} = \begin{bmatrix} y(n) & y(n+1) & \cdots & y(n+N-1) \end{bmatrix}^{\mathrm{H}} \tag{4.5.7}$$

$$\boldsymbol{e} = \begin{bmatrix} e(0) & e(1) & \cdots & e(N-1) \end{bmatrix}^{\mathrm{H}} \tag{4.5.8}$$

根据式 (4.5.2) 误差向量可以用矩阵表示为

$$\boldsymbol{e} = \boldsymbol{y} - \boldsymbol{S}^{\mathrm{H}}\boldsymbol{p} \tag{4.5.9}$$

误差信号的平方和等于

$$\xi = \|\boldsymbol{e}\|^2 = \boldsymbol{e}^{\mathrm{H}}\boldsymbol{e} \tag{4.5.10}$$

根据 2.9.3 节中讨论的 LS 算法，方程 $\nabla \xi = 0$ 的解为

$$(\boldsymbol{S}\boldsymbol{S}^{\mathrm{H}})\boldsymbol{p} = \boldsymbol{S}\boldsymbol{y} \tag{4.5.11}$$

从式(4.5.11)中得到信道参数矩阵 $\boldsymbol{p}$

$$\boldsymbol{p}_{\text{opt}} = (\boldsymbol{SS}^{\text{H}})^{-1}\boldsymbol{Sy} \tag{4.5.12}$$

式(4.5.12)就是根据 LS 算法估计出的最优信道参数。

更进一步，如果选择导频信号 $s(n)$ 使得矩阵 $\boldsymbol{S}$ 正交，即 $\boldsymbol{SS}^{\text{H}} = K\boldsymbol{I}$（其中 K 为常数，$\boldsymbol{I}$ 表示单位矩阵），式(4.5.12)可简化为

$$\boldsymbol{p}_{\text{opt}} = \frac{1}{K}\boldsymbol{Sy} \tag{4.5.13}$$

根据式(4.5.13)，在接收端只有把和导频相对应的接收信号提出来，然后把接收信号和矩阵 $\frac{1}{K}\boldsymbol{S}$ 相乘就可以得到信道参数。

在实际应用中，除了正交性我们还希望导频序列 $s(n)$ 具有相同的幅度，这样传输信号的功率可以沿时间轴均匀地分布，从而保证导频信号传输的质量。根据这个原则得到的一种序列称为多相码，当序列长度为 N 时，多相码等于

$$s(n) = \begin{cases} e^{j\pi n^2/N}, & N\text{为偶数} \\ e^{j\pi n(n+1)/N}, & N\text{为奇数} \end{cases} \tag{4.5.14}$$

在上面的讨论中我们没有考虑噪声对信道估计的影响，但在实际应用中，噪声对信道的影响是不可忽略的。在有噪声的情况下，$\boldsymbol{y}$ 等于

$$\boldsymbol{y} = \boldsymbol{S}^{\text{H}}\boldsymbol{p}_{\text{opt}} + \boldsymbol{v} \tag{4.5.15}$$

式中，$\boldsymbol{v}$ 表示噪声向量，把式(4.5.15)两边乘以 $\frac{1}{K}\boldsymbol{S}$ 得到

$$\boldsymbol{p}_{\text{opt}} = \frac{1}{K}\boldsymbol{S}(\boldsymbol{y} - \boldsymbol{v}) \tag{4.5.16}$$

在实际应用中，为了提高对信道参数的估计我们可以重复地发送多个周期性导频信号，接送端用 $\boldsymbol{y}$ 的平均值来估计信道参数。

4.6　信　道　均　衡

信道均衡的目的是消除信道的干扰，也就是说信道均衡器实际上是一个信道滤波的反向过程，设计均衡器就是设计均衡滤波器的系数，使得经过均衡器后的输出和发送信号之间的差最小，这样，均衡器的设计就转换成了自适应滤波器的设计。均衡器分为时域均衡器和频域均衡器，时域均衡器是在时间域进行均衡滤波运算的，而频域均衡是在频域来消除信道干扰的，两种均衡器的设计原理完全不同，下面我们分别对时域和频域均衡器进行介绍。

4.6.1　基于信道估计的均衡器设计

在图 4.23 的传输系统等效模型中，如果已知信道传输函数 $p(n)$ 和输入信号 $s(n)$ 及信道噪声的统计特性，就可以用 LMS 算法来设计均衡器，这种方法的第一步是把均衡器的设计用维纳-霍普夫方程来描述，然后用 LMS 算法求解。根据图 4.23 中的传输系统模型我们得到如图 4.27 所示的自适应滤波器结构。

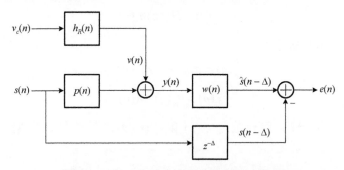

图 4.27　基于信道估计的均衡器设计模型

图 4.27 中，$v_c(n)$ 表示信道噪声，由于等效信道传输函数 $p(n)$ 已经包含了接收滤波器 $h_R(n)$，所以噪声干扰 $v(n)$ 可以用 $v_c(n)$ 通过接收滤波器 $h_R(n)$ 来模拟。误差信号 $e(n)$ 由两部分组成

$$e(n) = e^s(n) + e^{v_c}(n) \tag{4.6.1}$$

式中，$e^s(n)$ 对应信号 $s(n)$，$e^{v_c}(n)$ 对应信号 $v_c(n)$。假设 $v_c(n)$ 是一个方差为 $\sigma_{v_c}^2$ 的白噪声，输入信号 $s(n)$ 的方差为 σ_s^2，误差信号 $e(n)$ 的功率谱等于

$$\Phi_{ee}(z) = \Phi_{ee}^s(z) + \Phi_{ee}^{v_c}(z) \tag{4.6.2}$$

式中，$\Phi_{ee}^s(z)$、$\Phi_{ee}^{v_c}(z)$ 分别代表 $e^s(n)$ 和 $e^{v_c}(n)$ 的功率谱。根据 2.7.4 节中随机信号通过 LTI 系统的关系有

$$\Phi_{ee}^s(z) = \Phi_{ss}(z)\left|P(z)W(z) - z^{-\Delta}\right|^2 = \sigma_s^2 \left|P(z)W(z)\right|^2 \tag{4.6.3}$$

$$\Phi_{ee}^{v_c}(z) = \Phi_{v_c v_c}(z)\left|H_R(z)W(z)\right|^2 = \sigma_{v_c}^2 \left|H_R(z)W(z)\right|^2 \tag{4.6.4}$$

把式 (4.6.3) 和式 (4.6.4) 代入式 (4.6.2) 有

$$\Phi_{ee}(z) = \sigma_s^2 \left|P(z)W(z) - z^{-\Delta}\right|^2 + \sigma_{v_c}^2 \left|H_R(z)W(z)\right|^2 \tag{4.6.5}$$

在自适应滤波器一节中我们提到，LMS 算法的目的是优化滤波系数 $w(n)$ 使得误差的统计均方最小，信号 $e(n)$ 的统计均方等于

$$\xi = E\left[\left|e(n)\right|^2\right] = \frac{1}{2\pi j}\oint \Phi_{ee}(z)\frac{\mathrm{d}z}{z} \tag{4.6.6}$$

把式(4.6.5)代入式(4.6.6)中得到

$$\xi = E\left[|e(n)|^2\right] = \frac{\sigma_s^2}{2\pi j} \oint \left|P(z)W(z) - z^{-\Delta}\right|^2 \frac{dz}{z} + \frac{\sigma_{v_c}^2}{2\pi j} \oint \left|H_R(z)W(z)\right|^2 \frac{dz}{z} \quad (4.6.7)$$

为了进一步简化式(4.6.7)，定义下列信号

$$E_s(z) = P(z)W(z) - z^{-\Delta} \quad (4.6.8)$$

$$E_{v_c}(z) = H_R(z)W(z) \quad (4.6.9)$$

对应的时域信号等于

$$e_s(n) = p(n) * w(n) - d(n) \quad (4.6.10)$$

$$e_{v_c}(n) = h_R(n) * w(n) \quad (4.6.11)$$

式中，$d(n) = \mathcal{Z}^{-1}(z^{-\Delta})$。假设信号 $e_s(n)$ 和 $e_{v_c}(n)$ 为能量信号，根据帕塞瓦尔关系(式(2.7.4))得

$$\sum_n |e_s(n)|^2 = \frac{1}{2\pi j} \oint \left|P(z)W(z) - z^{-\Delta}\right|^2 \frac{dz}{z} \quad (4.6.12)$$

$$\sum_n |e_{v_c}(n)|^2 = \frac{1}{2\pi j} \oint \left|H_R(z)W(z)\right|^2 \frac{dz}{z} \quad (4.6.13)$$

这里需要指出的是，在应用帕塞瓦尔关系时我们已经用时间平均代替了统计平均，目的是能够用 $e_s(n)$ 和 $e_{v_c}(n)$ 重新表示式(4.6.7)。

$$\xi = \sigma_s^2 \sum_n |e_s(n)|^2 + \sigma_{v_c}^2 \sum_n |e_{v_c}(n)|^2 = \sigma_s^2 \sum_n \left(|e_s(n)|^2 + \frac{\sigma_{v_c}^2}{\sigma_s^2} |e_{v_c}(n)|^2 \right) \quad (4.6.14)$$

定义下列矩阵

$$\boldsymbol{e}_s = \begin{bmatrix} e_s(0) & e_s(1) & e_s(2) & \cdots \end{bmatrix}^{\mathrm{H}} \quad (4.6.15)$$

$$\boldsymbol{e}_{v_c} = \begin{bmatrix} e_{v_c}(0) & e_{v_c}(1) & e_{v_c}(2) & \cdots \end{bmatrix}^{\mathrm{H}} \quad (4.6.16)$$

$$\boldsymbol{d} = \begin{bmatrix} d(0) & d(1) & d(2) & \cdots \end{bmatrix}^{\mathrm{H}} \quad (4.6.17)$$

$$\boldsymbol{w} = \begin{bmatrix} w(0) & w(1) & w(2) & \cdots \end{bmatrix}^{\mathrm{T}} \quad (4.6.18)$$

$$P = \begin{bmatrix} p(0) & 0 & 0 & \cdots \\ p(0) & p(1) & 0 & \cdots \\ p(0) & p(1) & p(2) & \cdots \\ \vdots & \vdots & \vdots & \ddots \end{bmatrix} \quad (4.6.19)$$

$$H = \begin{bmatrix} h_R(0) & 0 & 0 & \cdots \\ h_R(0) & h_R(1) & 0 & \cdots \\ h_R(0) & h_R(1) & h_R(2) & \cdots \\ \vdots & \vdots & \vdots & \ddots \end{bmatrix} \tag{4.6.20}$$

$$e = \begin{bmatrix} e_s \\ e_{v_c} \end{bmatrix} \qquad C = \begin{bmatrix} P \\ \dfrac{\sigma_{v_c}}{\sigma_s} H \end{bmatrix} \tag{4.6.21}$$

根据式 (4.6.15)~式 (4.6.21) 有 $e = Cw - d$，式 (4.6.14) 中的均方误差可进一步用 e 表示为

$$\xi = \sigma_s^2 e^{\mathrm{H}} e \tag{4.6.22}$$

简化到这一步，统计均方误差转化成了时间平方误差，这样我们就可以用 LS 算法来求解，根据 2.9.4 节中介绍的 LS 算法，式 (4.6.21) 的最优解为

$$w_{\mathrm{opt}} = R^{-1} q \tag{4.6.23}$$

式中，$R = C^{\mathrm{T}} C$，$q = C^{\mathrm{T}} d$。

4.6.2 基于导频信号的均衡器设计

从式 (4.6.23) 中求均衡器系数不仅需要知道信道参数，还要知道信号和信道噪声的方差，而且运算复杂耗时，在实际系统中很少使用。一种实用的时域均衡器设计方法是利用周期性的导频信号来计算均衡器系数，这种方法和信道估计很相似，不同之处在于，信道估计是要让自适应滤波的输出逼近接收信号，而均衡器设计是要让自适应滤波输出逼近导频信号，如图 4.28 所示。

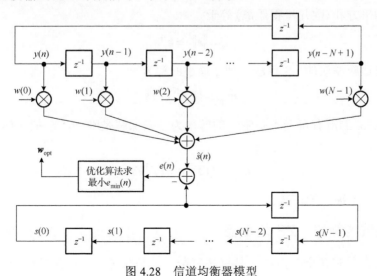

图 4.28 信道均衡器模型

定义矩阵

$$s(i) = \begin{bmatrix} s(i \bmod N) & s((i+1) \bmod N) & \cdots & s((N-1+i) \bmod N) \end{bmatrix}^{\mathrm{H}} \tag{4.6.24}$$

$$\boldsymbol{y}(i) = \begin{bmatrix} y(n-((N-i) \bmod N)) & y(n-((N-i+1) \bmod N)) & \cdots & y(n-((2N-i-1) \bmod N)) \end{bmatrix}^{\mathrm{H}}$$
$$\tag{4.6.25}$$

$$\boldsymbol{w} = \begin{bmatrix} w(0) & w(1) & \cdots & w(N-1) \end{bmatrix}^{\mathrm{T}} \tag{4.6.26}$$

图 4.28 中的信号有下列关系

$$\hat{s}(n) = \boldsymbol{y}^{\mathrm{H}}(n)\boldsymbol{w} \tag{4.6.27}$$

$$e(n) = s(n) - \boldsymbol{y}^{\mathrm{H}}(n)\boldsymbol{w} \tag{4.6.28}$$

误差向量矩阵等于

$$\boldsymbol{e} = \boldsymbol{s} - \boldsymbol{Y}^{\mathrm{H}}\boldsymbol{w} \tag{4.6.29}$$

式中

$$\boldsymbol{e} = \begin{bmatrix} e(0) & e(1) & \cdots & e(N-1) \end{bmatrix}^{\mathrm{H}} \tag{4.6.30}$$

$$\boldsymbol{Y} = \begin{bmatrix} \boldsymbol{y}^{*}(0) & \boldsymbol{y}^{*}(1) & \cdots & \boldsymbol{y}^{*}(N-1) \end{bmatrix}$$
$$= \begin{bmatrix} y(n) & y(n-N+1) & y(n-N+2) & \cdots & y(n-1) \\ y(n-1) & y(n) & y(n-N+1) & \cdots & y(n-2) \\ y(n-2) & y(n-1) & y(n) & \cdots & y(n-3) \\ \vdots & \vdots & \vdots & & \vdots \\ y(n-N+1) & y(n-N+2) & y(n-N+3) & \cdots & y(n) \end{bmatrix} \tag{4.6.31}$$

误差的平方和(欧几里得距离)等于

$$\xi = \|\boldsymbol{e}\|^2 = \boldsymbol{e}^{\mathrm{H}}\boldsymbol{e} \tag{4.6.32}$$

根据自适应滤波的 LS 算法,使 ξ 最小的解为

$$\boldsymbol{w}_{\mathrm{opt}} = (\boldsymbol{Y}\boldsymbol{Y}^{\mathrm{H}})^{-1}\boldsymbol{Y}\boldsymbol{s} \tag{4.6.33}$$

式(4.6.33)的解有可能不是唯一的解,为了确保解是唯一的,把式(4.6.33)做如下修改

$$\boldsymbol{w}_{\mathrm{opt}} = (\boldsymbol{Y}\boldsymbol{Y}^{\mathrm{H}} + \varepsilon\boldsymbol{I})^{-1}\boldsymbol{Y}\boldsymbol{s} \tag{4.6.34}$$

式中, ε 是一个很小的正数。

4.6.3　频域均衡器:ZF-均衡器

时域均衡器有几个缺点:一是算法复杂;二是时延大;三是性能受均衡滤波器

的长度限制。理论上，均衡滤波器只有在无穷长度系数时才能完全消除信道干扰，有限长度的时域均衡器都不可能完全消除信道干扰，要达到好的均衡效果通常需要很长的滤波器抽头系数。时域均衡器主要应用在单载波调制系统中。现代通信系统广泛采用的是多载波调制系统，如 OFDM 调制。和单载波相比多载波调制大大提高了系统的抗信道干扰能力，由于多载波具有把高速数据分成低速数据传输的能力，调制符号的周期比单载波加大了 N 倍（N 为子载波数），所以每一个子信道都可以看成平坦信道，这就使得我们可以用简单的频域均衡器来完成信道均衡。

ZF-均衡器表示迫零（zero-forcing，ZF）均衡，因为信道噪声被强迫等于零。在图 4.23 的信道等效模型中，假设信道滤波器 $p(n)$ 的长度 N，在不考虑信道噪声的情况下，接收信号 $y(n)$ 是发送端输入信号 $s(n)$ 和信道滤波器 $p(n)$ 的线性卷积

$$y(n) = p(n)*s(n) = \begin{bmatrix} p(0) & 0 & 0 & 0 & \cdots \\ p(1) & p(0) & 0 & 0 & \cdots \\ p(2) & p(1) & p(0) & 0 & \cdots \\ p(3) & p(2) & p(1) & p(0) & \cdots \\ \vdots & \vdots & \vdots & \vdots & \ddots \end{bmatrix} \begin{bmatrix} s(n) \\ s(n+1) \\ s(n+2) \\ s(n+3) \\ \vdots \end{bmatrix} \tag{4.6.35}$$

在频域有

$$Y(e^{j2\pi f}) = P(e^{j2\pi f})S(e^{j2\pi f}) \tag{4.6.36}$$

如果取均衡器的传输函数为

$$W(e^{j2\pi f}) = \frac{1}{P(e^{j2\pi f})} \tag{4.6.37}$$

那么信号 $y(n)$ 通过均衡器后就可以完全恢复

$$\hat{S}(e^{j2\pi f}) = Y(e^{j2\pi f})W(e^{j2\pi f}) = S(e^{j2\pi f}) \tag{4.6.38}$$

我们把式 (4.6.37) 表示的均衡器称为迫零均衡，因为信道噪声被强迫等于零。

实际应用中，式 (4.6.37) 表示的均衡器是不可能实现的，因为 DTFT 的计算需要整个信号长度。但当信号分块处理时，我们可以把线性卷积变成循环卷积，这样 DTFT 就转变成了离散傅里叶变换（DFT），从而可以用 FFT 来实现式 (4.6.37) 中的频域均衡器。一种常用的把 DTFT 变成 DFT 的方法就是在信号块 $s(n)$ 前面加前缀 CP（cyclic prefix），如图 4.29 所示。

加 CP 的方法就是把信号帧的最后一段复制到信号帧的前面，这样就可以使得这一帧的处理信号和 $p(n)$ 的线性卷积变成循环卷积，CP 的长度大于或等于 $p(n)$ 的长度，即 $L_{cp} \geqslant N$。经过加 CP 处理后

$$y(n) = p(n) \otimes s(n) \tag{4.6.39}$$

式 (4.6.37) 变成

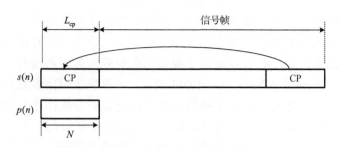

图 4.29　加循环前缀示意图

$$W(k) = \frac{1}{P(k)}, \quad 0 \leqslant k \leqslant N-1 \tag{4.6.40}$$

式 (4.6.40) 中的均衡器也称为单一抽头均衡器，如图 4.30 所示，因为每一个子信道的均衡器只有一个系数 $W(k)$。

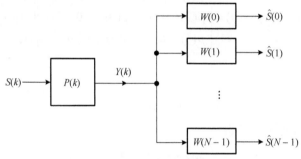

图 4.30　频域 ZF-均衡器示意图

4.6.4　频域均衡器：MMSE-均衡器

在 ZF-均衡器中我们没有考虑噪声对均衡器设计的影响，使得频域均衡器的设计变得十分简单，但这会对均衡器的性能产生影响。当考虑信道噪声对均衡器设计的影响时，系统可以用图 4.31 的模型来模拟，用这个模型设计出的均衡器称为最小均方误差 (minimum mean square error，MMSE) 均衡器，因为设计出的均衡器可以使误差 $e(n)$ 的均方最小。

图 4.31 和图 4.27 很类似，这让我们可以用 4.6.1 节描述的基于信道估计的方法来设计 MMSE-均衡器。根据式 (4.6.7)，图 4.31 中误差 $e(n)$ 的均方可表示为

$$
\begin{aligned}
\xi &= E\left[\left|e(n)\right|^2\right] \\
&= \sigma_s^2 \int_0^{f_s} \left|P(\mathrm{e}^{\mathrm{j}2\pi f})W(\mathrm{e}^{\mathrm{j}2\pi f}) - \mathrm{e}^{-\mathrm{j}2\pi f \Delta}\right|^2 \mathrm{d}f + \sigma_v^2 \int_0^{f_s} \left|W(\mathrm{e}^{\mathrm{j}2\pi f})\right|^2 \mathrm{d}f \\
&= \sigma_s^2 \int_0^{f_s} \left\{\left|P(\mathrm{e}^{\mathrm{j}2\pi f})W(\mathrm{e}^{\mathrm{j}2\pi f}) - \mathrm{e}^{-\mathrm{j}2\pi f \Delta}\right|^2 + \frac{\sigma_v^2}{\sigma_s^2}\left|W(\mathrm{e}^{\mathrm{j}2\pi f})\right|^2\right\} \mathrm{d}f
\end{aligned} \tag{4.6.41}
$$

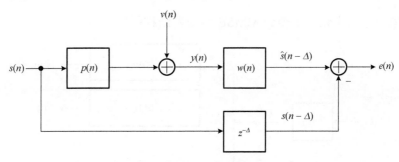

图 4.31　MMSE-均衡器设计模型

这里我们把 Z-变换换成了 DFT 变换，式中 σ_s^2、σ_v^2 分别表示信号 $s(n)$ 和误差 $e(n)$ 的方差，$e^{-j2\pi f\Delta}$ 代表延时。定义下列新函数

$$\zeta = \left| P(e^{j2\pi f})W(e^{j2\pi f}) - e^{-j2\pi f\Delta} \right|^2 + \frac{\sigma_v^2}{\sigma_s^2}\left| W(e^{j2\pi f}) \right|^2 \tag{4.6.42}$$

不难看出，当 ζ 有最小值时 ξ 的值也最小，因此我们对误差函数 ξ 的优化转变成对 ζ 的优化。

更进一步定义下列矩阵

$$C = \begin{bmatrix} P(e^{j2\pi f}) \\ \dfrac{\sigma_v}{\sigma_s} \end{bmatrix}, \quad d = \begin{bmatrix} e^{-j2\pi f\Delta} \\ 0 \end{bmatrix} \tag{4.6.43}$$

$$r = CW(e^{j2\pi f}) - d \tag{4.6.44}$$

根据式 (4.6.43) 和式 (4.6.44)，式 (4.6.42) 可重写为

$$\zeta = r^H r \tag{4.6.45}$$

根据维纳-霍普夫方程，我们得到 MMSE-均衡器系数

$$W(e^{j2\pi f}) = (C^H C)^{-1} C^H d = \frac{P^*(e^{j2\pi f})}{\left| P(e^{j2\pi f}) \right|^2 + \dfrac{\sigma_v^2}{\sigma_s^2}} e^{-j2\pi f\Delta} \tag{4.6.46}$$

去除相位因子 $e^{-j2\pi f\Delta}$，均衡系数等于

$$W(e^{j2\pi f}) = \frac{P^*(e^{j2\pi f})}{\left| P(e^{j2\pi f}) \right|^2 + \dfrac{\sigma_v^2}{\sigma_s^2}} \tag{4.6.47}$$

更进一步，对于加 CP 的系统，把 $W(k)$、$P(k)$ 代替式 (4.6.47) 中的 $W(e^{j2\pi f})$ 和 $P(e^{j2\pi f})$ 有

$$W(k) = \frac{P^*(k)}{\left| P(k) \right|^2 + \dfrac{\sigma_v^2}{\sigma_s^2}}, \quad 0 \leqslant k \leqslant N-1 \tag{4.6.48}$$

把 $W(k)$ 代入图 4.31 中得到 MMSE-均衡器结构图图 4.32。

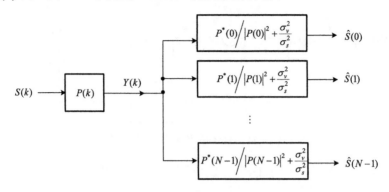

图 4.32　频域 MMSE-均衡器示意图

4.7　载波同步

同步是传输系统接收端一个重要组成部分，同步系统的性能直接影响通信的质量。同步包括时间同步和载波同步，时间同步的目的是找到最优的抽样时间参考点，使得抽样得到的接收信号平均功率最大，找到参考点后，接收端就从这一点出发，然后根据锁相得到的子载波频率对信号进行抽样得到接收符号。载波同步是找到接收端载波的漂移，以便对载波漂移进行补偿。载波漂移是由于接收端和发送端的载波不一样造成的，这一节我们对载波同步的原理和常用算法进行简单的介绍。

4.7.1　载波采集和跟踪

载波采集是对载波漂移 Δf_c 进行初步的估计，载波跟踪再对采集到的值进行精细的调整得到准确的载波漂移值，从而对载波漂移进行补偿，如图 4.33 所示，图中 Δ 表示时延， $\theta(n-\Delta)$ 表示估计出的载波漂移， $\hat{y}(n-\Delta)$ 为经过相位补偿后的解调输出。

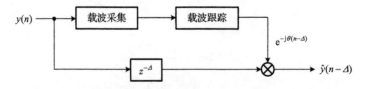

图 4.33　载波采集和跟踪示意图

载波采集的功能和锁相环中相位误差检测器类似，但我们在锁相环中介绍的最大似然估计法并不能用来对载波漂移进行估计，因为在调制系统中，载波 $\cos(2\pi f_c t + \theta(t))$ 被数据调制后，载波的幅度已经不是常数，而是一个随机变量，因此很难定义似然函数，从而不能用最大似然估计法来估计载波漂移。常用的载波采集和跟踪法有无数据辅助法、有数据辅助的方法及基于导频的方法三种。在介绍这几种方法之前我们先得知道载波漂移 Δf_c 和接收信号的关系。

参考 4.3.3 节，正交幅度调制的调制信号可表示为

$$x_{\mathrm{QAM}}(t) = \mathrm{Re}\left\{x(t)\mathrm{e}^{\mathrm{j}2\pi f_c t}\right\} = x_R(t)\cos(2\pi f_c t) - x_I(t)\sin(2\pi f_c t) \tag{4.7.1}$$

式中，f_c 为发送端载波频率，$x_R(t)$ 和 $x_I(t)$ 等于

$$x_R(t) = \sum_{n=-\infty}^{\infty} s_R(n)h_T(t-nT) \tag{4.7.2}$$

$$x_I(t) = \sum_{n=-\infty}^{\infty} s_I(n)h_T(t-nT) \tag{4.7.3}$$

式中，$s_R(n)$、$s_I(n)$ 分别为输入符号信号的实虚部；$h_T(t)$ 为发送信号整形滤波。假如接收端的载波频率为 f_c'，QAM 的解调器如图 4.34 所示。

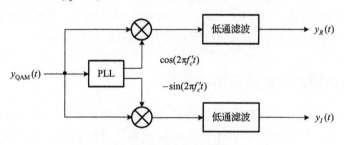

图 4.34　QAM 解调器

图 4.34 中，$y_{\mathrm{QAM}}(t)$ 为 $x_{\mathrm{QAM}}(t)$ 经过信道后到达接收端的信号，在不考虑信道增益的情况下有

$$\begin{aligned} y_{\mathrm{QAM}}(t) &= \mathrm{Re}\left\{x(t)\mathrm{e}^{\mathrm{j}(2\pi f_c t+\phi_0)}\right\} \\ &= x_R(t)\cos(2\pi f_c t+\phi_0) - x_I(t)\sin(2\pi f_c t+\phi_0) \end{aligned} \tag{4.7.4}$$

式中，ϕ_0 表示由于信道引起的相位移位。参考图 4.34，有

$$\begin{aligned} & y_{\mathrm{QAM}}(t)\mathrm{Re}\left\{\mathrm{e}^{\mathrm{j}(2\pi f_c' t)}\right\} \\ =& \mathrm{Re}\left\{x(t)\mathrm{e}^{\mathrm{j}(2\pi f_c t+\phi_0)}\right\} \cdot \mathrm{Re}\left\{\mathrm{e}^{\mathrm{j}(2\pi f_c' t)}\right\} \\ =& \frac{1}{4}\left[x(t)\mathrm{e}^{\mathrm{j}(2\pi f_c t+\phi_0)} + x^*(t)\mathrm{e}^{-\mathrm{j}(2\pi f_c t+\phi_0)}\right] \cdot \left[\mathrm{e}^{\mathrm{j}(2\pi f_c' t)} + \mathrm{e}^{-\mathrm{j}(2\pi f_c' t)}\right] \\ =& \frac{1}{4}\left[x(t)\mathrm{e}^{\mathrm{j}(2\pi\Delta f_c t+\phi_0)} + x^*(t)\mathrm{e}^{-\mathrm{j}(2\pi\Delta f_c t+\phi_0)}\right] + \frac{1}{4}\left[x(t)\mathrm{e}^{\mathrm{j}4\pi f_c t}\mathrm{e}^{-\mathrm{j}(2\pi\Delta f_c t-\phi_0)} + x^*(t)\mathrm{e}^{-\mathrm{j}4\pi f_c t}\mathrm{e}^{\mathrm{j}(2\pi\Delta f_c t-\phi_0)}\right] \\ =& \frac{1}{2}\mathrm{Re}\left\{x(t)\mathrm{e}^{\mathrm{j}(2\pi\Delta f_c t+\phi_0)}\right\} + \frac{1}{4}\mathrm{Re}\left\{x(t)\mathrm{e}^{\mathrm{j}4\pi f_c t}\mathrm{e}^{-\mathrm{j}(2\pi\Delta f_c t-\phi_0)}\right\} \end{aligned}$$

$$\tag{4.7.5}$$

$$y_{QAM}(t)\operatorname{Im}\left\{e^{-j(2\pi f_c't)}\right\}$$

$$=\operatorname{Re}\left\{x(t)e^{j(2\pi f_c t+\phi_0)}\right\}\cdot\operatorname{Im}\left\{e^{-j(2\pi f_c't)}\right\}$$

$$=\frac{1}{4}\left[x(t)e^{j(2\pi f_c t+\phi_0)}+x^*(t)e^{-j(2\pi f_c t+\phi_0)}\right]\cdot\left[e^{j(2\pi f_c't)}-e^{-j(2\pi f_c't)}\right]$$

$$=\frac{1}{4}\left[x(t)e^{j(2\pi\Delta f_c t+\phi_0)}-x^*(t)e^{-j(2\pi\Delta f_c t+\phi_0)}\right]+\frac{1}{4}\left[x(t)e^{j4\pi f_c t}e^{-j(2\pi\Delta f_c t-\phi_0)}-x^*(t)e^{-j4\pi f_c t}e^{j(2\pi\Delta f_c t-\phi_0)}\right]$$

$$=\frac{1}{2}\operatorname{Im}\left\{x(t)e^{j(2\pi\Delta f_c t+\phi_0)}\right\}+\frac{1}{4}\operatorname{Im}\left\{x(t)e^{j4\pi f_c t}e^{-j(2\pi\Delta f_c t-\phi_0)}\right\}$$

$$(4.7.6)$$

把式 (4.7.5) 与式 (4.7.6) 通过低通滤波后即可得到 $y_R(t)$ 和 $y_I(t)$

$$y(t)=y_R(t)+jy_I(t)=x(t)e^{j(2\pi\Delta f_c t+\phi_0)}=(x_R(t)+jx_I(t))e^{j\phi(t)} \tag{4.7.7}$$

式中，$\phi(t)=2\pi\Delta f_c t+\phi_0$，$\Delta f_c=f_c-f_c'$，代表载波频率误差。载波同步的目的就是要找到相位漂移 $\phi(t)$，从而可以从 $y(t)$ 中去除相位误差 $e^{j\phi(t)}$ 的影响。

4.7.2　无数据辅助的载波采集和跟踪

无数据辅助的载波同步技术就是根据式 (4.7.7) 来对相位漂移 $\phi(t)$ 进行估价的，但直接利用式 (4.7.7) 来进行估计不可能估计出相位漂移 $\phi(t)$，因为复数信号 $x(t)$ 是未知的，$x(t)$ 对相位的影响无法估计，因此在无数据 $x(t)$ 的情况下我们需要对 $y(t)$ 进行一个非线性处理，减小信号 $x(t)$ 对估计的影响，一种合适的非线性处理是取 $y(t)$ 的四次幂，$y(t)$ 的四次方等于

$$y^4(t)=\left\{\left[x_R^4(t)+x_I^4(t)-6x_R^2(t)x_I^2(t)\right]+j2x_R(t)x_I(t)(x_R^2(t)-x_I^2(t))\right\}e^{j4\phi(t)} \tag{4.7.8}$$

式 (4.7.8) $e^{j4\phi(t)}$ 的系数部分是一个复数。由于输入符号信号 $x_R(t)$ 和 $x_I(t)$ 是对称的，均值为零，所以式 (4.7.8) 中的虚部，$2x_R(t)x_I(t)(x_R^2(t)-x_I^2(t))$ 的均值也等于零，也就是说这一部分只有交流 (alternating current，AC) 分量。而实部 $x_R^4(t)+x_I^4(t)-6x_R^2(t)x_I^2(t)$ 中既有直流 (direct current，DC) 分量也有交流分量，如果把实虚部的直流和交流分量归类，可以把 $y^4(t)$ 重新写成

$$y^4(t)=m_{y4}e^{j4\phi(t)}+v(t)e^{j4\phi(t)} \tag{4.7.9}$$

式中，m_{y4} 是一个实数常数，代表 AC 部分，等于

$$m_{y4}=\operatorname{avg}\left\{x_R^4(t)+x_I^4(t)-6x_R^2(t)x_I^2(t)\right\} \tag{4.7.10}$$

式中，avg{} 表示取均值。$v(t)$ 部分由 DC 分量组成，可以认为是噪声，我们可以用一个低通滤波器把这部分信号滤掉，这样式 (4.7.9) 就变成了

$$y^4(t) = m_{y4}e^{j4\phi(t)} = m_{y4}e^{j2\pi(4\Delta f_c)t + 4\phi_0} \tag{4.7.11}$$

由于 m_{y4} 是一个实数常数，所以式(4.7.11)可以看成一个载波频率为 $4\Delta f_c$ 的调制信号。这样我们就可以用一种简单的方法来粗略地估计出 Δf_c。

(1)计算 $y^4(t)$ 的 DFT 值，$Y_4(f) = \text{DFT}\big[y^4(t) \big]$。

(2)寻找 $Y_4(f)$ 的幅度值最大的频率点 $f_{\max}$。

(3)取 $\Delta f_c = f_{\max} / 4$。

但这种方法只能大概估计出 Δf_c 的位置，不能精确地跟踪到相位 ϕ_0 的影响。图 4.35 给出了一个可用于无数据辅助载波采集和跟踪的原理框图。

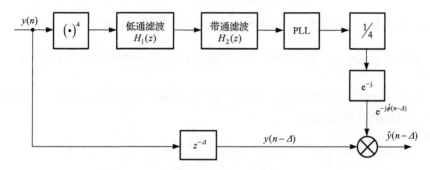

图 4.35　无数据辅助载波采集和跟踪结果示意图

图 4.31 中，$(\cdot)^4$ 表示取四次方，低通滤波器 $H_1(z)$ 滤掉噪声分量 $v(t)$，高通滤波器 $H_2(z)$ 用于把信号集中到 Δf_c 周围，PLL 的作用是对相位 ϕ_0 锁相，$\hat{y}(n-\Delta)$ 为经过相位补偿后的解调输出。

4.7.3　基于导频信号的载波采集

在现代通信系统中，周期导频信号通常被插入发送信号中一起发送到接收端，用于接收端参数的调整，如载波采集、时间同步和信道均衡等。在已知导频序列的情况下，载波采集和跟踪变得简单得多。为了寻找基于导频的载波同步算法我们首先得推导出接收端输出信号 $y(t)$ 和发送端符号信号 $s(t)$ 的输入输出关系，图 4.36 给出了载波漂移为 Δf_c 时的传输系统模型。

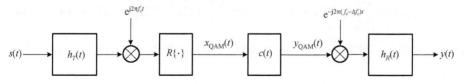

图 4.36　载波漂移为 Δf_c 时的传输系统模型

图 4.36 中，$s(t)$ 为输入符号信号，$h_T(t)$、$h_R(t)$ 分别为发送和接收端整形滤波

器，$c(t)$ 代表信道函数，接收和发送的载波频率相差 Δf_c ，发送信号 $s(t)$ 等于

$$s(t) = \sum_{n=-\infty}^{\infty} s(n)\delta(t-nT) \tag{4.7.12}$$

假设信道函数为冲击响应 $c(t)=\delta(t)$ ，对于第 n 个符号 $s(n)$ ，有

$$x_{\mathrm{QAM}}(t) = \frac{1}{2}(s(n)h_T(t-nT)\mathrm{e}^{\mathrm{j}2\pi f_c t} + s^*(n)h_T(t-nT)\mathrm{e}^{-\mathrm{j}2\pi f_c t}) \tag{4.7.13}$$

输出信号 $y(t)$ 等于

$$\begin{aligned}
y(t) &= x_{\mathrm{QAM}}(t)\mathrm{e}^{-2\pi(f_c-\Delta f_c)t} \\
&= \frac{1}{2}(s(n)h_T(t-nT)\mathrm{e}^{\mathrm{j}2\pi\Delta ft} + s^*(n)h_T(t-nT)\mathrm{e}^{-\mathrm{j}2\pi(2f_c-\Delta f_c)t}) * h_R(t) \\
&= \frac{1}{2}\mathrm{e}^{\mathrm{j}2\pi\Delta f_c nT}(s(n)h_T(t-nT)\mathrm{e}^{\mathrm{j}2\pi\Delta f(t-nT)} + s^*(n)h_T(t-nT)\mathrm{e}^{-\mathrm{j}2\pi(2f_c-\Delta f_c)(t+nT)}) * h_R(t)
\end{aligned} \tag{4.7.14}$$

式中，$h_R(t)$ 是一个低通滤波器，式(4.7.14)中的第二部分（$4f_c$ 频率点附近的信号）被滤掉，因此 $y(t)$ 可重写为

$$y(t) = s(n)\left\{\frac{1}{2}(\mathrm{e}^{\mathrm{j}2\pi\Delta f_c nT}h_T(t-nT)\mathrm{e}^{\mathrm{j}2\pi\Delta f_c(t-nT)}) * h_R(t)\right\} = s(n)h_n(t-nT) \tag{4.7.15}$$

式中

$$h_n(t) = \frac{1}{2}\mathrm{e}^{\mathrm{j}2\pi\Delta f_c nT}\left\{(h_T(t)\mathrm{e}^{\mathrm{j}2\pi\Delta f_c t}) * h_R(t)\right\} \tag{4.7.16}$$

表示第 n 个符号输入 $s(n)$ 的等效传输函数，取 $n=0$ ，式(4.7.16)等于

$$h_0(t) = \frac{1}{2}(h_T(t)\mathrm{e}^{\mathrm{j}2\pi\Delta f_c t}) * h_R(t) \tag{4.7.17}$$

把式(4.7.17)代入式(4.7.16)中得到

$$h_n(t) = \mathrm{e}^{\mathrm{j}2\pi\Delta f_c nT}h_0(t) \tag{4.7.18}$$

上面我们推导了第 n 个符号输入 $s(n)$ 的输入输出关系，对于信号 $s(t)$ ，式(4.7.16)可重写为

$$y(t) = \sum_{n=-\infty}^{\infty} s(n)h_n(t-nT) + v(n) = \sum_{n=-\infty}^{\infty} s(n)\mathrm{e}^{\mathrm{j}2\pi\Delta f_c nT}h_0(t-nT) + v(n) \tag{4.7.19}$$

式中，$v(n)$ 表示信道噪声。假设 Δf_c 足够小，使得 $\mathrm{e}^{\mathrm{j}2\pi\Delta f_c nT} \approx \mathrm{e}^{\mathrm{j}2\pi\Delta f_c t}$ ，式(4.7.19)进一步简化为

$$y(t) = \sum_{n=-\infty}^{\infty} s(n)h_n(t-nT) + v(n) = \mathrm{e}^{\mathrm{j}2\pi\Delta f_c t}\sum_{n=-\infty}^{\infty} s(n)h_0(t-nT) + v(n) \tag{4.7.20}$$

到这里我们得到了载波频率差 Δf_c 和接收输出信号 $y(t)$ 的关系，由于 $h_0(t-nT)$ 是一个固定响应，在已知信号 $s(n)$ 的情况下，在接收端我们可以利用式(4.7.20)估计出 Δf_c。

定义

$$x(t) = \sum_{n=-\infty}^{\infty} s(n)h_0(t-nT) \tag{4.7.21}$$

式(4.7.20)可重新表示为

$$y(t) = x(t)e^{j2\pi\Delta f_c t} + v(t) \tag{4.7.22}$$

在离散时间域有

$$y(n) = x(n)e^{j2\pi\Delta f_c nT} + v(n) \tag{4.7.23}$$

假设导频信号的周期为 N，那么

$$x(n) = x(n+N) \tag{4.7.24}$$

我们进行下列运算

$$J = \sum_{n=N_1}^{N_2} y(n+N)y^*(n) \tag{4.7.25}$$

把式(4.7.23)代入式(4.7.25)中有

$$\begin{aligned} J = e^{j2\pi\Delta f_c NT} \sum_{n=N_1}^{N_2} \left|x(n)\right|^2 + \sum_{n=N_1}^{N_2} v(n+N)x^*(n)e^{-j2\pi\Delta f_c nT} \\ + \sum_{n=N_1}^{N_2} x(n+N)v^*(n)e^{j2\pi\Delta f_c (n+N)T} + \sum_{n=N_1}^{N_2} v(n+N)v^*(n) \end{aligned} \tag{4.7.26}$$

假设 $v(n)$ 和 $x(n)$ 不相关，$v(n)$ 和 $v(n+N)$ 也不相关，这样式(4.7.26)中的最后三项的值很小，和第一项比可以忽略，这样式(4.7.26)变成

$$J \approx e^{j2\pi\Delta f_c NT} \sum_{n=N_1}^{N_2} \left|x(n)\right|^2 \tag{4.7.27}$$

由于求和部分是正数，对相位没有影响，求解式(4.7.27)得到

$$\Delta f_c \approx \frac{1}{2\pi NT}\arg(J) \tag{4.7.28}$$

式中，$\arg(J)$ 表示复数 J 的角度。由于 $-\pi < \arg(J) < \pi$，有

$$-\frac{f_s}{2N} < \Delta f_c < \frac{f_s}{2N} \tag{4.7.29}$$

式中，$f_s = 1/T$ 表示符号速率。从式(4.7.29)可以看出，载波漂移 Δf_c 的估计范围和导频周期 N 直接相关，小 N 值将带来大的估计误差，因此在实际应用中，先取小 N 值对 Δf_c 作一个粗略估计，然后再加长 N 对 Δf_c 进行精细估计。

4.7.4　有数据辅助的载波跟踪

有数据辅助的载波采集和跟踪方法指的是接收端根据自己解调出的数据来对载波进行精细的估计，这里的数据不同于导频信号。一般情况，先用无数据方法对载波漂移进行一个初步的估计，然后根据解调出的数据再对估计值进行调整，如图 4.37 所示。

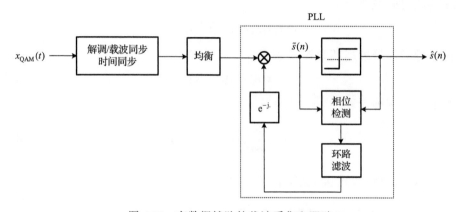

图 4.37　有数据辅助的载波采集和跟踪

图 4.37 中，接收端输入 $x_{QAM}(t)$ 经过解调，载波和时间同步后，再经过均衡去除信道干扰得到接收重建信号，以这个接收的数据作为辅助数据再进行载波补偿的微调，最后恢复出符号信号 $\hat{s}(n)$。

4.8　时　间　同　步

时间同步有两类方法：一类是无数据辅助的方法；另一类是有数据辅助的方法。两种方法都是基于对目标函数的优化来寻找对接收信号的最佳同步时间，不同的方法有不同的目标函数，无数据辅助的方法是利用接收信号的统计特性来建立目标函数，而有数据辅助的方法建立的目标函数与传送的数据相关。下面分别对两种方法进行介绍。

4.8.1　无数据辅助的时间同步

参考图 4.23 中的传输系统等效模型，在不考虑信道噪声的情况下，接收端输出

信号可表示为

$$y(t) = \sum_{n=-\infty}^{\infty} s(n) p(t - nT) \tag{4.8.1}$$

式中，$s(n)$ 为符号数据；$p(t)$ 表示等效传输函数；T 为符号数据间隔或周期。假设 $s(n)$ 是一个均值为零，方差为 σ_s^2 的服从独立同分布(independent identically distributed, IID)的符号数据，$y(t)$ 的统计平均等于

$$\rho(t) = E\left[|y(t)|^2 \right] = \sigma_s^2 \sum_{n=-\infty}^{\infty} |p(t - nT)|^2 \tag{4.8.2}$$

分析表明，$\rho(t)$ 是一个周期为 T 的周期函数，可以用傅里叶级数表示为

$$\rho(t) = \sum_{n=-\infty}^{\infty} \rho_n e^{j2\pi nt/T} \tag{4.8.3}$$

式中，ρ_n 为傅里叶级数系数

$$\rho_n = \frac{1}{T} \int_0^T \rho(t) e^{-j2\pi nt/T} dt \tag{4.8.4}$$

把式 (4.8.2) 代入式 (4.8.4) 中有

$$
\begin{aligned}
\rho_n &= \frac{1}{T} \int_0^T \left(\sigma_s^2 \sum_{n=-\infty}^{\infty} |p(t - nT)|^2 \right) e^{-j2\pi nt/T} dt \\
&= \frac{\sigma_s^2}{T} \sum_{n=-\infty}^{\infty} \int_0^T \left(|p(t - nT)|^2 e^{-j2\pi nt/T} \right) dt \\
&= \frac{\sigma_s^2}{T} \int_{-\infty}^{\infty} |p(t)|^2 e^{-j2\pi nt/T} dt
\end{aligned}
\tag{4.8.5}
$$

式中

$$
\begin{aligned}
\int_{-\infty}^{\infty} |p(t)|^2 e^{-j2\pi nt/T} dt &= \mathcal{F}\left[p(t) p^*(t) \right]\Big|_{f=n/T} \\
&= P(f) * P^*(-f)\Big|_{f=n/T} \\
&= \int_{-\infty}^{\infty} P(f) P^*\left(f - \frac{n}{T} \right) df
\end{aligned}
\tag{4.8.6}
$$

式中，$\mathcal{F}\left[p(t) p^*(t) \right]$ 表示函数 $p(t) p^*(t) = |p(t)|^2$ 的傅里叶变换。把式 (4.8.6) 代入式 (4.8.5) 中得到

$$\rho_n = \frac{\sigma_s^2}{T} \int_{-\infty}^{\infty} P(f) P^*\left(f - \frac{n}{T} \right) df \tag{4.8.7}$$

取 $n=0,\pm1$，有

$$\rho_0 = \frac{\sigma_s^2}{T}\int_{-\infty}^{\infty} P(f)P^*(f)\mathrm{d}f = \frac{\sigma_s^2}{T}\int_{-\infty}^{\infty}\left|P(f)\right|^2\mathrm{d}f \tag{4.8.8}$$

$$\rho_1 = \frac{\sigma_s^2}{T}\int_{-\infty}^{\infty} P(f)P^*\left(f-\frac{1}{T}\right)\mathrm{d}f \tag{4.8.9}$$

$$\begin{aligned}\rho_{-1} &= \frac{\sigma_s^2}{T}\int_{-\infty}^{\infty} P(f)P^*\left(f+\frac{1}{T}\right)\mathrm{d}f \\ &= \frac{\sigma_s^2}{T}\int_{-\infty}^{\infty} P\left(f-\frac{1}{T}\right)P^*(f)\mathrm{d}f = \rho_1^*\end{aligned} \tag{4.8.10}$$

我们知道，$p(t)$ 包含了整形滤波器 $h_T(t)$，由于 $h_T(t)$ 的作用，当 $|n|>1$ 时，频谱 $P(f)$ 和 $P(f-n/T)$ 几乎没有重叠，也就是说 $\rho_n=0\ (|n|>1)$，这样式(4.8.3)可以进一步简化为

$$\begin{aligned}\rho(t) &= \rho_0 + \rho_1\mathrm{e}^{\mathrm{j}2\pi t/T} + \rho_1^*\mathrm{e}^{-\mathrm{j}2\pi t/T} \\ &= \rho_0 + 2\left|\rho_1\right|\cos\left(\frac{2\pi}{T}t + \angle\rho_1\right)\end{aligned} \tag{4.8.11}$$

式中，$\left|\rho_1\right|$、$\angle\rho_1$ 分别表示 ρ_1 的幅度和相位。

根据式(4.8.11)可以定义无数据辅助时间同步的目标函数，假设接收端信号 $y(t)$ 的抽样间隔为 $\tau+nT$，其中 τ 为同步时间点，由于 $E\left[\left|y(\tau+nT)\right|^2\right] = E\left[\left|y(\tau)\right|^2\right] = \rho(\tau)$，所以我们得到下列目标函数

$$\rho(\tau) = \rho_0 + 2\left|\rho_1\right|\cos\left(\frac{2\pi}{T}\tau + \angle\rho_1\right) \tag{4.8.12}$$

函数 $\rho(\tau)$ 是一个周期函数，如图 4.38 所示。

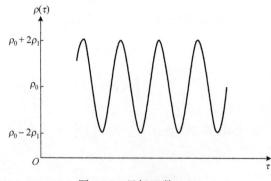

图 4.38　目标函数 $\rho(\tau)$

函数 $\rho(\tau)$ 在最大值 $\rho_0 + 2\rho_1$ 和最小值 $\rho_0 - 2\rho_1$ 之间，优化算法就是寻找对应最大或最小值的 τ，这就是时间同步点。

4.8.2　超前滞后闸门法

从图 4.34 中可以看出，$\rho(\tau)$ 在最大值 τ_{opt} 的前后是对称的，也就是说

$$\rho(\tau_{\text{opt}} - \delta\tau) - \rho(\tau_{\text{opt}} + \delta\tau) = 0 \qquad (4.8.13)$$

式中，$\delta\tau$ 为一个很小的数。超前滞后闸门法就是利用这个特点来寻找最优值 τ_{opt}，因为当 $\tau \neq \tau_{\text{opt}}$ 时，有

$$\begin{cases} \rho(\tau + \delta\tau) - \rho(\tau - \delta\tau) > 0, & \tau < \tau_{\text{opt}} \\ \rho(\tau + \delta\tau) - \rho(\tau - \delta\tau) < 0, & \tau > \tau_{\text{opt}} \end{cases} \qquad (4.8.14)$$

我们可以通过迭代运算让 τ 逐渐逼近 τ_{opt}，使得 $|\rho(\tau - \delta\tau) - \rho(\tau + \delta\tau)|$ 收敛于零。迭代算法为

$$\tau(n+1) = \tau(n) + \mu\left[\rho(n + \delta\tau) - \rho(n - \delta\tau)\right] \qquad (4.8.15)$$

式中，μ 为迭代步长。图 4.39 给出了超前滞后闸门法的示意图。

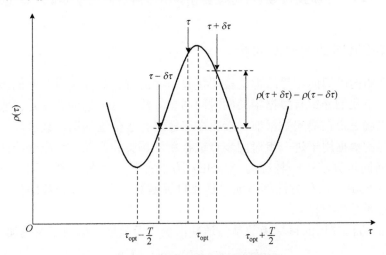

图 4.39　超前滞后闸门法示意图

在实际应用中，目标函数 $\rho(\tau)$ 是未知的，只能根据接收到信号 $y(t)$ 来估计，在实际应用中我们通常用 $|y(\tau + nT)|^2$ 来代替 $E\left[|y(\tau + nT)|^2\right]$ 对 $\rho(\tau)$ 进行估计，把 $\rho(\tau) = |y(\tau + nT)|^2$ 代入式 (4.8.15) 中得到

$$\tau(n+1) = \tau(n) + \mu\left[|y(\tau(n) + \delta\tau + nT)|^2 - |y(\tau(n) - \delta\tau + nT)|^2\right] \qquad (4.8.16)$$

根据式 (4.8.16) 我们可以迭代更新 $\tau(n)$ 直到找到 τ_{opt}。

4.8.3　梯度算法

梯度法是传统的求函数局部最大或最小值方法，函数沿着梯度的方向通过逐步迭代接近最优值。在图 4.35 中我们求的是函数最大点，所以用梯度上升法来逼近最优点 τ_{opt}，迭代算法如下：

$$\tau(n+1) = \tau(n) + \mu \frac{\partial \rho(\tau)}{\partial \tau} \tag{4.8.17}$$

式中，μ 为迭代步长；$\partial \rho(\tau)/\partial \tau$ 表示函数 $\rho(\tau)$ 的梯度。

如果取 $\rho(\tau) = |y(\tau)|^2$，那么 $\partial \rho(\tau)/\partial \tau$ 等于

$$\frac{\partial \rho(\tau)}{\partial \tau} = \frac{\left[|y(\tau(n) + \delta\tau + nT)|^2 - |y(\tau(n) - \delta\tau + nT)|^2 \right]}{2\delta\tau} \tag{4.8.18}$$

把式 (4.8.18) 代入式 (4.8.17) 中有

$$\tau(n+1) = \tau(n) + \frac{\mu}{2\delta\tau} \left[|y(\tau(n) + \delta\tau + nT)|^2 - |y(\tau(n) - \delta\tau + nT)|^2 \right] \tag{4.8.19}$$

比较式 (4.8.16) 和式 (4.8.19) 可以看出，超前滞后闸门法实际上可以看成梯度算法。

4.8.4　有数据辅助的时间同步

上面介绍的时间同步算法都是根据接收信号的统计特性来对时间同步点进行估计的，这一节我们介绍有数据辅助的时间同步算法。这里说的数据是接收端解调后的数据，也就是说在提起数据前，接收端已经进行了信道均衡，载波和时间已初步同步，提起的数据用于进一步对同步点进行精细调整和跟踪。这里介绍两种有数据辅助的时间同步算法：一种称为 Mueller 方法；另一种称为判决引导法 (decision directed method)。两种方法都是通过优化目标函数来求最优同步时间 τ_{opt}，不同之处在于目标函数不一样。

Mueller 方法使用的目标函数是信道冲击响应函数抽样值的线性叠加

$$\eta(\tau) = |p(\tau+T) - p(\tau-T)| \tag{4.8.20}$$

式中，$p(\tau)$ 表示等效信道传输函数；T 为符号周期，图 4.40 给出了 Mueller 方法的示意图。

从图 4.40 中可以看出，当 $\tau = \tau_{\text{opt}}$ 时，$\eta(\tau_{\text{opt}}) = 0$，因此优化的过程就是使目标函数 $\eta(\tau)$ 最小，从图 4.40 中可以直观地看出，同步时间点在函数 $p(\tau)$ 的最大值处，其他抽样点在 $p(\tau)$ 过零的地方，这是我们可以得到最小的符号间误差。通常等效信道函数 $p(\tau)$ 是一个复数函数，因为 $p(\tau)$ 包含了整形滤波 $h_T(\tau)$，而 $h_T(\tau)$ 一般是复数函数，

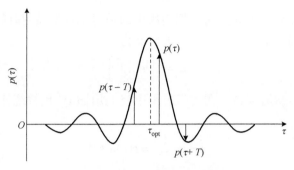

图 4.40　Mueller 方法示意图

但 $p(\tau)$ 的虚部的幅度很小，这时取实部作为目标函数

$$\eta(\tau) = \left| \mathrm{Re}\{ p(\tau+T) - p(\tau-T) \} \right| \tag{4.8.21}$$

图 4.35 和图 4.40 很类似，因此我们可以根据超前滞后闸门法来更新时间 τ

$$\tau(n+1) = \tau(n) + \mu \mathrm{Re}\{ p(\tau+T) - p(\tau-T) \} \tag{4.8.22}$$

在时间系统中，$p(\tau)$ 是未知的，只能根据接收信号来估计，接收信号可以表示为

$$y(t) = \sum_{n=-\infty}^{\infty} s(n) p(t-nT) \tag{4.8.23}$$

式中，$s(n)$ 为发送端发送信号，假设 $s(n)$ 是一个均值为零，方差为"1"，服从独立同分布的符号数据，即

$$E\left[s(n)s^*(m) \right] = \begin{cases} 1, & m=n \\ 0, & m \neq n \end{cases} \tag{4.8.24}$$

因此，有

$$E\left[y(nT+\tau)s^*(n-1) \right] = p(\tau+T) \tag{4.8.25}$$

$$E\left[y((n-1)T+\tau)s^*(n) \right] = p(\tau-T) \tag{4.8.26}$$

为了进一步简化算法我们去除式 (4.8.25) 和式 (4.8.26) 中的统计平均符号，并用接收信号 $\hat{s}(n)$ 代替 $s(n)$，式 (4.8.22) 可以简化为

$$\tau(n+1) = \tau(n) + \mu \mathrm{Re}\{ y(nT+\tau)\hat{s}^*(n-1) - y((n-1)T+\tau)\hat{s}^*(n) \} \tag{4.8.27}$$

式中，$y(t)$ 是接收端等效信道的输出信号；$\hat{s}(n)$ 是接收端最后输出的数据符号，这两个信号都是接收端检测出来的，这样我们就可以完全根据接收端的消息来进行时间同步。

　　判决引导法的目标函数是接收端等效信道的输出信号 $y(t)$ 和发送符号 $s(n)$ 的均

方差，这里所说的判决引导指的是把判决出的信号 $y(t)$ 反馈到时间同步单元，用于计算时间同步。判决引导法的目标函数定义为

$$\xi = E\left[\left|e(n)\right|^2\right] \tag{4.8.28}$$

式中，$e(n) = s(n) - y(nT + \tau)$，在实际应用中我们用 $\left|e(n)\right|^2$ 代替统计平均，式 (4.8.28) 简化为

$$\hat{\xi} = \left|e(n)\right|^2 = e(n)e^*(n) \tag{4.8.29}$$

根据梯度下降算法得到 τ 的迭代公式

$$\tau(n+1) = \tau(n) - \mu\frac{\partial\hat{\xi}}{\partial\tau} \tag{4.8.30}$$

式中

$$\begin{aligned}\frac{\partial\hat{\xi}}{\partial\tau} &= e(n)\frac{\partial e^*(n)}{\partial\tau} + e^*(n)\frac{\partial e(n)}{\partial\tau} \\ &= 2\operatorname{Re}\left\{e^*(n)\frac{\partial e(n)}{\partial\tau}\right\} \\ &= -2\operatorname{Re}\left\{e^*(n)\frac{\partial y(nT+\tau)}{\partial\tau}\right\}\end{aligned} \tag{4.8.31}$$

式中，$\partial y(\tau)/\tau$ 可以用下列等式来计算

$$\frac{\partial y(\tau)}{\partial\tau} = \frac{y(nT+\tau+\delta\tau) - y(nT+\tau-\delta\tau)}{2\delta\tau} \tag{4.8.32}$$

把式 (4.8.31) 和式 (4.8.32) 代入式 (4.8.30) 中得到

$$\tau(n+1) = \tau(n) - \frac{\mu}{2\delta\tau}\operatorname{Re}\left\{e^*(n)\left[y(nT+\tau+\delta\tau) - y(nT+\tau-\delta\tau)\right]\right\} \tag{4.8.33}$$

参 考 文 献

[1]　Farhang-Boroujeny B. Signal Processing Techniques for Software Radios. 2nd ed. Dubai: Lulu Publishing House, 2010.

[2]　Tse D, Viswanath V. Fundamentals of Wireless Communication. New York: Cambridge University Press, 2005.

[3]　Molisch A F. Wireless Communications. 2nd ed. Hoboken: John Wiley & Sons, 2011.

[4]　张贤达, 保铮. 通信信号处理. 北京: 国防工业出版社, 2000.

[5]　Oppenheim A, Schafer R. Discrete-Time Signal Processing. New Jersey: Prentice-Hall, 1998.

第 5 章　正交频分复用多载波调制系统

我们知道，无线信道的特点是多径传输，接收端信号是发送端信号通过不同路径到达后的信号叠加，由于不同路径传输的时延不同，导致接收端接收到的信号符号间产生干扰，这种误差称为多径衰减。传统的消除多径衰减的方法是在接收端加信道均衡器，但单载波调制中使用的时域均衡器非常复杂，大大增加了接收端的复杂性。实验和分析表明，多径衰减的特点是，传输数据的速度越快，衰减越大，这个特点让人们想到了把高速数据划分为多个低速数据，然后分别对低速数据进行调制的方法，这种方法称为多载波调制，图 5.1 给出了单载波与多载波调制在时间和频率分割上的差别。

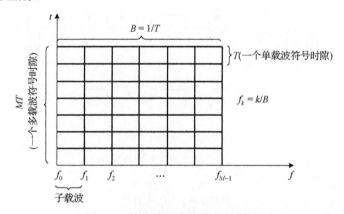

图 5.1　单载波和多载波的时频图

单载波的一个调制符号占用整个频带 B，但在时间轴上只占有一个周期 T，而多载波的一个符号周期为 MT，是单载波符号周期的 M 倍。而符号周期越长，抗无线信道干扰的能力越强。在 4.2 节中我们对多载波进行了简单的介绍，从这章开始我们将对多载波调制进行详细的介绍。

5.1　多载波调制系统的一般结构

多载波调制有两大类实现结构[1,2]：一类是在实际中广泛使用的正交频分复用；另一类是滤波器组多载波调制，图 5.2 给出了多载波调制系统最一般的结构图。

图 5.2 中，子载波等于 $f_k = k / T_s = k /(MT) = kB/M$（$0 \leqslant k \leqslant M-1$），其中 M 表示子载波数，B 为传输符号带宽，T_s 为符号周期，T 为子载波周期，T_s 和 T 的关系为

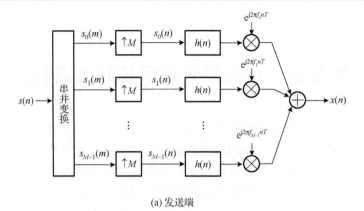

(a) 发送端

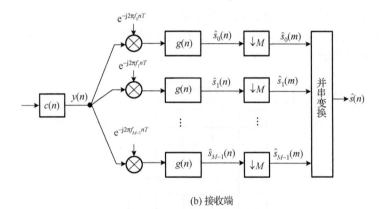

(b) 接收端

图 5.2　多载波调制系统原理框图

$$T = \frac{1}{B}, \quad T_s = MT \tag{5.1.1}$$

图 5.2 中 $c(n)$ 表示信道传输函数，$h(n)$、$g(n)$ 分别表示发送和接收端信号整形滤波函数，如果把多载波系统看成一个滤波器组系统，$h(n)$、$g(n)$ 也称为发送和接收滤波器组原型函数，$h(n)$ 和 $g(n)$ 可以相等，也可以不相等，决定于多载波调制系统的具体实现方法。

注意，图 5.2 中，发送端是综合滤波器组结构，接收端是分析滤波器组结构，在本书中我们沿用传统的多载波调制系统的描述，用 $h(n)$ 表示发送端(综合滤波器组)的原型滤波器，而接收端(分析滤波器组)的原型滤波器用 $g(n)$ 来表示，这和第 3 章中描述滤波器组使用的符号相反，因此在使用第 3 章中结果时要特别注意。

分析图 5.2 中的结构需要利用第 3 章中介绍的多速率信号处理和滤波器组理论，为了更清楚和容易地描述和分析图 5.2 中的结构，我们引入了两个时间变量 n 和 m，n 和 m 的关系为

$$n = mM + i, \quad 0 \leqslant i \leqslant M - 1 \tag{5.1.2}$$

信号 $s_k(n)$ 和 $s_k(m)$ 表示在不同时间轴上的函数，串并变换是把串行信号转换成并行信号，如图 5.3 所示，插值运算 $\uparrow M$ 是把时间轴 m 上的信号 $s_k(m)$ 变成时间轴 n 上的信号 $s_k(n)$，如图 5.4 所示。

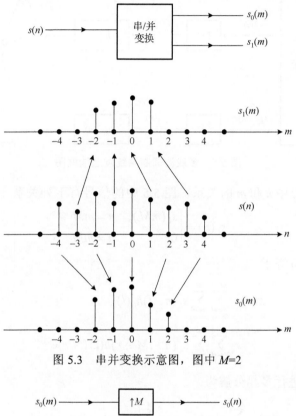

图 5.3　串并变换示意图，图中 $M=2$

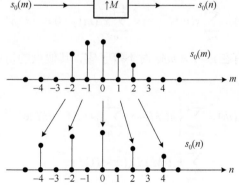

图 5.4　不同时间轴上的信号关系示意图，图中 $M=2$

图 5.2 中，把发送端原型函数 $h(n)$ 和调制指数函数 $\mathrm{e}^{\mathrm{j}2\pi n/M}$ 合并，定义下面函数

$$h_k(n) = h(n)e^{j\frac{2\pi}{M}nk}, \quad 0 \leqslant k \leqslant M-1 \tag{5.1.3}$$

图 5.2(a)等效于图 5.5。

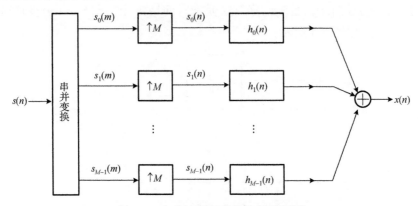

图 5.5　多载波调制系统发送端框图

根据式(5.1.2)中 n 和 m 的关系，图 5.5 中的信号有下列关系

$$s_k(n) = \begin{cases} s_k(mM), & n = mM \\ 0, & n \neq mM \end{cases} \tag{5.1.4}$$

输出信号 $x(n)$ 等于

$$\begin{aligned}
x(n) &= \sum_{k=0}^{M-1} \sum_{l=-\infty}^{\infty} s_k(n-l)h_k(l) \\
&= \sum_{k=0}^{M-1} \sum_{i=-\infty}^{\infty} s_k(n-iM-r)h(iM+r)e^{j\frac{2\pi}{M}rk}
\end{aligned} \tag{5.1.5}$$

把信号 $x(n)$ 进行多相分解为

$$x(n) = \sum_{r=0}^{M-1} x(mM+r) = \sum_{r=0}^{M-1} x_r(m), \quad 0 \leqslant r \leqslant M-1 \tag{5.1.6}$$

因为信号 $s_k(n)$ 只有在 $n-r = mM$ 时不等于零，其他点的值都为零，把 $n = mM+r$ 代入式(5.1.5)中得到

$$\begin{aligned}
x_r(m) &= \sum_{i=-\infty}^{\infty} \left\{ h(iM+r) \sum_{k=0}^{M-1} s_k(mM-iM)e^{j\frac{2\pi}{M}rk} \right\} \\
&= \sum_{i=-\infty}^{\infty} \tilde{h}_r(iM)S_r((m-i)M) \\
&= \sum_{i=-\infty}^{\infty} \tilde{h}_r(mM-iM)S_r(iM)
\end{aligned} \tag{5.1.7}$$

式中，$\tilde{h}_r(m)$ 是由原型函数 $h(n)$ 构成的新滤波器

$$\tilde{h}_r(m) = h(mM + r), \quad 0 \leqslant r \leqslant M - 1 \tag{5.1.8}$$

$S_r(m)$ 表示信号 $s_r(m)$ 的傅里叶逆变换

$$S_r(m) = \sum_{k=0}^{M-1} s_k(m)\mathrm{e}^{j\frac{2\pi}{M}rk}, \quad 0 \leqslant r \leqslant M - 1 \tag{5.1.9}$$

通过上述多项变换，发送端综合滤波器组结构发生了根本的变化，如图 5.6 所示，图中 T_s 为符号抽样周期，表示这一段信号处理的抽样周期为 T_s，T 为载波周期，$T_s = MT$。综合滤波器组通过滤波器 $g_k(n)$ 求和的结构转换成了对傅里叶逆变换的滤波，式 (5.1.7) 描述了这种滤波关系。新的滤波器 $\tilde{h}_r(m)$ 由原型函数 $h(n)$ 构成，$\tilde{h}_r(m)$ 和 $h_k(n)$ 的定义完全不同，$\tilde{h}_r(m)$ 是实数滤波，而 $h_k(n)$ 是复数滤波。

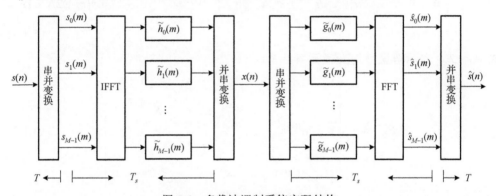

图 5.6　多载波调制系统实现结构

这里我们需要指出的是，图 5.6 的实现结构只是多载波调制的一种实现方法，图 5.6 中的滤波是对 IFFT 输出单路进行滤波，还有多种另外的滤波方法，我们将在第 6 章中介绍。

实际应用中函数 $h(n)$ 都是有限长度的，假设 $h(n)$ 的系数长度为 $L = NM$（N 为整数常数），式 (5.1.8) 变成

$$x_r(m) = \sum_{i=0}^{N-1} \tilde{h}_r(i)S_r(m-i), \quad 0 \leqslant r \leqslant M - 1 \tag{5.1.10}$$

为了能用矩阵来描述图 5.6 中的运算，我们先定义下列矩阵

$$s(m) = \begin{bmatrix} s_0(m) & s_1(m) & \cdots & s_{M-1}(m) \end{bmatrix}^\mathrm{T} \tag{5.1.11}$$

$$\boldsymbol{x}_r = \begin{bmatrix} x(rM) & x(rM+1) & \cdots & x(rM+M-1) \end{bmatrix}^\mathrm{T} \tag{5.1.12}$$

$$\boldsymbol{h} = \begin{bmatrix} \boldsymbol{h}_{N-1} & \boldsymbol{h}_{N-2} & \cdots & \boldsymbol{h}_0 \end{bmatrix}^\mathrm{T} \tag{5.1.13}$$

式中，$\boldsymbol{h}_i$（$0 \leqslant i \leqslant N-1$）等于

$$\boldsymbol{h}_i = \begin{bmatrix} h(iM+M-1) & 0 & 0 & \cdots & 0 \\ 0 & h(iM+M-2) & 0 & \cdots & 0 \\ 0 & 0 & h(iM+M-3) & \cdots & 0 \\ \vdots & \vdots & \vdots & & \vdots \\ 0 & 0 & 0 & \cdots & h(iM) \end{bmatrix} \tag{5.1.14}$$

式 (5.1.8) 可用矩阵表示为

$$\begin{bmatrix} \boldsymbol{x}_0 \\ \boldsymbol{x}_1 \\ \vdots \\ \boldsymbol{x}_{N-1} \end{bmatrix} = \begin{bmatrix} \boldsymbol{h}_0 & \boldsymbol{h}_1 & \cdots & \boldsymbol{h}_{N-1} & \boldsymbol{0} & \cdots & \boldsymbol{0} \\ \boldsymbol{0} & \boldsymbol{h}_0 & \cdots & \boldsymbol{h}_{N-2} & \boldsymbol{h}_{N-1} & \cdots & \boldsymbol{0} \\ \vdots & \vdots & & \vdots & \vdots & & \boldsymbol{0} \\ \boldsymbol{0} & \boldsymbol{0} & \cdots & \boldsymbol{h}_0 & \boldsymbol{h}_1 & \cdots & \boldsymbol{h}_{N-1} \end{bmatrix} \begin{bmatrix} \boldsymbol{\mathcal{F}}^{-1} & & & \\ & \boldsymbol{\mathcal{F}}^{-1} & & \\ & & \ddots & \\ & & & \boldsymbol{\mathcal{F}}^{-1} \end{bmatrix} \begin{bmatrix} s(m) \\ s(m+1) \\ \vdots \\ s(m+2N-1) \end{bmatrix}$$

$$\tag{5.1.15}$$

式中，$\boldsymbol{\mathcal{F}}^{-1}$ 表示傅里叶逆变换矩阵

$$\boldsymbol{\mathcal{F}}^{-1} = \frac{1}{M} \begin{bmatrix} 1 & 1 & 1 & \cdots & 1 \\ 1 & e^{j\frac{2\pi}{M}} & e^{j\frac{4\pi}{M}} & \cdots & e^{j\frac{2(M-1)\pi}{M}} \\ 1 & e^{j\frac{2\pi}{M} \times 2} & e^{j\frac{4\pi}{M} \times 2} & \cdots & e^{j\frac{2(M-1)\pi}{M} \times 2} \\ \vdots & \vdots & \vdots & & \vdots \\ 1 & e^{j\frac{2\pi}{M} \times (M-1)} & e^{j\frac{4\pi}{M} \times (M-1)} & \cdots & e^{j\frac{2(M-1)\pi}{M} \times (M-1)} \end{bmatrix} \tag{5.1.16}$$

由于接收端的解调过程是发送端的逆向运算，所以我们可以得到接收端的矩阵运算为

$$\begin{bmatrix} \hat{s}_0(m) \\ \hat{s}_1(m+1) \\ \vdots \\ \hat{s}_{N-1}(m+2N-1) \end{bmatrix} = \begin{bmatrix} \boldsymbol{\mathcal{F}} & & & \\ & \boldsymbol{\mathcal{F}} & & \\ & & \ddots & \\ & & & \boldsymbol{\mathcal{F}} \end{bmatrix} \begin{bmatrix} \boldsymbol{g}_{N-1} & \boldsymbol{g}_{N-2} & \cdots & \boldsymbol{g}_0 & \boldsymbol{0} & \cdots & \boldsymbol{0} \\ \boldsymbol{0} & \boldsymbol{g}_{N-1} & \cdots & \boldsymbol{g}_1 & \boldsymbol{g}_0 & \cdots & \boldsymbol{0} \\ \vdots & \vdots & & \vdots & \vdots & & \boldsymbol{0} \\ \boldsymbol{0} & \boldsymbol{0} & \cdots & \boldsymbol{g}_{N-1} & \boldsymbol{g}_{N-2} & \cdots & \boldsymbol{g}_0 \end{bmatrix} \begin{bmatrix} \boldsymbol{y}_0 \\ \boldsymbol{y}_1 \\ \vdots \\ \boldsymbol{y}_{2N-1} \end{bmatrix}$$

$$\tag{5.1.17}$$

式中，$\hat{s}(m)$ 为接收端重建信号；$\boldsymbol{y}_i$ 为接收信号向量；$\boldsymbol{g}_i$ 为接收端整形滤波器系数矩阵

$$\hat{s}(m) = \begin{bmatrix} \hat{s}_0(m) & \hat{s}_1(m) & \cdots & \hat{s}_{M-1}(m) \end{bmatrix}^{\mathrm{T}} \tag{5.1.18}$$

$$\boldsymbol{y}_r = \begin{bmatrix} y(rM) & y(rM+1) & \cdots & y(rM+M-1) \end{bmatrix}^{\mathrm{T}} \tag{5.1.19}$$

$$\boldsymbol{g} = \begin{bmatrix} \boldsymbol{g}_{N-1} & \boldsymbol{g}_{N-2} & \cdots & \boldsymbol{g}_0 \end{bmatrix}^{\mathrm{T}} \tag{5.1.20}$$

$$g_i = \begin{bmatrix} g(iM+M-1) & 0 & 0 & \cdots & 0 \\ 0 & g(iM+M-2) & 0 & \cdots & 0 \\ 0 & 0 & g(iM+M-3) & \cdots & 0 \\ \vdots & \vdots & \vdots & & \vdots \\ 0 & 0 & 0 & \cdots & g(iM) \end{bmatrix} \quad (5.1.21)$$

式中，$\mathcal{F}$ 表示傅里叶变换矩阵

$$\mathcal{F} = \begin{bmatrix} 1 & 1 & 1 & \cdots & 1 \\ 1 & e^{-j\frac{2\pi}{M}} & e^{-j\frac{2\pi}{M}\times 2} & \cdots & e^{-j\frac{2\pi}{M}\times(M-1)} \\ 1 & e^{-j\frac{4\pi}{M}} & e^{-j\frac{4\pi}{M}\times 2} & \cdots & e^{-j\frac{4\pi}{M}\times(M-1)} \\ \vdots & \vdots & \vdots & & \vdots \\ 1 & e^{-j\frac{2(M-1)\pi}{M}} & e^{-j\frac{2(M-1)\pi}{M}\times 2} & \cdots & e^{-j\frac{2(M-1)\pi}{M}\times(M-1)} \end{bmatrix} \quad (5.1.22)$$

5.2　OFDM 原理

OFDM 是多载波调制结构的一种特殊情况，在图 5.6 中，如果我们取 $N=1$，$h(n)=1$（$0 \leqslant n \leqslant M-1$），那么图 5.6 就变成了图 5.7，这时调制过程变成了简单的 IDFT 变换，解调变成了 DFT 运算。

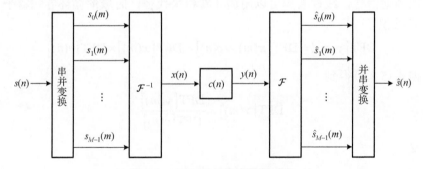

图 5.7　OFDM 多载波调制系统

由于矩阵 $\mathcal{F}$ 是正交变换，$\mathcal{F}\mathcal{F}^{-1}=I$，所以图 5.7 中的结构称为正交频分复用。OFDM 是 4G 的核心技术，取代了 3G 中的码分复用，OFDM 结构具有天然的抗信道多径衰减的能力，特别适合高速数据传输，目前被广泛应用在无线通信中。OFDM 被广泛应用的另一个重要原因是 OFDM 结构允许使用非常简单的单抽头频域均衡器，避免使用复杂的时域均衡器，大大降低了接收端均衡器的复杂度。但使用频域均衡器的代价是引入了循环前缀，CP 的引入降低了频谱利用率，下面我们解释一下为什么需要引入 CP 才能使用频域均衡器。图 5.8 给出了 OFDM 信号的处理流程。

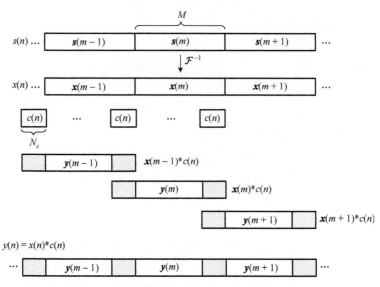

图 5.8　OFDM 信号处理流程示意图，阴影部分表示信号重叠

图 5.8 中 M 为信号帧长，信道函数的长度 $N_c < M$，时间变量 m 等效于信号的帧系数，阴影部分表示信道函数 $c(n)$ 和信号 $x(n)$ 进行线性卷积时前后帧的重叠部分。由于重叠部分无法用卷积定理在频域去除信道 $c(n)$ 的影响，我们知道，对于一个有限长度的周期信号，线性卷积可以用循环卷积来代替，时域的循环卷积等于频域的 DFT 变换乘积

$$\mathrm{DFT}\big[\boldsymbol{y}(m)\big] = \mathrm{DFT}\big[\boldsymbol{x}(m)\otimes c(n)\big] = \mathrm{DFT}\big[\boldsymbol{x}(m)\big]\times\mathrm{DFT}\big[c(n)\big] \tag{5.2.1}$$

根据式 (5.2.1) 得到

$$\mathrm{DFT}\big[\boldsymbol{x}(m)\big] = \frac{\mathrm{DFT}\big[\boldsymbol{y}(m)\big]}{\mathrm{DFT}\big[c(n)\big]} \tag{5.2.2}$$

定义

$$\begin{cases} X_m(k) = \mathrm{DFT}\big[\boldsymbol{x}(m)\big] \\ Y_m(k) = \mathrm{DFT}\big[\boldsymbol{y}(m)\big], & 0 \leqslant k \leqslant M-1 \\ C(k) = \mathrm{DFT}\big[c(n)\big] \end{cases} \tag{5.2.3}$$

式 (5.2.2) 可重写为

$$X_m(k) = \frac{Y_m(k)}{C(k)}, \quad 0 \leqslant k \leqslant M-1 \tag{5.2.4}$$

下面介绍如何构造一个局部周期信号，如果把图 5.5 中的 $\boldsymbol{x}(m)$ 信号帧人为地构成一个周期信号，如图 5.9 所示，那么就得到式 (5.2.1)。

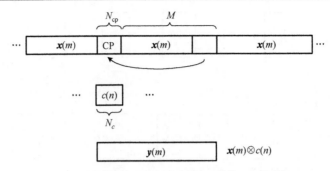

图 5.9　循环卷积的构成和加循环前缀 CP 的原理

　　由于 $c(n)$ 的长度比 M 小得多，为了使式 (5.2.1) 成立我们只需要利用前一个周期的 $N_{cp} > N_c$ 点样值，而这 N_{cp} 点样值正好是信号帧 $x(m)$ 的最后部分的复制，因此把这 N_{cp} 点样值称为循环前缀。也就是说，只需要在信号帧 $x(m)$ 的前面加上 CP，信号帧 $x(m)$ 和信道 $c(n)$ 就构成了循环卷积的关系，我们就可以在接收端利用频域均衡器来去除信道干扰。加 CP 后，图 5.7 中的 OFDM 变成了图 5.10。定义矩阵

$$X_m = \begin{bmatrix} X_m(0) & X_m(1) & \cdots & X_m(M-1) \end{bmatrix}^{\mathrm{T}} \tag{5.2.5}$$

由于 $X_m = \mathcal{F}\{x(m)\} = \mathcal{F}\{\mathcal{F}^{-1}s(m)\} = s(m)$，根据式 (5.2.4) 有

$$\hat{s}_k(m) = \frac{Y_m(k)}{C(k)}, \quad 0 \leqslant k \leqslant M-1 \tag{5.2.6}$$

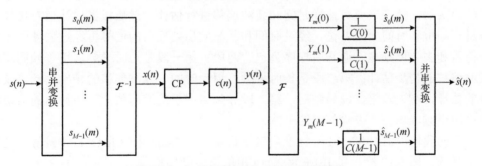

图 5.10　加循环前缀的 OFDM 调制系统

5.3　OFDM 的实现结构

　　图 5.10 给出的仅仅是 OFDM 的实现原理图，实际的 OFDM 系统比图 5.10 的结构复杂得多，因为接收端需要加入时间、符号帧及载波同步等附加模块才能保证信号能正确地解调出来，图 5.11 给出了 OFDM 的一种实现结构框图。

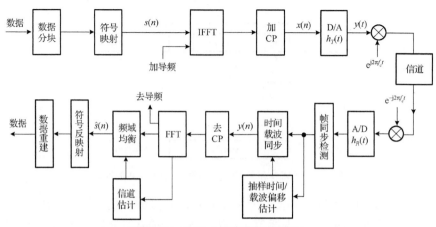

图 5.11　OFDM 的实现结构框图

图 5.11 中，发送端除了数据还需要发送导频 (pilot) 信号，导频包括引导序列 (preamble) 和导频音 (pilot tone)，引导序列用于信号的帧同步、抽样时间偏移 (sampling clock offset, SCO) 和载波偏移 (carrier frequency offset, CFO) 估计，以及信道参数估计；导频音分布在信号子载波中，被插入信号中发送，用于接收端对载波偏移的进一步估计，以消除载波偏移在信号帧中的累计误差。在发送端导频数据的处理和其他数据一样，经过 IFFT 后加 CP，然后经过整形滤波 $h_T(t)$ 后调制发送。接收端比发送端复杂得多，接收端首先需要根据接收到的导频符号进行符号帧的同步，找到符号帧的帧头，只有在找到符号帧的帧头后才能进行后续的处理。找到信号符号的帧头后，接下来要对抽样时间和载波偏移进行估计，然后根据估计值对接收信号进行相位和时间上的补偿，经过时间和载波同步处理后的信号再经过去帧同步导频符号和去 CP 处理。通常引导序列包含两段：第一段是短时导频，用于帧同步和载波偏移的初步估计；第二段是长时导频，用于时间、载波偏移的精确估计以及信道的估计，在去除第一段导频后，第二段导频将用于信道的估计。估计出的信道参数将用于频域均衡，去除信道的干扰。

下面我们以 IEEE 802.11a 标准为例来说明[3]，实际应用中的 OFDM 符号帧是如何定义的。图 5.12 给出了 IEEE 802.11a 中的符号帧结构。

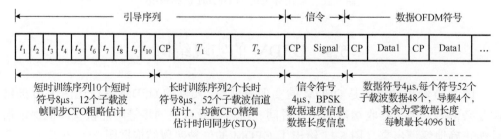

图 5.12　IEEE 802.11a 标准中符号帧结构图

图 5.12 中，引导序列包含短时和长时两段训练序列，短时训练序列包含 10 个短时 OFDM 符号，用于帧同步和对 CFO 的粗略估计，长时训练序列包含 2 个长时 OFDM 符号，用于信道估计、均衡及 CFO 的精确估计，也可用于抽样时间偏差的估计。由于带宽为 20MHz，子载波数为 64，子载波间隔为 $\Delta_c = 20/64 = 0.3125\,\mathrm{MHz}$，长时训练序列的 OFDM 符号等于

$$x_l(t) = g_l(t) \sum_{k=-26}^{26} X_l(k) \mathrm{e}^{\mathrm{j}2\pi k \Delta_c t} \tag{5.3.1}$$

式中

$$g_l(t) = \begin{cases} 1, & 8 < t < 16\mu\mathrm{s} \\ 0, & \text{其他} \end{cases} \tag{5.3.2}$$

长时引导序列定义为

$$\{X_l(k)\} = \{1 \quad 1 \quad -1 \quad -1 \quad 1 \quad 1 \quad -1 \quad 1 \quad -1 \quad 1 \quad 1 \quad 1 \quad 1 \quad 1 \quad 1 \quad -1 \quad -1 \quad 1 \quad 1 \quad -1$$
$$1 \quad -1 \quad 1 \quad 1 \quad 1 \quad 1 \quad 0 \quad 1 \quad -1 \quad -1 \quad 1 \quad 1 \quad -1$$
$$1 \quad -1 \quad 1 \quad -1 \quad -1 \quad -1 \quad -1 \quad -1 \quad 1 \quad 1 \quad -1 \quad -1 \quad 1 \quad -1 \quad 1 \quad -1 \quad 1 \quad 1 \quad 1 \quad 1\}$$

$$\tag{5.3.3}$$

短时训练序列只有 12 个子载波，子载波之间的间隔为 $4\Delta_c$，短时 OFDM 符号等于

$$x_s(t) = g_s(t) \sum_{k=-6}^{6} X_s(k) \mathrm{e}^{\mathrm{j}2\pi k 4\Delta_c t} \tag{5.3.4}$$

式中

$$g_s(t) = \begin{cases} 1, & 0 < t < 8\mu\mathrm{s} \\ 0, & \text{其他} \end{cases} \tag{5.3.5}$$

短时引导序列定义为

$$\begin{cases} X_s(-6) = \sqrt{\dfrac{13}{6}}(1+\mathrm{j}), X_s(-5) = -\sqrt{\dfrac{13}{6}}(1+\mathrm{j}), X_s(-4) = \sqrt{\dfrac{13}{6}}(1+\mathrm{j}) \\[2mm] X_s(-3) = -\sqrt{\dfrac{13}{6}}(1+\mathrm{j}), X_s(-2) = -\sqrt{\dfrac{13}{6}}(1+\mathrm{j}), X_s(-1) = \sqrt{\dfrac{13}{6}}(1+\mathrm{j}) \\[2mm] X_s(0) = 0 \\[2mm] X_s(1) = -\sqrt{\dfrac{13}{6}}(1+\mathrm{j}), X_s(2) = -\sqrt{\dfrac{13}{6}}(1+\mathrm{j}), X_s(3) = \sqrt{\dfrac{13}{6}}(1+\mathrm{j}) \\[2mm] X_s(4) = \sqrt{\dfrac{13}{6}}(1+\mathrm{j}), X_s(5) = \sqrt{\dfrac{13}{6}}(1+\mathrm{j}), X_s(6) = \sqrt{\dfrac{13}{6}}(1+\mathrm{j}) \end{cases} \tag{5.3.6}$$

短时引导序列只有 12 个子载波,如果我们取 64 个子载波的系数为 $-24 \leqslant k \leqslant 24$,短时引导序列 12 个子载波的位置为

$$\{-24 \quad -20 \quad -16 \quad -12 \quad -8 \quad -4 \quad 4 \quad 8 \quad 12 \quad 16 \quad 20 \quad 26\} \qquad (5.3.7)$$

加上 4 个 CP 码片(chip,一个码片长度等于一个子载波周期 $T = 1/20 = 0.05\mu s$),这样一个短时 OFDM 符号共 16 个码片,共 $0.8\mu s$,因此 $8\mu s$ 包含 10 个短时 OFDM 符号。图 5.13 给出了长时和短时 OFDM 符号的时间关系。

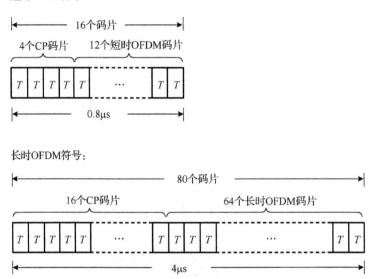

图 5.13　IEEE 802.11a 标准中短时和长时 OFDM 符号,T 为子载波周期(带宽的倒数)

5.4　OFDM 的时间同步

在介绍 OFDM 同步方法之前我们需要搞清楚 OFDM 系统中几个偏移的定义,在 OFDM 接收端,存在三种偏移:载波偏移、帧同步偏移(symbol timing offset, STO)和抽样时间偏移(sampling clock offset, SCO)。CFO 指的是发送和接收端的载波频率的误差,STO 指的是接收端检测到的帧信号开头和实际的帧信号开始的误差,SCO 指的是接收端抽样时间和最佳抽样时间的差别。接收端的同步就是要对这几个误差进行估计,然后进行补偿。

OFDM 中的时间同步包含两个任务:一是对数据帧的同步,检测数据帧的开始点;二是抽样时间的同步,对抽样时间偏移(SCO)进行补偿[4-8]。帧同步是通过识别信号帧的引导码(preamble)来实现的。在 IEEE 802.11a 中,短时引导码用于帧同步,

原理是利用引导码的自相关性，接收端把接收信号和其延时进行自相关检测，当检测到最大时，信号帧的帧头就已找到，如图 5.14 所示。因为 CP 的作用，帧同步偏移(STO)对系统的影响很小，通常可以忽略。

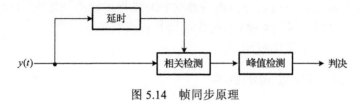

图 5.14　帧同步原理

抽样时间偏移补偿通常采用插值器来实现，如图 5.15 所示。

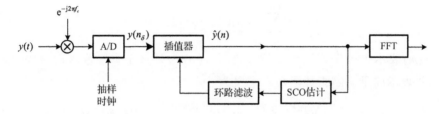

图 5.15　抽样时间偏移(SCO)补偿原理图

图 5.15 中，SCO 估计是对抽样时间误差进行估计，可以利用第 4.8 节中介绍的方法，估计出的误差值经过环路滤波器后控制插值器，调节抽样时间。插值器实际上是对 ADC 的输出重新抽样，这种重新抽样在 ADC 的输出样值间通过插值来实现，插值器的输出等于

$$
\begin{aligned}
\hat{y}(n) = &\, y(n_\delta + 2)(-0.5\mu_n + 0.5\mu_n^2) + y(n_\delta + 1)(1.5\mu_n - 0.5\mu_n^2) \\
&+ y(n_\delta)(1 - 0.5\mu_n - 0.5\mu_n^2) + y(n_\delta - 1)(-0.5\mu_n + 0.5\mu_n^2)
\end{aligned} \tag{5.4.1}
$$

式中，n_σ 为 ADC 的抽样时间点；n 为补偿修正后的时间点

$$
n = \lfloor n_\sigma(1-\delta) \rfloor \tag{5.4.2}
$$

$$
\mu_n = n_\sigma(1-\delta) - n \tag{5.4.3}
$$

式中，$\lfloor x \rfloor$ 表示小于或等于 x 的最大整数；δ 表示抽样时间偏移。

根据式(5.2.6)，假设抽样时间偏移为 Δ_t，接收端重建信号

$$
\hat{s}_k(m) = \mathrm{e}^{\mathrm{j}2\pi\Delta_t k/M} \frac{Y_m(k)}{C(k)} = \frac{Y_m(k)}{\mathrm{e}^{-\mathrm{j}2\pi\Delta_t k/M} C(k)}, \quad 0 \leqslant k \leqslant M-1 \tag{5.4.4}
$$

式(5.2.7)表明，抽样时间偏移等效于对信道函数进行了移位变为 $c(n - \Delta_t)$，STO 采用的 Mueller 法就是利用这个特性来对 STO 进行估计的。

5.5　载波获取和跟踪

载波获取和跟踪的目的是对载波偏移 (CFO) 进行估计与补偿[9-13]，消除 CFO 的响应，在这一节我们先讨论 CFO 对接收端信号解调的影响，然后结合 IEEE 802.11a 标准介绍几种在实际系统中使用的载波获取和跟踪算法。

5.5.1　载波偏移对接收端的影响

为了分析 CFO 对解调信号的影响我们把 OFDM 输入输出关系用向量调制重新表示，图 5.9 中发送端输出 $x(n)$ 用向量调制可表示为

$$x(m) = \sum_{k=0}^{M-1} s_k(m) \mathrm{e}^{jk} , \quad 0 \leqslant k \leqslant M-1 \tag{5.5.1}$$

式中，$x(m)$ 表示第 m 个调制输出信号块；$s_k(m)$ 为第 m 个调制输入信号块的第 k 个符号；e^{jk} 表示向量调制指数函数，定义为

$$\mathbf{e}^{jk} = \begin{bmatrix} \mathrm{e}^{j\frac{2\pi}{M}k} & \mathrm{e}^{j\frac{4\pi}{M}k} & \mathrm{e}^{j\frac{6\pi}{M}k} & \cdots & \mathrm{e}^{j\frac{2\pi}{M}(M-1)k} \end{bmatrix}^{\mathrm{T}}, \quad 0 \leqslant k \leqslant M-1 \tag{5.5.2}$$

$\mathbf{e}^{jk}$ 的共轭转置为

$$\mathbf{e}_H^{jk} = (\mathbf{e}^{jk})^{\mathrm{H}} = \begin{bmatrix} \mathrm{e}^{-j\frac{2\pi}{M}k} & \mathrm{e}^{-j\frac{4\pi}{M}k} & \mathrm{e}^{-j\frac{6\pi}{M}k} & \cdots & \mathrm{e}^{-j\frac{2\pi}{M}(M-1)k} \end{bmatrix}, \quad 0 \leqslant k \leqslant M-1 \tag{5.5.3}$$

根据式 (5.5.2) 和式 (5.5.3) 傅里叶变换矩阵 $\mathcal{F}^{-1}$，$\mathcal{F}$ 等于

$$\mathcal{F}^{-1} = \begin{bmatrix} \mathbf{e}^{j0} & \mathbf{e}^{j1} & \mathbf{e}^{j2} & \cdots & \mathbf{e}^{j(M-1)} \end{bmatrix} \tag{5.5.4}$$

$$\mathcal{F} = \begin{bmatrix} \mathbf{e}_H^{j0} \\ \mathbf{e}_H^{j1} \\ \vdots \\ \mathbf{e}_H^{j(M-1)} \end{bmatrix} \tag{5.5.5}$$

参考图 5.9，由于加 CP 的作用，信道函数和发送端输出信号形成了循环卷积，接收端傅里叶变换 $\mathcal{F}$ 之后的输出可表示为

$$Y_m = \mathcal{F} \mathcal{C}_{\mathrm{cp}} \mathcal{F}^{-1} s(m) \tag{5.5.6}$$

式中，$\mathcal{C}_{\mathrm{cp}}$ 表示由信道函数 $c(n)$ 组成的循环卷积矩阵，定义函数

$$p(n) = \begin{cases} c(n), & 0 \leqslant n \leqslant N-1 \\ 0, & N \leqslant n \leqslant M-1 \end{cases} \tag{5.5.7}$$

式中，N 为信道函数的系数长度，通常比 M 小得多，$\mathcal{C}_{\mathrm{cp}}$ 等于

$$\boldsymbol{C}_{cp} = \begin{bmatrix} p(0) & p(M-1) & p(M-2) & \cdots & p(1) \\ p(1) & p(0) & p(M-1) & \cdots & p(2) \\ p(2) & p(1) & p(0) & \cdots & p(3) \\ \vdots & \vdots & \vdots & & \vdots \\ p(M-1) & p(M-2) & p(M-3) & \cdots & p(0) \end{bmatrix} \tag{5.5.8}$$

矩阵 $\boldsymbol{C}_{cp}$ 中的第 k $(0 \leqslant k \leqslant M-1)$ 行是第 $k-1$ 行向下循环移一位而得，由于 $\mathrm{e}^{-\mathrm{j}\frac{2\pi}{M}(M+k)} = \mathrm{e}^{-\mathrm{j}\frac{2\pi}{M}k}$ ，有

$$\boldsymbol{e}_H^{jk} \boldsymbol{C}_{cp} = \begin{bmatrix} 1 & \mathrm{e}^{-\mathrm{j}\frac{2\pi}{M}k} & \mathrm{e}^{-\mathrm{j}\frac{2\pi}{M}k \times 2} & \cdots & \mathrm{e}^{-\mathrm{j}\frac{2\pi}{M}k(M-1)} \end{bmatrix} C(k) \tag{5.5.9}$$

式中

$$C(k) = \sum_{k=0}^{M-1} p(k) \mathrm{e}^{-\mathrm{j}\frac{2\pi}{M}k} \tag{5.5.10}$$

根据式 $(5.5.9)$，矩阵乘积 $\boldsymbol{FC}_{cp}$ 等于

$$\boldsymbol{FC}_{cp} = \frac{1}{M} \begin{bmatrix} 1 & 1 & 1 & \cdots & 1 \\ 1 & \mathrm{e}^{-\mathrm{j}\frac{2\pi}{M}} & \mathrm{e}^{-\mathrm{j}\frac{2\pi}{M} \times 2} & \cdots & \mathrm{e}^{-\mathrm{j}\frac{2\pi}{M} \times (M-1)} \\ 1 & \mathrm{e}^{-\mathrm{j}\frac{4\pi}{M}} & \mathrm{e}^{-\mathrm{j}\frac{4\pi}{M} \times 2} & \cdots & \mathrm{e}^{-\mathrm{j}\frac{4\pi}{M} \times (M-1)} \\ \vdots & \vdots & \vdots & & \vdots \\ 1 & \mathrm{e}^{-\mathrm{j}\frac{2(M-1)\pi}{M}} & \mathrm{e}^{-\mathrm{j}\frac{2(M-1)\pi}{M} \times 2} & \cdots & \mathrm{e}^{-\mathrm{j}\frac{2(M-1)\pi}{M} \times (M-1)} \end{bmatrix} \begin{bmatrix} C(0) & 0 & 0 & \cdots & 0 \\ 0 & C(1) & 0 & \cdots & 0 \\ 0 & 0 & C(2) & \cdots & 0 \\ \vdots & \vdots & \vdots & & \vdots \\ 0 & 0 & 0 & \cdots & C(M-1) \end{bmatrix}$$

$$= \boldsymbol{F} \begin{bmatrix} C(0) & 0 & 0 & \cdots & 0 \\ 0 & C(1) & 0 & \cdots & 0 \\ 0 & 0 & C(2) & \cdots & 0 \\ \vdots & \vdots & \vdots & & \vdots \\ 0 & 0 & 0 & \cdots & C(M-1) \end{bmatrix} = \boldsymbol{FC} \tag{5.5.11}$$

把式 $(5.5.11)$ 代入式 $(5.5.6)$ 中有

$$\boldsymbol{Y}_m = \boldsymbol{F} \left\{ \boldsymbol{F}^{-1} \left\{ s(m)\boldsymbol{C} \right\} \right\} \tag{5.5.12}$$

式中

$$y(m) = \boldsymbol{F}^{-1} \left\{ s(m)\boldsymbol{C} \right\} \tag{5.5.13}$$

表示接收端在进行 FFT 前的信号，进一步把式 $(5.5.13)$ 展开有

$$y(m) = \begin{bmatrix} e^{j0} & e^{j1} & e^{j2} & \cdots & e^{j(M-1)} \end{bmatrix} \begin{bmatrix} s_0(m)C(0) \\ s_1(m)C(1) \\ s_1(m)C(2) \\ \vdots \\ s_{M-1}(m)C(M-1) \end{bmatrix} \tag{5.5.14}$$

根据式(5.5.14)得到图5.16的OFDM向量调制结构图。

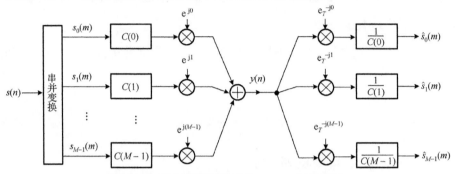

图 5.16　用向量调制表示的 OFDM 调制系统

图 5.16 中，信道的卷积作用转换成了对发送符号的乘积，发送端输出信号等于

$$y(m) = \frac{1}{M} \sum_{k=0}^{M-1} s_k(m)C(k)e^{jk} + v(m) \tag{5.5.15}$$

式中，$s_k(m)$ 表示第 m 帧输入符号；$y(m)$ 表示第 m 帧调制信号；$v(m)$ 为对应的信道噪声向量。假设符号信号 $s_k(m)$ 是一个均值为零，方差为 σ_s^2 的随机信号，而且相互之间互不相干，$v(m)$ 为均值为零，方差为 σ_v^2 的对称高斯随机变量，$E\left[v(m)v^{\mathrm{H}}(m) \right] = \sigma_s^2 I$。当接收端的载波频率和发送端相差 Δf_c 时，e^{-jk} 变成了 $e^{-jk}\boldsymbol{\Phi}$，其中

$$\boldsymbol{\Phi} = \begin{bmatrix} e^{j\varphi_0} & 0 & 0 & \cdots & 0 \\ 0 & e^{j(\varphi_0+2\pi\Delta f_c T)} & 0 & \cdots & 0 \\ 0 & 0 & e^{j(\varphi_0+4\pi\Delta f_c T)} & \cdots & 0 \\ \vdots & \vdots & \vdots & & \vdots \\ 0 & 0 & 0 & \cdots & e^{j(\varphi_0+2\pi(M-1)\Delta f_c T)} \end{bmatrix} \tag{5.5.16}$$

表示载波偏移误差矩阵；T 为载波周期。当有载波偏移时，接收端第 l 个解调信号 $\hat{s}_l(m)$ 等于

$$\begin{aligned} \hat{s}_l(m) &= \frac{1}{C(l)} e^{-jk} \boldsymbol{\Phi} y(m) \\ &= \frac{1}{M} s_l(m) e^{-jl} \boldsymbol{\Phi} e^{jl} + \frac{1}{M} \sum_{\substack{k=0 \\ k \neq l}}^{M-1} s_k(m) \left[\frac{C(k)}{C(l)} e^{-jl} \boldsymbol{\Phi} e^{jk} \right] + \frac{1}{C(l)} e^{-jl} v(m) \end{aligned} \tag{5.5.17}$$

根据式 (5.5.16) 有

$$\frac{1}{M}\mathbf{e}^{-\mathrm{j}l}\boldsymbol{\Phi}\mathbf{e}^{\mathrm{j}k} = \frac{1}{M}\mathbf{e}^{\mathrm{j}\varphi_0}\left(1 \quad \mathbf{e}^{\mathrm{j}2\pi\left(\Delta f_c T+\frac{k-l}{M}\right)} \quad \cdots \quad \mathbf{e}^{\mathrm{j}2\pi(M-1)\left(\Delta f_c T+\frac{k-l}{M}\right)}\right)$$

$$= \frac{\sin\left(\pi M\left(\Delta f_c T+\dfrac{k-l}{M}\right)\right)}{M\sin\left(\pi\left(\Delta f_c T+\dfrac{k-l}{M}\right)\right)}\mathbf{e}^{\mathrm{j}\left(\varphi_0+\pi M\left(\Delta f_c T+\frac{k-l}{M}\right)\right)} \tag{5.5.18}$$

$$= \frac{\sin\left(\pi M\Delta f_c T\right)}{M\sin\left(\pi\left(\Delta f_c T+\dfrac{k-l}{M}\right)\right)}\mathbf{e}^{\mathrm{j}\left(\varphi_0+\pi M\Delta f_c T\right)}$$

当 $k=l$ 时，

$$\frac{1}{M}\mathbf{e}^{-\mathrm{j}l}\boldsymbol{\Phi}\mathbf{e}^{\mathrm{j}l} = \frac{\sin\left(\pi M\Delta f_c T\right)}{M\sin\left(\pi\Delta f_c T\right)}\mathbf{e}^{\mathrm{j}\left(\varphi_0+\pi M\Delta f_c T\right)} \tag{5.5.19}$$

$$\left|\frac{1}{M}\mathbf{e}^{-\mathrm{j}l}\boldsymbol{\Phi}\mathbf{e}^{\mathrm{j}l}\right| = \left|\frac{\sin\left(\pi M\Delta f_c T\right)}{M\sin\left(\pi\Delta f_c T\right)}\right| \le 1 \tag{5.5.20}$$

从式 (5.5.17) 中我们可以看出，$\hat{s}_l(m)$ 由三项组成，第一项为重建信号，第二项为子载波之间带来的干扰，第三项为信道误差。也就是说，载波偏移的结果给 OFDM 系统带来了 ICI 干扰，如图 5.17 所示。

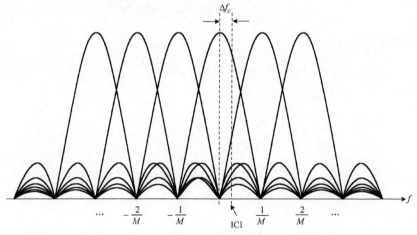

图 5.17　由载波偏移引起的子载波间的 ICI 干扰

5.5.2　载波偏移估计

载波偏移估计通常分两步，第一步是对偏移进行粗略估计 (载波获取)，第二步是对偏移进行精细估计(载波跟踪)。在第 4.7 节中我们介绍了多种用于单载波的载频偏移估计方法,包括无数据辅助和有数据辅助的方法,以及基于导频的方法。这几种方法中,基于导频的方法被广泛地应用在 OFDM 系统中,目前所有的 OFDM 标准都采用基于导频的估计方法。对于多载波调制,4.7 节中介绍的方法不能直接用,下面给出用于多载波系统的基于导频的载波偏移估计算法。

定义矩阵

$$
\boldsymbol{\Phi}(\varphi) = \begin{bmatrix} 1 & 0 & 0 & \cdots & 0 \\ 0 & \mathrm{e}^{\mathrm{j}\varphi} & 0 & \cdots & 0 \\ 0 & 0 & \mathrm{e}^{\mathrm{j}2\varphi} & \cdots & 0 \\ \vdots & \vdots & \vdots & & \vdots \\ 0 & 0 & 0 & \cdots & \mathrm{e}^{\mathrm{j}(M-1)\varphi} \end{bmatrix} \tag{5.5.21}
$$

解调信号 $\hat{s}_l(m)$ 等于

$$
C(l)\hat{s}_l(m) = \mathrm{e}^{-\mathrm{j}k}\boldsymbol{\Phi}(\varphi)\boldsymbol{y}(m) \tag{5.5.22}
$$

定义下列代价函数

$$
J(\varphi) = \sum_{l \in \mathcal{P}} E\left[\left|\mathrm{e}^{-\mathrm{j}k}\boldsymbol{\Phi}(\varphi)\boldsymbol{y}(m) - C(l)s_l(m)\right|^2\right] \tag{5.5.23}
$$

式中,$\mathcal{P}$ 为导频符号子载波组成的系数集。用 LS 算法,式(5.5.23)可用时间平均来代替

$$
J(\varphi) = \sum_{l \in \mathcal{P}} \left|\mathrm{e}^{-\mathrm{j}k}\boldsymbol{\Phi}(\varphi)\boldsymbol{y}(m) - C(l)s_l(m)\right|^2 \tag{5.5.24}
$$

根据梯度下降法

$$
\varphi(n+1) = \varphi(n) - \mu\frac{\partial J(\varphi)}{\partial \varphi} \tag{5.5.25}
$$

式中

$$
\begin{aligned}
\frac{\partial J(\varphi)}{\partial \varphi} &= 2\sum_{l \in \mathcal{P}} \mathcal{R}\left\{\mathrm{e}^{-\mathrm{j}k}\frac{\partial \boldsymbol{\Phi}(\varphi)}{\partial \varphi}\boldsymbol{y}(m)\left(\mathrm{e}^{-\mathrm{j}k}\boldsymbol{\Phi}(\varphi)\boldsymbol{y}(m) - C(l)s_l(m)\right)^*\right\} \\
&= 2\sum_{l \in \mathcal{P}} \mathcal{R}\left\{\mathrm{j}\mathrm{e}^{-\mathrm{j}k}\boldsymbol{\Lambda}\boldsymbol{\Phi}(\varphi)\boldsymbol{y}(m)\left(\mathrm{e}^{-\mathrm{j}k}\boldsymbol{\Phi}(\varphi)\boldsymbol{y}(m) - C(l)s_l(m)\right)^*\right\}
\end{aligned} \tag{5.5.26}
$$

式中

$$
\boldsymbol{\Lambda} = \begin{bmatrix} 0 & 0 & 0 & \cdots & 0 \\ 0 & 1 & 0 & \cdots & 0 \\ 0 & 0 & 2 & \cdots & 0 \\ \vdots & \vdots & \vdots & & \vdots \\ 0 & 0 & 0 & \cdots & M-1 \end{bmatrix} \tag{5.5.27}
$$

把式(5.5.26)代入式(5.5.25)中有

$$\varphi(n+1) = \varphi(n) - 2\mu \sum_{l \in \mathcal{P}} \mathcal{R} \left\{ \mathrm{j} \mathrm{e}^{-\mathrm{j}k} \boldsymbol{\Lambda} \boldsymbol{\Phi}(\varphi) \boldsymbol{y}(m) \left(\mathrm{e}^{-\mathrm{j}k} \boldsymbol{\Phi}(\varphi) \boldsymbol{y}(m) - C(l) s_l(m) \right)^* \right\} \quad (5.5.28)$$

上述方法能够准确地估计出载波偏移,但对式(5.5.28)进行运算需要知道信道参数 $C(l)$,而且运算复杂,在实际系统中更多地使用时域方法,利用导频符号的周期性来估计偏移。

参看图 5.14,如果导频符号是周期为 M 的符号,根据式(5.5.15)有

$$y(k+M) = \mathrm{e}^{-2\pi\Delta f_c T} y(k), \quad 0 \leqslant k \leqslant M-1 \quad (5.5.29)$$

计算下列相关函数

$$J = \sum_{k=0}^{M-1} y(k) y^*(k+M) = \mathrm{e}^{\mathrm{j}2\pi\Delta f_c T} \sum_{k=0}^{M-1} |y(k)|^2 \quad (5.5.30)$$

根据式(5.5.30)得到

$$\Delta f_c = \frac{1}{2\pi T} \arg(J) \quad (5.5.31)$$

在 IEEE 802.11a 中,有两段引导导频序列,第一段是 10 个短时周期符号,第二段是两个长时符号。短时符号可以用来对载波偏移进行初步估计,由于短时符号是长时符号的 1/4,相邻两个符号的相关函数等于

$$R = \sum_{k=0}^{M/4-1} y(k) y^*(k+M/4) = \mathrm{e}^{\mathrm{j}2\pi\Delta f_c T/4} \sum_{k=0}^{M/4-1} |y(k)|^2 \quad (5.5.32)$$

载波偏移为

$$\Delta f_c = \frac{4}{2\pi T} \arg(R) \quad (5.5.33)$$

把式(5.5.33)中的粗略估计和式(5.5.31)中的精细估计加起来得到载波偏移根据为

$$\Delta f_c = \left\lfloor \frac{4}{2\pi T} \arg(R) + \frac{1}{2\pi T} \arg(J) \right\rfloor \quad (5.5.34)$$

5.6　信　道　估　计

在 4.5 节中我们介绍了基于导频信号的信道时域估计方法,对于 CP-OFDM 系统可以应用更简单的频域估计方法[14,15]。在 IEEE 802.11a 中,前 10 个短时导频 OFDM 符号用于符号帧同步和抽样时间同步,以找到帧头和最优抽样时间,接下来

的两个长时导频 OFDM 符号用于对载波偏移进行估计,同时也可以用于对信道进行估计。经过时间和载频同步后的导频 OFDM 符号通过接收端 FFT 变换得到

$$Y(k) = C(k)s(k) + V(k), \quad 0 \leqslant k \leqslant M-1 \tag{5.6.1}$$

式中, k 表示子载波系数; $s(k)$ 为导频信号; $V(k)$ 为信道噪声,假设 $V(k)=0$,我们得到信道估计值为

$$C(k) = \frac{Y(k)}{s(k)}, \quad 0 \leqslant k \leqslant M-1 \tag{5.6.2}$$

5.7　频谱整形

在发送端,OFDM 符号在发送前还需要通过脉冲整形(pulse shaping)。脉冲整形有两个目的:一是对发送信号进行限带,把信号限制在传输频带内。二是对发送信号的频谱进行整形,加宽主瓣宽度,降低旁瓣以降低符号之间的干扰。OFDM 对发送信号功率谱密度有严格的要求,图 5.18 给出了 IEEE 802.11a 中定义的 OFDM 符号功率谱密度模板。从 $-10\sim10\text{MHz}$ 是 20MHz 信号带宽,带宽以外的信号衰减必须比模块规定低。在带宽的边缘两端还需要加零载波保护带,以消除过渡带对信号重建的影响。在 IEEE 802.11a 中,有 12 个零载波保护带,每边 6 个,数据只有 52 个载波。

脉冲整形有两种实现方法:一种是用低通整形滤波器(pulse shaping filter);另一种是对信号加窗处理。整形滤波器的频谱整形效果好,但整形滤波器要求接收端有对应的匹配滤波器,以保证接收端信号能够还原,而匹配滤波器不容易设计,而且滤波器的系数长,会带来附加的延时,在 CP-OFDM 系统中不建议使用,常用的方法是对加 CP 后的 OFDM 符号加窗函数。参考图 5.9,假设数据长度为 M ,CP 长度为 N_{cp} ,加 CP 后的 OFDM 符号长度为 $M_T = M + N_{\text{cp}}$,加 CP 后的 OFDM 符号可以表示为

$$x(n) = \frac{1}{M}\sum_{k=0}^{M-1} s_k(m)\mathrm{e}^{\mathrm{j}\frac{2\pi}{M}k(n-N_{\text{cp}})}, \quad 0 \leqslant n \leqslant M_T - 1 \tag{5.7.1}$$

式中, $s_k(m)$ 表示第 m 帧的输入符号信号,对 $x(n)$ 进行加窗处理后,并对全部 m 求和得到

$$x(n) = \frac{1}{M}\sum_{m=-\infty}^{\infty}\left\{ p(n-mM_T)\sum_{k=0}^{M-1} s_k(m)\mathrm{e}^{\mathrm{j}\frac{2\pi}{M}k(n-N_{\text{cp}}-mM_T)} \right\} \tag{5.7.2}$$

式中, $p(n)$ 表示窗函数,对于一般的 OFDM, $p(n)$ 为矩形窗

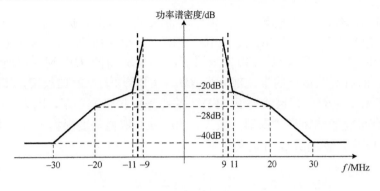

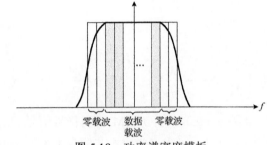

图 5.18　功率谱密度模板

$$p(n) = \begin{cases} 1, & 0 \leqslant n \leqslant M_T \\ 0, & \text{其他} \end{cases} \tag{5.7.3}$$

但矩形窗的频谱主瓣窄，旁瓣衰减小，不符合图 5.16 中模板的要求。为了加宽主瓣的宽度，降低旁瓣，需要窗口两端平滑过渡的窗函数，如图 5.19 所示。

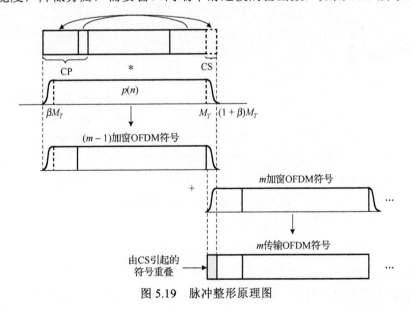

图 5.19　脉冲整形原理图

　　平滑窗口函数降低了旁瓣幅度，但同时带来了符号间干扰，消除符号间干扰的方法是引入附加的循环后缀(cyclic suffix，CS)，如图 5.19 所示。CS 是 OFDM 符号的开始部分的重复，CS 的长度由 β 来调节，加 CS 后的 OFDM 符号长度变成了 $(1+\beta)M_T$，前后两帧信号的重复部分为 βM_T。CS 降低了 CP 的长度，使得有效 CP 长度变成了 $M_{CP}-\beta M_T$，也就是说 OFDM 的符号保护带变小了，因为 CS 占用了部分 CP，这有可能影响信道均衡器的效果，因此 β 的取值需要根据系统要求来定。在 IEEE 802.11a 中，窗函数 $p(n)$ 定义如下：

$$p(n)=\begin{cases}\sin^2\left(\dfrac{\pi}{2}\left(0.5+\dfrac{n}{\beta M_T}\right)\right), & -\dfrac{\beta M_T}{2}<n<\dfrac{\beta M_T}{2}\\[3mm]1, & \dfrac{\beta M_T}{2}\leqslant n<M_T-\dfrac{\beta M_T}{2}\\[3mm]\sin^2\left(\dfrac{\pi}{2}\left(0.5-\dfrac{n-M_T}{\beta M_T}\right)\right), & M_T-\dfrac{\beta M_T}{2}\leqslant n<M_T+\dfrac{\beta M_T}{2}\end{cases} \quad (5.7.4)$$

　　图 5.20 给出了 $\beta=0$ 和 $\beta=0.025$ 时 OFDM 调制符号信号的功率谱密度函数，从图中可以看出，通过加窗处理后，功率谱密度有了明显的改善，但这种改善付出的代价是降低了频谱利用率。β 越大，功率谱密度的改善越明显，但频谱利用率也越低。

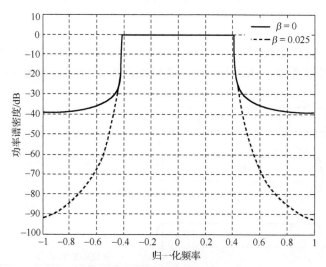

图 5.20　β 对功率谱密度的影响

5.8　功率峰均比

OFDM 系统有很多优点，特别是抗无线信道多径衰减和实现简单的均衡器，但功率峰均值比（peak to average power ratio, PAPR）高是 OFDM 系统的一个固有缺点。
PAPR 定义为

$$PAPR(dB) = 10\lg \frac{\max|x_k(m)|^2}{E\left[|x_k(m)|^2\right]} \tag{5.8.1}$$

式中，$x_k(m)$ 表示第 m 帧 OFDM 符号

$$x_k(m) = \sum_{l=0}^{M-1} s_l(m) e^{j\frac{2\pi}{M}kl} \tag{5.8.2}$$

　　高 PAPR 会导致高峰值的信号进入功率放大器的非线性范围，信号会产生非线
性失真与谐波，造成频谱扩展和带内信号畸变，同时还会增加 A/D 和 D/A 转换器的
复杂度，降低 A/D 和 D/A 的精度，导致整个 OFDM 系统性能的下降。功率放大器
的输入输出关系可以用下面模型来表示

$$y(x) = \frac{x}{(1 + x^{2p})^{1/2p}} \tag{5.8.3}$$

　　图 5.21 给出了不同 p 值对应的放大器曲线，一般取 p 为 2～3，当输入 x 大于门
限值后，就被进行限幅处理，进入非线性范围。为了避免信号进入非线性区，我们
需要加大功率放大器的线性态度范围，或对非线性放大器的工作点进行补偿，但这
样做的问题是功率放大器的效率会大大降低，大部分能量会转化为热能被浪费掉，
这会极大地增加终端设备的功耗，这在无线终端设计中是不允许的，因此降低 PAPR
是 OFDM 系统中的一个重要任务，特别是对于上行传输。

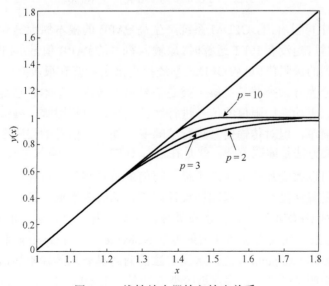

图 5.21　线性放大器输入输出关系

在讨论降低 PAPR 的方法前，我们需要知道产生高 PAPR 的原因。把式(5.8.2)重新表示为

$$x_k(m) = \sum_{l=0}^{M-1} |s_l(m)| e^{j(\frac{2\pi}{M}kl+\varphi_l)} \tag{5.8.4}$$

式中，φ_l 表示输入符号 $s_l(m)$ 的相位。$s_l(m)$ 是一个随机变量，φ_l 也是一个随机变量，对于某个 k 值，当

$$2\pi kl / M + \varphi_l = \Phi \ (\Phi \ \text{为一常数}, \ 0 \leqslant l \leqslant M-1) \tag{5.8.5}$$

成立时，式(5.8.4)变成

$$x_k(m) = e^{j\Phi} \sum_{l=0}^{M-1} |s_l(m)| \tag{5.8.6}$$

这时 $x_k(m)$ 的幅度最大，如图 5.22 所示。

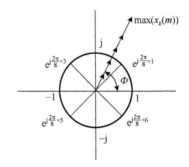

图 5.22　OFDM 中高 PAPR 产生示意图

从图 5.22 中可以看出，OFDM 系统产生高 PAPR 的根本原因是对随机输入变量进行的 IFFT 运算，当没有 IFFT 运算时，原输入符号的 PAPR 值最小，也是降低 PAPR 的算法能够达到的极限值。自从 OFDM 系统提出来之后就有很多降低 PAPR 的方法，这些方法可以分为五大类[16-19]：第一类是信号畸变技术，基本思想是在信号经过放大器之前，把大于功率门限值的信号进行线性畸变，包括限幅、峰值加窗等操作，这类方法操作简单，但对传输信号进行了畸变，加大了信号的误码率，降低了系统的性能；第二类方法是编码方法，就是在进行 IFFT 之前对输入符号 $s_k(m)$ 进行预编码，通过编码可以改变那些可能产生最大幅值的符号相位，避免产生峰值功率，这种方法的缺点是算法复杂，编码图样设计困难，编码效率低；第三类方法是利用不同的加权序列对 OFDM 符号进行加权处理，然后选择 PAPR 最小的 OFDM 符号进行传输，这类方法的代表为选择性映射方法 SLM(selected mapping)和部分传输序列 PTS(partial transmit sequence)法，这类方法的问题是要求传输附加信息，增加了系统的冗余度，降低了频谱利用率；第四类方法是时变 OFDM，利用 PAPR 值随 IFFT

长度变化的特性，根据 PAPR 门限值来决定 IFFT 长度，这种方法的缺点是改变了每帧信号的子载波数，而且每帧信号的 IFFT 长度需要作为附加信息传输；第五类方法为 FFT 预处理法，这种方法目前被广泛使用在实际 OFDM 系统中，如 LTE 中的单载波频分复用接入(single carrier-FDMA, SC-FDMA)，通过对输入符号进行 FFT 预处理，大大降低了后续 IFFT 调制输入符号产生高 OFDM 峰值的可能性，通过 FFT-IFFT 两级变化，OFDM 传输符号更接近原始输入符号 $s_k(m)$，也使得 PAPR 值更接近最小值，但这种方法在极端情况下，会把多载波变成单载波，如交织式分布 SC-FDMA(single carrier-interleaved FDMA, SC-IFDMA)，通过 FFT-IFFT 两级变化后，每路信号变成了单载波调制，尽管这时的 PAPR 值最低，但却失去了多载波的优势，因此在使用 FFT 预处理方法时要注意避免把多载波变成单载波调制。图 5.23 给出了几种属于第一到第三类方法的比较，图中 PAPR 采用互补累积分布函数 (complementary cumulative distribution function, CCDF)来衡量，给定某个 PAPR0，CCDF 定义为

$$\begin{aligned} \text{CCDF}(m) &= P_r(\text{PAPR}(m) > \text{PAPR}_0) \\ &= 1 - (1 - e^{-\text{PAPR}_0})^{M(m)} \end{aligned} \tag{5.8.7}$$

式中，CCDF(m) 表示第 m 帧信号的 CCDF 函数；PAPR(m) 表示第 m 帧调制符号的 PAPR 值，$M(m)$ 为第 m 帧信号的 IFFT 长度。

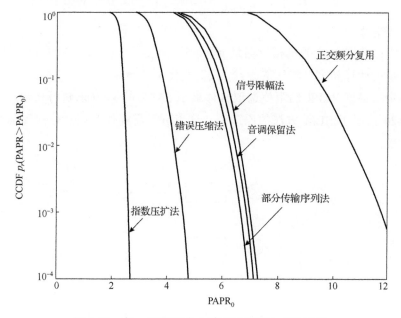

图 5.23　第一到第三类几种降低 PAPR 方法比较

从实用性来看，第一到第四类方法的实用价值不大，因为这四类方法都增加了

系统的复杂度，不同程度地降低了系统的性能和频谱利用率。第五类方法更具有实用性，这种方法几乎不增加系统的复杂度，但降低 PAPR 明显，同时对系统的性能没有影响。下面我们对第三、第四和第五类方法做简单介绍，因为这三类方法具有代表性。

5.8.1　SLM 和 PTS 方法

选择性映射方法(SLM)和部分传输序列法(PTS) 类似，都是通过引入附加的相位向量来调节输入符号 $s_k(m)$ 的相位分布，避免出现经过 IFFT 后产生等相位的情况。假设 $p_k^{(\mu)} = \mathrm{e}^{\mathrm{j}\varphi_k^{(\mu)}}$ ，引入附加相位向量后调制信号等于

$$
\begin{aligned}
x_k^{(\mu)}(m) &= \sum_{l=0}^{M-1}\left\{s_l(m)p_l^{(\mu)}\right\}\mathrm{e}^{\mathrm{j}\frac{2\pi}{M}kl} \\
&= \sum_{l=0}^{M-1}\left\{s_l(m)\mathrm{e}^{\mathrm{j}\varphi_l^{(\mu)}}\right\}\mathrm{e}^{\mathrm{j}\frac{2\pi}{M}kl}, \quad 0 \leqslant k \leqslant M-1, \quad 0 \leqslant \mu \leqslant N-1
\end{aligned}
\tag{5.8.8}
$$

式中，$\varphi_k^{(\mu)}$ 是一个在 $[0,2\pi)$ 之内均匀分布的随机相位，定义下列向量

$$
\boldsymbol{p}^{(\mu)} = \begin{bmatrix} p_0^{(\mu)} & p_1^{(\mu)} & \cdots & p_{M-1}^{(\mu)} \end{bmatrix}, \quad 0 \leqslant \mu \leqslant N-1
\tag{5.8.9}
$$

$$
\boldsymbol{x}^{(\mu)}(m) = \begin{bmatrix} x_0^{(\mu)} & x_1^{(\mu)} & \cdots & x_{M-1}^{(\mu)} \end{bmatrix}, \quad 0 \leqslant \mu \leqslant N-1
\tag{5.8.10}
$$

SLM 算法如下。

第一步：选取 N 个随机相位向量 $\boldsymbol{p}^{(\mu)}$ 。

第二步：计算和 $\boldsymbol{p}^{(\mu)}$ 对应的 N 个 IFFT 变化 $\boldsymbol{x}^{(\mu)}(m)$ 。

第三步：根据 PAPR 门限值选取具体最小 PAPR 的 $\boldsymbol{x}^{(\mu)}(m)$ 进行传输。

图 5.24 给出了 SLM 方法的原理图，这里 $\boldsymbol{p}^{(\mu)}$ 需要作为附加信息和信号一起传输到接收端。

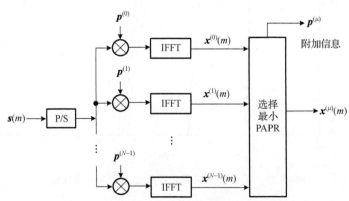

图 5.24　选择性映射法降低 PAPR 方法原理图

部分传输序列法(PTS)的原理和 SLM 类似,不同的是,PTS 先把输入符号 $s(m)$ 分割成 V 个组 $s_v(m)$($0 \leqslant v \leqslant V-1$),对每组进行 IFFT,然后把 V 组 IFFT 结果用随机相位 $b_v = e^{j\varphi_v}$ 加权求和

$$X = \sum_{v=0}^{V-1} b_v x_v(m) \qquad (5.8.11)$$

式中

$$X = \begin{bmatrix} X_0 & X_1 & \cdots & X_{M-1} \end{bmatrix} \qquad (5.8.12)$$

PTS 算法就是优化选取加权 b_v,使得 X 的 PAPR 值最小,代价函数定义为

$$\{b_0 \quad b_1 \quad \cdots \quad b_{V-1}\} = \arg\min_{\{b_0 \quad b_1 \quad \cdots \quad b_{V-1}\}} \left(\max_{0 \leqslant n \leqslant M-1} |X_n|^2 \right) \qquad (5.8.13)$$

式中,arg min(·) 表示函数取得最小值时用的判决条件,当条件(5.8.12)满足时,X 的 PAPR 值最小。图 5.25 给出了 PTS 算法的原理图。

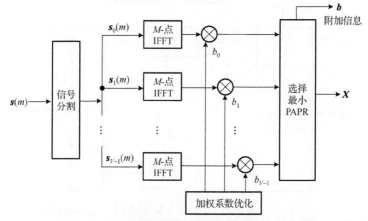

图 5.25 部分传输序列法降低 PAPR 方法原理图

信号的分割有多种方法,相邻分割、随机分割及交织分割等。图 5.26 给出相邻分割的方法。

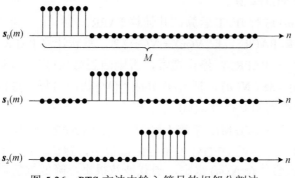

图 5.26 PTS 方法中输入符号的相邻分割法

5.8.2　TV-OFDM

时变 OFDM 是利用 IFFT 的长度和 PAPR 的关系来降低 PAPR 值，通过观察我们发现 IFFT 的长度越长，其 PAPR 值增大的可能性就越大，但由于输入符号的随机性，对于每一帧输入符号来说，小于门限 $PAPR_0$ 值的 IFFT 长度是变换的。根据这一特点，我们先对每一帧输入符号进行 PAPR 计算，如果 PAPR 值大于门限值 $PAPR_0$，那么就把 IFFT 长度减半，直到 PAPR 值低于门限值，最后得到的 IFFT 长度将作为计算 OFDM 发送符号的长度。图 5.27 给出了 TV-OFDM 的原理图，图中 $N(m)$ 表示第 m 帧信号的 IFFT 长度。

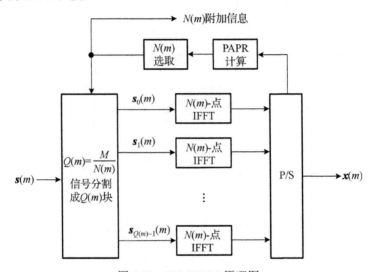

图 5.27　TV-OFDM 原理图

确定 IFFT 长度 $N(m)$ 的过程如下。

(1) 定义门限值 $PAPR_0$。

(2) 取初始值 $N(m)=M$。

(3) 计算对 $s(m)$ 进行 IFFT 运算，并计算 PAPR。

(4) 如果 $PAPR>PAPR_0$，取 $N(m)=N(m)/2$，重新计算 PAPR。

(5) 如果 $PAPR \leqslant PAPR_0$，停止搜索，否则回到第 (4) 步，直到 $PAPR \leqslant PAPR_0$。

(6) 计算 $Q(m)=M/N(m)$，把 $s(m)$ 分成 $Q(M)$ 块，对每块进行 $N(m)$ 点 IFFT。

(7) 并串变换得到调制符号 $x(m)$。

图 5.28 给出了 TV-OFMD 系统不同门限值的 PAPR 曲线，从图中可以看出，TV-OFDM 的 PAPR 比原始 OFDM 的 PAPR 低得多，理论上门限值 $PAPR_0$ 可以任意取，但门限值过低会使得 $N(m)$ 很小，子载波数很小，降低抗信道干扰能力。

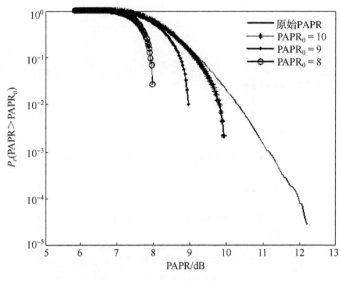

图 5.28 TV-OFDM 系统 PAPR

5.8.3 FFT 预处理法

我们说过，OFDM 中高 PAPR 是由于 IFFT 变换引起的，原始输入符号的 PAPR 是 OFDM 的 PAPR 能够降低的极限值，如果对原始输入符号直接调制就变成了单载波调制，换句话说，单载波调制的 PAPR 最小。FFT 预处理方法就是通过两级 FFT-IFFT，把调制信号变得更接近单载波调制信号，但并不等于单载波调制。这种方法的特点是实现简单，对调制信号不需要进行任何的后期处理，FFT 预处理法在 SC-FDMA 中得到了应用，被 LTE 标准用于下行传输调制方案。图 5.29 给出了 FFT 预处理法的原理图。

图 5.29 FFT 预处理法原理图

图 5.29 中，FFT 预处理的长度 N 比 IFFT 长度 M 小，一般为 $N = M / Q$（Q 为整数），以保证经过 FFT-IFFT 两级变换后，输出仍然具有多载波调制的特性。图 5.27 中子载波映射对 PAPR 有明显的影响，常用的有集中映射（localized mapping）和交织映射（interleaved mapping）两种方法，如图 5.30 所示。

对于交织映射，经过 IFFT 后的输出等于

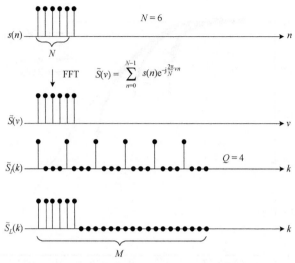

图 5.30　集中映射和交织映射示意图

$$x(\lambda) = \frac{1}{M}\sum_{k=0}^{M-1}\tilde{S}_I(k)e^{j\frac{2\pi}{M}k\lambda}$$

$$= \frac{1}{M}\sum_{u=0}^{N-1}\tilde{S}_I(uQ)e^{j\frac{2\pi}{N}u\lambda}$$

$$= \frac{1}{Q}\frac{1}{N}\sum_{u=0}^{N-1}\left\{\sum_{v=0}^{N-1}s(v)e^{-j\frac{2\pi}{N}uv}\right\}e^{j\frac{2\pi}{N}u\lambda}$$

$$= \frac{1}{Q}\left\{\frac{1}{N}\sum_{u=0}^{N-1}\left\{\sum_{v=0}^{N-1}s(v)e^{-j\frac{2\pi}{N}uv}\right\}e^{j\frac{2\pi}{N}u\mu}\right\},\quad \lambda = lN+\mu, 0\leqslant l\leqslant Q-1, 0\leqslant \mu\leqslant N-1$$

$$= \frac{1}{Q}s(\mu)$$

$$(5.8.14)$$

　　从式 (5.8.13) 中可以看出，交织映射的调制输出是输入符号的 Q 倍重复，把多载波变成了单载波，因此交织映射不推荐使用。

　　对于集中映射，经过 IFFT 后的输出等于

$$x(\lambda) = \frac{1}{M}\sum_{k=0}^{M-1}\tilde{S}_L(k)e^{j\frac{2\pi}{M}k\lambda}$$

$$= \frac{1}{M}\sum_{k=0}^{N-1}\tilde{S}_L(k)e^{j\frac{2\pi}{M}k\lambda}$$

$$= \frac{1}{Q}\frac{1}{N}\sum_{k=0}^{N-1}\left\{\sum_{v=0}^{N-1}s(v)e^{-j\frac{2\pi}{N}kv}\right\}e^{j\frac{2\pi}{M}k\lambda}$$

$$= \frac{1}{Q}\left\{\frac{1}{N}\sum_{k=0}^{N-1}\left\{\sum_{v=0}^{N-1}s(v)\mathrm{e}^{-\mathrm{j}\frac{2\pi}{N}kv}\right\}\mathrm{e}^{\mathrm{j}\frac{2\pi}{N}kl}\mathrm{e}^{\mathrm{j}\frac{2\pi}{M}k\mu}\right\},\quad \lambda=lQ+\mu,0\leqslant l\leqslant N-1,0\leqslant\mu\leqslant Q-1$$

$$(5.8.15)$$

当 $\mu=0$ 时

$$x(lN)=\frac{1}{Q}\left\{\frac{1}{N}\sum_{k=0}^{N-1}\left\{\sum_{v=0}^{N-1}s(v)\mathrm{e}^{-\mathrm{j}\frac{2\pi}{N}kv}\right\}\mathrm{e}^{\mathrm{j}\frac{2\pi}{N}kl}\right\}$$

$$(5.8.16)$$

$$=\frac{1}{Q}s(v),\quad 0\leqslant v\leqslant N-1,0\leqslant l\leqslant Q-1$$

也就是说，$x(\lambda)$ 在 lN 点位置上的值是输入符号的复制，当 $\mu\neq 0$ 时，$x(\lambda)$ 等于其他值，这些值位于 lN 和 $(l+1)N$ 之间，这些中间值增加了 PAPR 值，但保持了多载波调制的特性。图 5.31 给出了集中映射和交织映射对 PAPR 的影响。

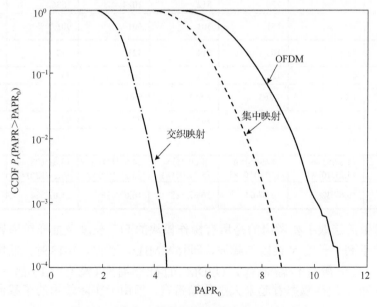

图 5.31　集中映射和交织映射对 PAPR 的影响

5.9　LTE 物理层

OFDM 是第四代移动通信 LTE 中的核心技术，LTE 物理层支持可调节频谱宽带，从 1.25MHz，2.5MHz，5MHz，10MHz 到 20MHz，在 20MHz 带宽时，下行峰值速率为 100Mbit/s，上行峰值速率为 50Mbit/s。LTE 物理层下行采用的是 OFDM，上下行采用的是 SC-OFDMA 调制，目的是降低 PAPR 值，但由于 SC-OFDMA 的单载波特性，上行传输的符号间干扰(ISI)比下行的大，此外，LTE 推荐使用集中式载波分配(localized mapping)，因为集中式分配没有让 SC-OFDMA 完全变成单载波调制，保持了多载波的特性，使得上行传输可以根据信道传输条件，利用频率选择性增益来分配子载波，但集中分配比交织分配的 PAPR 值高。表 5.1 列出了 LTE OFDM 下行传输的物理层参数[20]。

表 5.1　LTE 物理层下行 OFDM 调制参数

传输带宽/MHz	1.25	2.5	5	10	15	20
帧长/ms	10					
子帧长/ms	5					
子载波宽度/kHz	15					
抽样频率	192MHz (1/2×3.84MHz)	3.84MHz	7.68MHz (2×3.84MHz)	15.36MHz (4×3.84MHz)	23.04MHz (6×3.84MHz)	30.72MHz (8×3.84MHz)
FFT 长度	128	256	512	1024	1536	2048
实际使用子载波数	76	151	301	601	901	1201
保护带子载波数	52	105	211	423	635	847
资源块数	6	12	25	50	75	100
实际使用带宽/MHz	1.14	2.265	4.515	9.015	13.515	18.015
带宽使用率/%	77.1	90	90	90	90	90
OFDM 符号/子帧(短/长 CP)	7/6					
短 CP 长度/(μs/samples)	(4.69/9)×6 (5.21/10)×1	(4.69/18)×6 (5.21/120)×1	(4.69/36)×6 (5.21/80)×1	(4.69/72)×6 (5.21/180)×1	(4.69/108)×6 (5.21/120)×1	(4.69/144)×6 (5.21/160)×1
长 CP 长度/(μs/samples)	16.67/32	16.67/64	16.67/128	16.67/256	16.67/384	16.67/512

LTE 参数的选取主要考虑的是所有操作模块的 FFT 长度及抽样频率容易获取，抽样频率等于 FFT 长度 N 乘以子载波，即 $15N$ MHz，当 $N = 2018$ 时，抽样频率等于 30.72MHz，对于所有传输带宽，OFDM 的符号周期(没有 CP)都一样，等于 $1/15 \approx 66.67\mu s$。抽样频率看起来大于传输带宽，但由于实际使用的子载波小于 FFT 长度，如当 $N = 2018$ 时，实际使用的子载波只有 1201 个，其余都置零作为保护带，因此实际占用的带宽等于 $1201 \times 15 = 18.015$ MHz，带宽使用率为 90%，如图 5.32 所示。

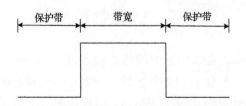

图 5.32　LTE OFDM 中子载波分配和保护带

　　表 5.1 中给出了不同带宽下的有效带宽和保护带的大小。和 IEEE 802.11a 不同，LTE OFDM 没有采用数据包的传输协议，因为数据包协议每帧信号都需要很长的引导符号序列用于信道、载波偏移和时间偏移估计，降低了传输效率，特别是对于短数据传输，数据包协议的传输效率最高只能达到 60%左右。在 LTE 中，导频序列被插入信号块中和信号一起传输，大大提高了传输效率，但同时也增加了资源分配的复杂度，因此 LTE 的数据帧结构比 IEEE 802.11a 复杂得多。图 5.33 给出了 LTE OFDM 的数据帧结构。

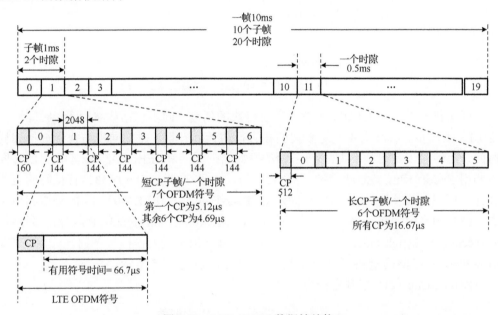

图 5.33　LTE OFDM 数据帧结构

　　LTE 中，一帧数据符号信号为 10ms，包含 10 个子帧，20 个时隙。每个时隙由 7 个短 CP 的 OFDM 符号或 6 个长 CP 的 OFDM 符号组成。LTE 中定义了两种循环前缀 CP，即短 CP 和长 CP，短 CP 用于常规通信，如城市和高速数据通信；长 CP 用于特殊通信，如郊区和低速数据通信。一个时隙中包含 7 个由短 CP 构成的 OFDM 符号，第一个 OFDM 符号的 CP 为 5.21μs，其余 6 个 OFDM 符号的 CP 为 4.69μs，这种选择的目的是让 7 个 OFDM 符号正好在一个 0.5ms 的时隙内，长 CP 的 OFDM 符号的 CP 均为 16.67μs。

　　LTE 中的资源分配是以资源块(resource block，RB)为单位的，RB 是基站资源分配的最小单位，一个 RB 定义为在一个时隙上的 12 个连续子载波，如图 5.34 所示，图中 RC(resource component)为 RB 中的一个资源成分，由一个 OFDM 符号及一个子载波组成。

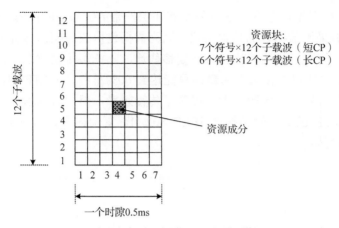

图 5.34　LTE OFDM 中资源块

同步仍然是 LTE OFDM 物理层需要解决的问题，同步包括载波同步、时间同步及 LTE 帧同步。载波同步是对载波偏移进行估计和补偿，时间同步是找到最佳抽样时间，而帧同步是要找到 LTE 符号帧的开始(帧头)。和 IEEE 802.11a 不同，LTE 同步利用 Zadoff-Chu（ZC）序列作为导频序列，由于 Zadoff-Chu 序列具有良好的自相关性，所以 LTE 每帧只需要 4 个同步 OFDM 符号，比 IEEE 802.11a 的频谱利用率高。LTE 同步序列包括主同步信号(primary synchronization signal，PSS)和次同步信号(secondary synchronization signal，SSS)，每一帧出现两次同步序列，分别在第 0 时隙和第 10 时隙的最后两个 OFDM 符号位置，如图 5.35 所示。

Zadoff-Chu（ZC）序列定义为

$$c_{N,M}(k) = \begin{cases} \mathrm{e}^{-\mathrm{j}\frac{M}{N}\pi k^2}, & N \text{ 为偶数} \\ \mathrm{e}^{-\mathrm{j}\frac{M}{N}\pi k(k+1)}, & N \text{ 为奇数} \end{cases} \tag{5.9.1}$$

式中，M 为一整数。ZC 序列有三个特性：一是幅度为常数，这样可以限制 PAPR；二是 ZC 序列的自相关函数为狄拉克(Dirac)函数

$$\phi_{N,M}(\tau) = \sum_{n=0}^{N-1} c_{N,M}(n) c_{N,M}^*(n+\tau) = \delta(\tau), \quad \tau \in [0, N] \tag{5.9.2}$$

三是当 M_1 和 M_2 互为素数时，两个 ZC 序列 $c_{N,M_1}(k)$ 和 $c_{N,M_2}(k)$ 的互相关函数为常数。

PSS 同步序列由三组长度为 $N=63$ 的 ZC 序列组成，$M \in \{25, 29, 34\}$，ZC 序列和子载波的对应关系如图 5.36 所示。

时间同步利用最大似然(maximum likelihood，ML)法来求解，时间偏移 m_{opt} 等于使下列相关函数最大的位置

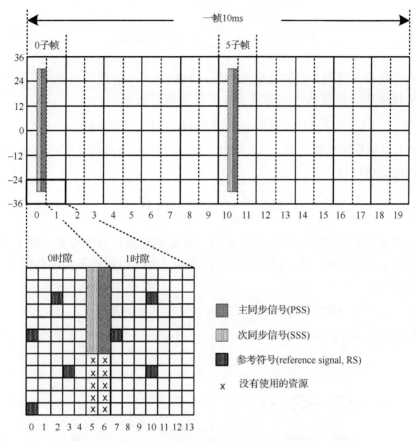

图 5.35　LTE 符号帧中同步信号的位置

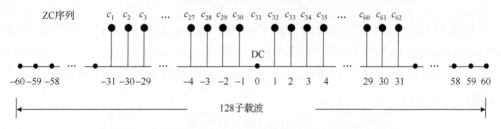

图 5.36　主同步信号 PSS 中 ZC 序列和子载波的对应关系

$$m_{\text{opt}} = \arg\max_m \left\{ \left| \sum_{i=0}^{N-1} y(i+m) c_{N,M}^*(i) \right|^2 \right\} \tag{5.9.3}$$

式中，N 为 PSS 信号长度；$y(n)$ 为接收信号；$c_{N,M}(n)$ 为 ZC 序列。

假设 $Y(k)$ 为 $y(n)$ 的 DFT，$C_{N,M}(k)$ 为 $c_{N,M}(n)$ 的 DFT，式 (5.9.3) 可以写成

$$k_{\mathrm{CFO}} = \arg\max_m \left\{ \left| \sum_{i=0}^{N-1} Y(i+k) C_{N,M}^*(i) \right|^2 \right\} \tag{5.9.4}$$

使式(5.9.4)取最大值的k_{CFO}就是载波偏移(CFO)。

　　PSS 还可用于信道估计,在频域接收信号$Y(k)$等于

$$Y(k) = C(k)C_{\mathrm{PSS}}(k) + V(k), \quad 0 \leqslant k \leqslant M-1 \tag{5.9.5}$$

式中,k表示子载波系数;$C_{\mathrm{PSS}}(k)$为 PSS 信号;$V(k)$为信道噪声,假设$V(k)=0$,我们得到信道估计值

$$C(k) = \frac{Y(k)}{C_{\mathrm{PSS}}(k)}, \quad 0 \leqslant k \leqslant M-1 \tag{5.9.6}$$

　　在完成频率和时间同步及信道估计后,还需要检测信号的帧头,这个任务由次同步信号(SSS)来完成。SSS 信号的构成很复杂,SSS 由四种不同的伪随机码构成,如图 5.37 所示。

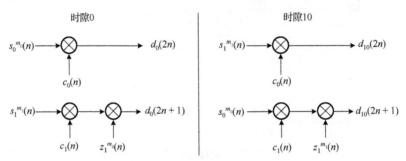

图 5.37　SSS 信号的构成

　　图 5.37 中,$s_0^{m_0}(n)$表示由最大长度序列$s(n)$经过m_0循环移位得到的序列,$s_1^{m_1}(n)$表示由$s(n)$经过m_1循环移位得到的序列,$c_0(n)$和$c_1(n)$为两个扰码序列,$z_0^{m_0}(n)$与$z_1^{m_1}(n)$分别为最大长度序列$z(n)$经过m_0和m_1的循环移位序列。SSS 在时隙 0 和时隙 10 的信号定义为

$$d_0(m) = \begin{cases} s_0^{m_0}(n)c_0(n), & m = 2n \\ s_1^{m_1}(n)c_1(n)z_1^{m_0}(n), & m = 2n+1 \end{cases} \tag{5.9.7}$$

$$d_{10}(m) = \begin{cases} s_1^{m_1}(n)c_0(n), & m = 2n \\ s_0^{m_0}(n)c_1(n)z_1^{m_1}(n), & m = 2n+1 \end{cases} \tag{5.9.8}$$

　　为了能够根据 SSS 信号来检测帧头,SSS 信号在第 0 时隙和第 10 时隙是不同的,根据 SSS 信号和接收信号的相关函数就可以找到信号帧的开始。此外,SSS 同

步信号还用于小区 ID(cell-ID)的确定，小区 ID 等于 $N_c = 3N_g + N_s$，其中 N_c 为小区 ID(cell-ID)，N_s 表示扇区(sector-ID)，N_g 表示组 ID(group-ID)。N_g 包含在 m_0 和 m_1 中，N_s 包含在序列 $c_0(n)$ 和 $c_1(n)$ 中。

参 考 文 献

[1] Weinstein S B. Introduction to "the history of OFDM". IEEE Communications Magazine, 2009, 11: 26-35.

[2] Prasad R. OFDM for Wireless Communications Systems. London: Artech House, 2004.

[3] IEEE 802.11 Standard (2007). http://standards.ieee.org/about/get/802/802.11.html[2016-10-20].

[4] Böleskei H. Blind estimation of symbol timing and carrier frequency offset in wireless OFDM systems. IEEE Transactions on Communications, 2001, 49(6): 988-999.

[5] Coulson A J. Maximum likelihood synchronization for OFDM using a pilot symbol: Algorithms. IEEE Journal of Selected Areas in Communication, 2001, 19(12): 2486-2494.

[6] Yang B, Letaief K B, Cheng R, et al. Timing recovery for OFDM transmission. IEEE Journal on Selected Areas in Communications, 2000, 18(11): 2278-2291.

[7] van de Beek J, Sandell M, Börjesson P O. ML estimation of time and frequency offset in OFDM systems. IEEE Transactions on Signal Processing, 1997, 45(7): 1800-1805.

[8] Lottici V, Luise M, Saccomando C, et al. Non-data-aided timing recovery for filter-bank multicarrier wireless communications. IEEE Transactions on Signal Processing, 2006, 54(11): 4365-4375.

[9] Hsieh M, Wie C. A low-complexity frame synchronization and frequency offset compensation scheme for OFDM systems over fading channels. IEEE Transactions on Vehicle Technology, 1999, 48(9): 1596-1609.

[10] Tureli U, Liu H, Zoltowski M D. OFDM blind carrier offset estimation: ESPRIT. IEEE Transactions on Communication, 2000, 48(12): 1459-1461.

[11] Ma M, Tepedelenlio C, Giannakis G B, et al. Non-data-aided carrier offset estimators for OFDM with null subcarriers: Identifiability, algorithms, and performance. IEEE Journal Selected Areas in Communication, 2001, 19(12): 2504-2515.

[12] Schmidl T M, Cox D C. Robust frequency and timing synchronization for OFDM. IEEE Transactions on Communication, 1997, 45(12): 1613-1621.

[13] Liu H, Tureli U. A high-efficiency carrier estimator for OFDM communications. IEEE Communication Letter, 1998, 2(4): 104-106.

[14] Farhang-Boroujeny B. Multicarrier modulation with blind detection capability using cosine

modulated filter banks. IEEE Transactions on Communication, 2003, 51 (12): 2057-2070.

[15] Lin L, Farhang-Boroujeny B. Convergence analysis of blind equalizer in a filter bank-based multicarrier communication system. IEEE Transactions on Signal Processing, 2006, 54 (10): 4061-4067.

[16] Jiang T, Wu Y. An overview: Peak-to-average power ratio reduction techniques for OFDM signals. IEEE Transactions on Broadcasting, 2008, 54 (2): 257-268.

[17] Kim J I, Han J S, Roh H J, et al. SSS detection method for initial cell search in 3GPP LTE FDD/ TDD dual mode receiver// Proceedings of the 9th International Symposium on Communications and Information Technology, Icheon, 2009: 199-203.

[18] Wang G, Shao K, Zhuang L. Time-varying multicarrier and single-carrier modulation system. IET Signal Processing, 2013, 7 (3): 1-12.

[19] Wang G, Zhuang L, Shao K. Time-varying modulation systems. IET Communications, 2012, 19 (12): 1-9.

[20] 3rd Generation Partnership Project: 3GPP TS 36.300V 11.5.0—Technical Specification Group Radio Access Network; Evolved Universal Terrestrial Radio Access (E-UTRA) and Evolved Universal Terrestrial Radio Access Network (E-UTRAN); Overall description (Release 11). 2013.

第6章 滤波器组多载波调制

6.1 概　　述

第 5 章对 OFDM 系统做了全面的介绍，OFDM 有很多优点，但 OFDM 有三个主要缺点[1,2]，一是带外频谱泄漏(out-of-band emission, OOBE)大；二是对载波偏移敏感；三是 PAPR 大。在很多讨论 OFDM 系统的文献中只强调 CP 产生的附加资源浪费，而忽略了 OOBE 对频谱利用率的影响，实际上 CP 只占用了 7%附加资源，而 OOBE 降低了 10%的频谱利用率。理论上，OFDM 系统工作在最大抽样频率，子载波之间最大重叠，频谱利用率最高，但在实际应用系统中 OFDM 的频谱利用率只有 90%，10%需用于保护带，加保护带是因为 OFDM 采用的是矩形窗，而矩形窗的频谱特性很差，主瓣窄，旁瓣大，过渡带宽，衰减大，保护带就是给衰减留空间，以保证调制符号的功率谱密度在规定的样本之内，一般保护带内不传信号，图 6.1 给出了 OFDM 调制符号的功率谱密度，从图中可以看出，在频带的两端，信号功率从零衰减到−28dB 需要 1MHz 的过渡带，过渡带不能传信号，因为过渡带对信号衰减很大。

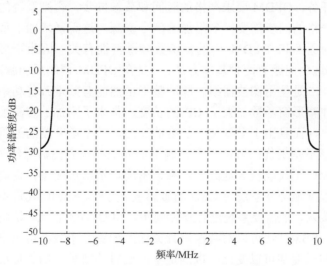

图 6.1　OFDM 调制符号的功率谱密度

在 5.9 节中我们介绍了 LTE 的帧结构，LTE 信号帧两头 10%的子载波用于保护带，在进行 OFDM 运算时这些子载波被置零，如 20MHz 的带宽，前面 1MHz 和后面 1MHz 都被用于保护带，只有中间 18MHz 用于信号调制，如图 6.2 所示。

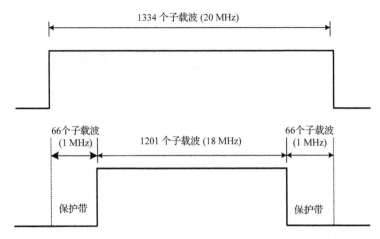

图 6.2　LTE OFDM 系统的保护带示意图，带宽为 20MHz

　　带外频谱泄漏大同时也是 OFDM 对载波偏移敏感的根本原因，OFDM 中 OOBE 体现在两个方面：一是子载波间的 OOBE；二是符号间的 OOBE。符号间的 OOBE 可以通过加保护带来解决，在没有信道干扰的情况下，OFDM 系统是正交的，子载波之间的 OOBE 对系统没有影响，但在信号通过信道后，正交性被打破，由于 OOBE 大，子载波间干扰也大，要消除这种干扰需要对 CFO 进行估计和补偿，这就是 OFDM 中载波同步的任务。OFDM 要求严格的时间和载波同步，否则系统的性能会受到很大的影响，而严格的同步需要很多附加的信令资源，这无疑增加了系统的复杂性。

　　上面两个问题都和 OFDM 中的窗函数频谱特性有关，因为矩形窗直接导致了 OOBE 大，解决这个问题有两种基本方法：一是在 OFDM 调制后加脉冲整形窗函数，如 5.7 节所述；二是使用滤波器组。脉冲整形虽然能有效地改善功率谱密度，降低过渡带，但脉冲整形窗函数加大了 CP 的长度，带来了附加的资源浪费，进一步降低了频谱利用率，而且由于受到 CP 长度的制约，功率谱密度的改善也是有限的，因此，脉冲整形不是最优的解决方案。剩下的方法就只有滤波器组调制(FBMC)，研究证明，FBMC 不仅能极大地改善功率谱密度，消除过渡带，提高频谱利用率，而且还能一定程度地降低系统对 CFO 的敏感度。另外，FBMC 允许不同载波宽度的调制信号异步接入，不需要系统进行整体同步，和 OFDM 相比，这将大大减低对系统同步的要求，FBMC 还可以对载波进行灵活的配置，子载波可以来自不同频带，子载波的宽带和长度都可以变化，以满足不同延时的要求。LTE 标准的应用场景是常规的高速通信，对于这类通信来说，OFDM 的优点大于缺点，但下一代移动通信的主题应用场景已经不是常规的高速通信，而是物联网通信、车载通信，这些通信要求低延时、低功耗、高可靠性及灵活接入，这些要求常规的 OFDM 系统已不能满足，除了 OOBE 大，OFDM 对子载波的划分都是均匀的，OFDM 不仅要求子载波同步，而且不同接入系统也需要同步，这对于物联网通信是不可能的。基于滤波器的多载波调制正好可以解决 OFDM 的这些问题，可以肯定地说，FBMC 将会取代 OFDM 成为下一代无线通信的调制技术。

FBMC 有很多种实现方案，通常我们说 FBMC，指的是 FBMC/OQAM (offset quadrature amplitude modulation)（基于移位正交幅度调制的 FBMC），除此之外，文献中能够查到的还有滤波多音调制 (filtered multi-tone modulation, FMT)、滤波 OFDM (f-OFDM)、通用滤波多载波调制 (universal filter multicarrier modulation, UFMC)，一般频分复用 (general frequency division multiplexing, GFDM)，多载波时分多址 (MC-TDMA)，双正交频分复用 (BFDM) 等。这些方法的基本思想都是对 IFFT 变化后的信号进行滤波处理，不同之处在于滤波器的位置不同以及滤波的方式不同，图 6.3 给出了三种不同的滤波方法。

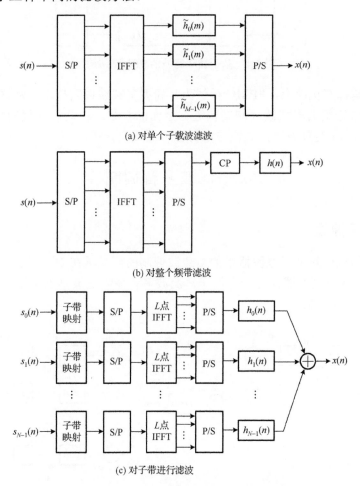

(a) 对单个子载波滤波

(b) 对整个频带滤波

(c) 对子带进行滤波

图 6.3　对 OFDM 输出信号的不同滤波方法

图 6.3(a)是对单个子载波进行滤波，这种结构等同于滤波器组，FMT 和 FBMC 正是基于这种结构，图 6.3(b)是对整个调制频带进行滤波，f-OFDM 采用了这种结构，图 6.3(c)中 L 点输入符号先划分成 N 个子带，然后对每个子带分别进行 L 点 IFFT，再进行子带滤波处理，这是 UFMC 采用的结构。

如果把图 6.3(a)中的线性滤波换成循环滤波，得到图 6.4，循环滤波的优点是可以直接用循环卷积和 DFT 对滤波进行运算，图中 $H_i(k)$（$0 \leqslant i \leqslant M-1$）表示 $\tilde{h}_i(n)$ 的 DFT 变化。这种结构在 GFDM、MC-TDMA 及 BFDM 中得到了应用。

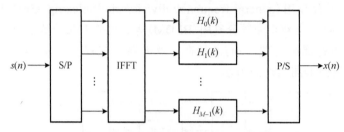

图 6.4　基于循环滤波的 FBMC 结构

每种结构都有优缺点，FBMC 被认为是新型多载波调制技术，从这章开始我们将对基于滤波器组的多载波调制结构进行全面的介绍。在这一章我们将介绍 FMT 和 FBMC/OQAM 两种方案，其他方法将在下面几章介绍。

6.2　滤波多音调制

6.2.1　FMT 原理

在通信领域，对基于滤波器组的多载波调制的研究早在 20 世纪 60 年代就已经开始[3]，传输多路复用器就是一个例子。滤波多音调制是最早也是最直接的 FBMC 结构[4-7]，如图 6.5 所示。

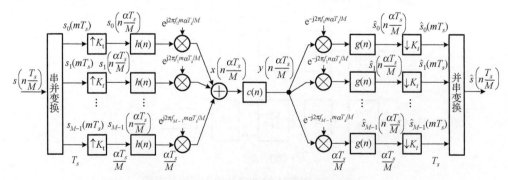

图 6.5　FMT 多载波调制系统原理框图

　　图 6.5 中，发送端为综合滤波器组结构，接收端为分析滤波器组结构，沿用传统的多载波系统描述使用的符号，我们用 $h(n)$ 表示发送端(综合滤波器组)原型函数，$g(n)$ 为接收端原型函数，这和第 3 章中使用的符号相反。M 为子载波数，K_t 表示时间样值的插值和抽取因子，$K_t = \alpha M$ ($\alpha \leqslant 1$)，T_s 和 $\alpha T_s / M$ 表示不同阶段的抽样周期，$f_k = k/T_s$ 为子载波频率。这里我们要指出的是，在 FMT 中，由于抽取因子 K_t 和子载波数 M 不同，导致了不同处理阶段的抽样周期不一样，所以在表示 FMT 系统时我们需要把抽样周期表示出来，如 $x\left(n\dfrac{\alpha T_s}{M}\right)$，这也是 FMT 在实际应用时需要特别注意的。当 $K_t = M$ ($\alpha = 1$)时，系统为最大抽样，这时输入和输出样值一样多，当 $K_t < M$ ($\alpha < 1$)时，系统为过抽样，这时输出样值比输入多，是输入的 $1/\alpha$ 倍，当系统工作在过抽样时，系统在同一时间内需要传送比输入信号更多的数据，降低了系统的利用率。$f_i = i/(\alpha T_s)$ 为子载波频率，T_s 代表调制符号周期。当要求接收和发送为匹配滤波器时，$g(n) = h(-n)$，如果我们定义下列滤波器组

$$h_i(n) = h(n)\mathrm{e}^{\mathrm{j}\frac{2\pi}{M}in}, \quad 0 \leqslant i \leqslant M-1 \tag{6.2.1}$$

$$g_i(n) = h_i^*(-n) = h(n)\mathrm{e}^{\mathrm{j}\frac{2\pi}{M}in}, \quad 0 \leqslant i \leqslant M-1 \tag{6.2.2}$$

　　注意，在匹配滤波条件下，$h_i(n) = g_i(n)$，但分析滤波器组是综合滤波器的反向运算(时间反转)，所以发送端进行的是 IFFT，而接收端进行的是 FFT 运算。在不考虑信道干扰的情况下，FMT 调制系统完全重建的条件为

$$\sum_n g_i(n)h_k^*(n-lM) = \delta_{i-k}\delta_l, \quad 0 \leqslant i,k \leqslant M-1, l = \cdots, -1, 0, 1, \cdots \tag{6.2.3}$$

如果取 $K_t = M$，$h(n)$ 等于

$$h(n) = \begin{cases} 1, & 0 \leqslant n \leqslant M-1 \\ 0, & \text{其他} \end{cases} \tag{6.2.4}$$

FMT 就变成了 OFDM 系统，$h(n)$ 的 DFT 为

$$H(\mathrm{e}^{\mathrm{j}2\pi f}) = \frac{\sin(\pi f M)}{\sin(\pi f)}\mathrm{e}^{-\mathrm{j}(M-1)\pi f} \tag{6.2.5}$$

　　为了更清楚地看清 FMT 调制的实质结构，我们把图 6.5 换成频域抽样来表示，如图 6.6 所示。

　　图 6.6 中，发送和接收滤波器组成共轭转置的关系，如式(6.2.2)所述。抽取和插入因子 $K_f = M/\alpha$，和时域因子 K_t 相反，当 $K_f > M$ ($\alpha < 1$)时，为过抽样，在过抽样时，频率抽样点变少，频率抽取稀疏，如图 6.7 所示。这时子载波变宽，要得到 M 个抽样点，频带需扩大到 $M/(\alpha T_s)$，这意味着频谱利用率降低。

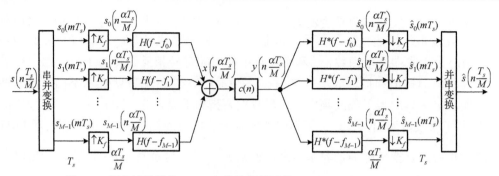

图 6.6 频率域抽样的 FMT 多载波调制系统， $K_f = M/\alpha$ ， $f_i = i/(\alpha T_s)$

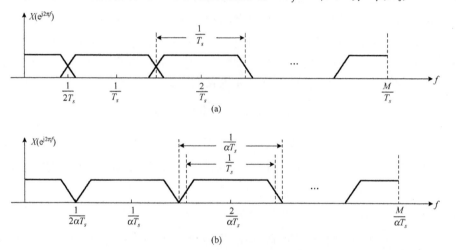

图 6.7 FMT 多载波调制频谱示意图

由于 FMT 采用的是 DFT 滤波器组结构，非矩形滤波器 $h(n)$ 的引入虽然大大改善了调制信号的频谱特性，但破坏了系统的正交性，也就是说无论如何设计原型函数 $h(n)$ ，FMT 系统都不能满足完全重建条件，子载波间干扰始终存在，这是 FMT 结构固有的问题，这也是 FMT 没有得到广泛应用的主要原因。降低 ICI 的唯一有效办法就是通过过抽样，提高频率域的采样间隔，子载波之间的交叉部分分开，但这样做的代价是占用了附加的频谱资源，降低了频谱利用率，和 OFDM 加过渡带一样。实验表明，在和 OFDM 类似性能的情况下，FMT 的频谱利用率不到 90%。

6.2.2 FMT 实现结构

为了描述图 6.5 中输入输出关系我们把调制信号 $x\left(n\dfrac{\alpha T_s}{M}\right)$ 多相分解为

$$x\left(n\frac{\alpha T_s}{M}\right) = \sum_{r=0}^{M-1} x\left(m\alpha T_s + r\frac{\alpha T_s}{M}\right) = \sum_{r=0}^{M-1} x_r(m\alpha T_s), \quad 0 \leqslant r \leqslant M-1 \tag{6.2.6}$$

参看图 6.5，根据多载波调制输出信号的表达式 (5.1.8)，用 T_s 代替 M，$x_r(m\alpha T_s)$ 等于

$$x_r(m\alpha T_s) = \sum_{l=-\infty}^{\infty} \tilde{h}_r(m\alpha T_s - lT_s)\left\{\sum_{k=0}^{M-1} s_k(lT_s)\mathrm{e}^{\mathrm{j}\frac{2\pi}{M}kr}\right\} \qquad (6.2.7)$$

式中

$$\tilde{h}_r(mT_s) = h\left(mT_s + r\frac{\alpha T_s}{M}\right), \quad 0 \leqslant r \leqslant M-1, \ -\infty \leqslant m \leqslant \infty \qquad (6.2.8)$$

注意式 (6.2.7) 中等式左右抽样时间的变化，等式右边的抽样时间为 T_s，左边的抽样时间为 αT_s，由于 $\alpha < 1$，也就是说，FMT 调制输出信号的符号周期变短了，这正是过抽样的表现，因为只有压缩传输符号周期才能在同样时间内同时传有用信息和保护带信息。

定义下列函数

$$u_r(lT_s) = \sum_{k=0}^{M-1} s_k(lT_s)\mathrm{e}^{\mathrm{j}\frac{2\pi}{M}ir} \qquad (6.2.9)$$

式 (6.2.7) 变为

$$x_r(m\alpha T_s) = \sum_{l=-\infty}^{\infty} \tilde{h}_r(m\alpha T_s - lT_s)u_r(lT_s) \qquad (6.2.10)$$

根据式 (6.2.10) 我们可以把图 6.5 中发送端简化为图 6.8，和图 6.3 比较，可以看出图 6.8 和图 6.3 结构一样，滤波运算是对每一个子载波信号进行的，需要注意的是，这里使用的滤波器不是 $h(n)$ 本身，而是 $h(n)$ 的多项分解 $\tilde{h}_k(n)$。图 6.8 中抽取周期的变化是在滤波阶段发生的，送到信道的信号抽取周期为 $\frac{\alpha T_s}{M}$ 而不是 $\frac{T_s}{M}$，也就是说，在过抽样时（$\alpha < 1$），输出信号的抽样频率变快了，发送端在单位时间内需要传输更多的消息（有用消息和附加消息），图 6.9 给出了这种时间变化的示意图。

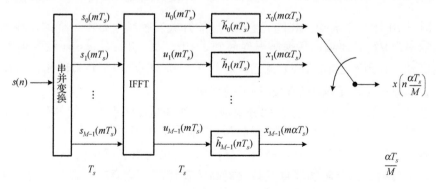

图 6.8 FMT 多载波调制发送端的实现框图

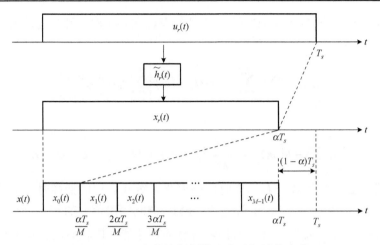

图 6.9 FMT 多载波调制输出在时间域的变化

从图 6.9 中可以看出，经过 FMT 调制后调制符号的周期变成了 αT_s，缩短了 $(1-\alpha)T_s$，多余的时间部分用于传送过采样多出来的信号，这意味着资源浪费。上面我们只解释了如何用时间压缩来传送过采用信号，为了进一步说明如何计算这些过采样信号，我们把图 6.8 的输入端也用开关转换器来表示，如图 6.10 所示。

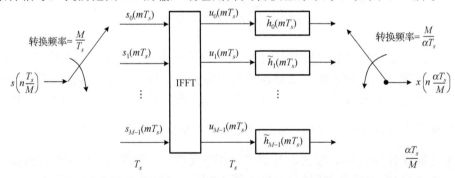

图 6.10 FMT 多载波调制发送端信号处理速率变化

从图 6.10 中可以看出，IFFT 变换前后的开关转换频率是不一样的，输入信号的转换频率为 $1/T_s$，而输出转换频率提高到了 $1/(\alpha T_s)$，也就是说，还没有等所有 M 点输入信号 $s(n)$ 到齐之前，IFFT 就已经进行了一次 M 点 IFFT 运算输出，图 6.11 用缓存器更形象地表示了这种处理速率上的变化。

图 6.11 中，IFFT 的输入由两部分组成：一部分是 αM 点当前帧的信号；另一部分是前一帧信号的 $(1-\alpha)M$ 点信号。也就是说前后两帧信号处理有 $(1-\alpha)M$ 点重叠，接收端要重建这部分信号需要双倍的消息，这多出来的消息就是由于过采用造成的，发送端为了传输这部分附加消息就必须提高传输速度，这意味着资源浪费。在数学上我们可以用下列矩阵运算来表示 FMT 调制。

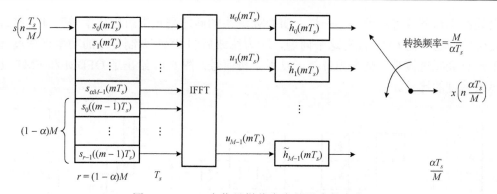

图 6.11　FMT 中信号样值在存储器中的变化

$$
\begin{bmatrix} \boldsymbol{x}_0 \\ \boldsymbol{x}_1 \\ \vdots \\ \boldsymbol{x}_{N-1} \end{bmatrix} = \begin{bmatrix} \boldsymbol{h}_0 & \boldsymbol{h}_1 & \cdots & \boldsymbol{h}_{N-1} & \boldsymbol{0} & \cdots & \boldsymbol{0} \\ \boldsymbol{0} & \boldsymbol{h}_0 & \cdots & \boldsymbol{h}_{N-2} & \boldsymbol{h}_{N-1} & \cdots & \boldsymbol{0} \\ \vdots & \vdots & \vdots & \vdots & \vdots & & \boldsymbol{0} \\ \boldsymbol{0} & \boldsymbol{0} & \cdots & \boldsymbol{h}_0 & \boldsymbol{h}_1 & \cdots & \boldsymbol{h}_{N-1} \end{bmatrix} \begin{bmatrix} \boldsymbol{\mathcal{F}}^{-1} & & & \\ & \boldsymbol{\mathcal{F}}^{-1} & & \\ & & \ddots & \\ & & & \boldsymbol{\mathcal{F}}^{-1} \end{bmatrix} \begin{bmatrix} \boldsymbol{s}(m) \\ \boldsymbol{s}(m+1) \\ \vdots \\ \boldsymbol{s}(m+2N-1) \end{bmatrix}
$$

$$(6.2.11)$$

式中，$\boldsymbol{\mathcal{F}}^{-1}$ 表示傅里叶逆变换矩阵

$$
\boldsymbol{\mathcal{F}}^{-1} = \frac{1}{M} \begin{bmatrix} 1 & 1 & 1 & \cdots & 1 \\ 1 & \mathrm{e}^{\mathrm{j}\frac{2\pi}{M}} & \mathrm{e}^{\mathrm{j}\frac{4\pi}{M}} & \cdots & \mathrm{e}^{\mathrm{j}\frac{2(M-1)\pi}{M}} \\ 1 & \mathrm{e}^{\mathrm{j}\frac{2\pi}{M}\times 2} & \mathrm{e}^{\mathrm{j}\frac{4\pi}{M}\times 2} & \cdots & \mathrm{e}^{\mathrm{j}\frac{2(M-1)\pi}{M}\times 2} \\ \vdots & \vdots & \vdots & & \vdots \\ 1 & \mathrm{e}^{\mathrm{j}\frac{2\pi}{M}\times(M-1)} & \mathrm{e}^{\mathrm{j}\frac{4\pi}{M}\times(M-1)} & \cdots & \mathrm{e}^{\mathrm{j}\frac{2(M-1)\pi}{M}\times(M-1)} \end{bmatrix} \tag{6.2.12}
$$

$\boldsymbol{h}$ 表示原型滤波系数矩阵

$$
\boldsymbol{h} = \begin{bmatrix} \boldsymbol{h}_0 & \boldsymbol{h}_1 & \cdots & \boldsymbol{h}_{N-1} \end{bmatrix}^{\mathrm{T}} \tag{6.2.13}
$$

式中，$\boldsymbol{h}_i\,(0 \leqslant i \leqslant N-1)$ 等于

$$
\boldsymbol{h}_i = \begin{bmatrix} h(iM+M-1) & 0 & 0 & \cdots & 0 \\ 0 & h(iM+M-2) & 0 & \cdots & 0 \\ 0 & 0 & h(iM+M-3) & \cdots & 0 \\ \vdots & \vdots & \vdots & & \vdots \\ 0 & 0 & 0 & \cdots & h(iM) \end{bmatrix} \tag{6.2.14}
$$

当过抽样时（$\alpha < 1$），我们用图 6.12 形象地表示矩阵的错位变化。图 6.12 中阴影部分表示矩阵重叠，阴影部分将对同一输入信号块进行运算。

OFDM 的过渡带和 FMT 中的过抽样都是以牺牲资源来换取性能的改善，不同之处在于需要改善的地方不一样，OFDM 解决的问题是频带两边功率谱密度衰减过渡带的问题，而 FMT 没有这个问题，因为滤波后的 FMT 调制符号的功率谱密度几乎没有衰减过渡带，整个频带都可以用来传信号，图 6.13 给出了 OFDM 和 FMT 功率谱密度的比较。

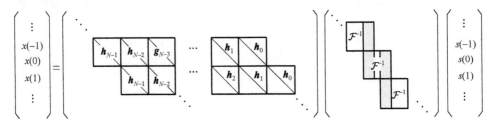

图 6.12　过抽样时的矩阵错位变化

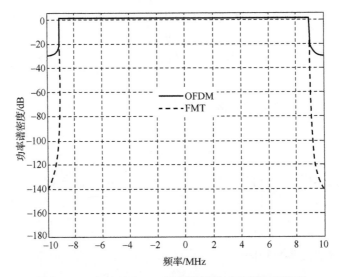

图 6.13　OFDM 和 FMT 调制符号的功率谱密度比较

但 FMT 的新问题是失去了正交性，带来了 ICI 干扰，过抽样的目的就是消除 ICI，使得系统近似正交，图 6.14 给出了 OFDM 和 FMT 消耗附加资源的比较。假设 OFDM 的子带宽度为 15MHz，除了保护带，有效传送带宽为 18MHz，而 FMT 不需要保护带，可以把 1201 个子载波分配到整个 20MHz 带宽内，这样得到子载波宽度为 16.6MHz，这和图 6.7 中所说的频域抽样点加宽是吻合的。需要指出的是，在实际系统中，FMT 比 OFDM 的频谱使用率低，而且系统复杂，这是 FMT 没有得到广泛使用的一个原因，目前唯一把 FMT 列为备选方案的是 VDSL（very high bit rate digital subscriber loop）标准。

最后我们需要指出的是在早期讨论滤波器组调制系统时，有些文献和专著把消除 OFDM 中的 CP 作为 FBMC 的一个特点，这实际上是一个误导。因为 OFDM 中加 CP 的目的是要消除信道干扰，让接收端可以用很简单的频域均衡器来去除信道干扰，而 FBMC 根本没有除信道干扰的特点，采用 FBMC 的最直接目的是降低 OFDM 中的 OOBE，而不是去除信道干扰，因此在近代的讨论 FBMC 系统的文献中几乎都沿用 OFDM 中的频域均衡器,保持加 CP,而把目标放在如何解决 FMT 中 ICI 的问题，如何让系统在不消耗资源的情况下保持正交。接下来我们要介绍的 OFDM/OQAM 正是要解决 FMT 中的这个问题。

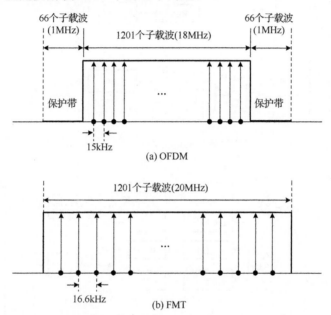

图 6.14　OFDM 保护带和 FMT 过抽样的比较，带宽为 20MHz

6.3　移位正交幅度调制 FBMC（FBMC/OQAM）

6.3.1　FBMC/OQAM 原理

FMT 的根本问题是 ICI 干扰大，原因是 FMT 的结构是基于 DFT 滤波器组，而 DFT 滤波器组没有消除子载波间干扰的能力，这使得 FMT 在最大抽样的时候性能很差，为了使系统能工作在最大抽样，得到频谱的最大利用率，我们需要对 FMT 结构进行改进，改进的理论基础就是 MDFT（modified DFT）滤波器组。根据 MDFT 滤波器组结构，我们得到图 6.15 所示的 FBMC/OQAM 多载波调制系统，图 6.15 中的结构在有些英文文献中也称为 OFDM/OQAM[8-11]，在本书中我们用 FBMC/OQAM，因为这种结构是基于滤波器组，而不是基于 OFDM，FBMC/OQAM 更符合这种调制结构的特点，通常我们所说的 FBMC 指的就是图 6.15 中的结构。

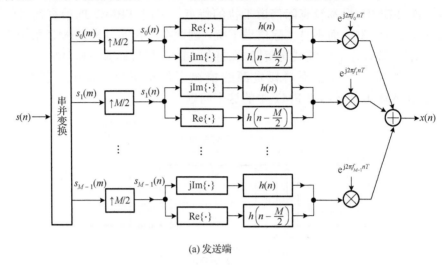

(a) 发送端

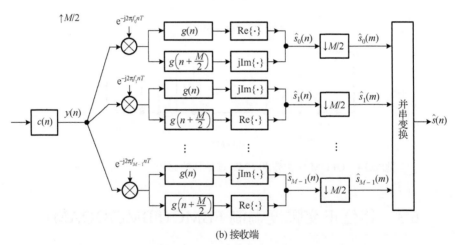

(b) 接收端

图 6.15　FBMC/OQAM 多载波调制系统原理框图

图 6.15 (a) 发送端为综合滤波器组，图 6.15 (b) 接收端为分析滤波器，和 MDFT 滤波器结构不同的是我们用原型滤波器 $h\left(n-\dfrac{M}{2}\right)$ 代替了延时，把两级抽样变成了抽样因子为 M 的一级抽样，但运算结果是一样的，图中载波频率 $f_k = k/(MT)$，T 为抽样周期（子载波周期）。图 6.15 在结构上有三个特点：一是信号的实虚部分别进行处理；二是实虚部分的滤波器错位 $M/2$ 点；三是相邻两路信号实虚部的处理顺序颠倒。图中，发送端的输出调制信号可表示为

$$x(t) = \sum_{k=-\infty}^{\infty} \sum_{m=0}^{K-1} \left(s_{2m}^R(n)h(t-kT_s) + js_{2m}^I(n)h\left(t-\frac{T_s}{2}-kT_s\right) \right) e^{j2\pi(2m)f_c t}$$

$$+ \left(s_{2m+1}^I(n)h(t-kT_s) + js_{2m+1}^R(n)h\left(t-\frac{T_s}{2}-kT_s\right) \right) e^{j2\pi(2m+1)f_c t} \tag{6.3.1}$$

式中，$M = 2K$；$f_c = 1/T_s$ 表示子载波频率宽度；T_s 为调制符号周期。在离散时间域式 (6.3.1) 等于

$$x(n) = \sum_{k=-\infty}^{\infty} \sum_{m=0}^{K-1} \left(s_{2m}^R(n)h(n-kM) + js_{2m}^I(n)h\left(n-\frac{M}{2}-kM\right) \right) e^{j\frac{2\pi}{M}(2m)n}$$

$$+ \left(s_{2m+1}^I(n)h(n-kM) + js_{2m+1}^R(n)h\left(n-\frac{M}{2}-kM\right) \right) e^{j\frac{2\pi}{M}(2m+1)n} \tag{6.3.2}$$

为了能够达到完全重建，图 6.15 中的 FBMC 除了结构上的改变，还需要满足一个条件，即 ICI 干扰只存在相邻两路信号之间，也就是说每路信号只对左右相邻的子载波有干扰，而对其他子载波没有干扰，如图 6.16 所示。

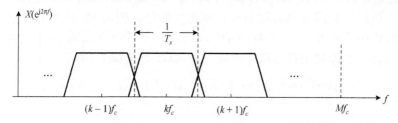

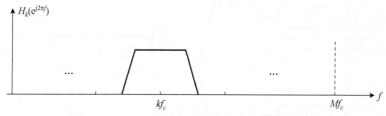

图 6.16　FBMC/OQAM 系统对 ICI 干扰的要求

在图 6.16 条件成立的情况下，接收端第 k 个子载波的解调信号只和发送端的 $k-1$、k 及 $k+1$ 路信号有关，其他路的信号对接收端第 k 个子载波的解调信号没有贡献，如图 6.17 所示，为了分析方便在接收端我们用了时间超前滤波器 $h(n+\frac{M}{2})$，超前意味着系统为非有理系统，在实际处理时输出信号有 M 点的延时，但这不影响分析结果。

在第 3 章中我们在 Z 变换域对 MDFT 滤波器组消除邻带间干扰的机理进行了分析，完全从频域的角度来分析问题，这里我们将从调制系统的角度，通过时域卷积

积分来解释 FBMC/OQAM 消除邻带干扰的原理。在图 6.17 中，发送信号 $s_k(n)$ 通过三条路径到达接收端：第一路为 $(k-1) \to k$；第二路为 $k \to k$；第三路为 $(k+1) \to k$。

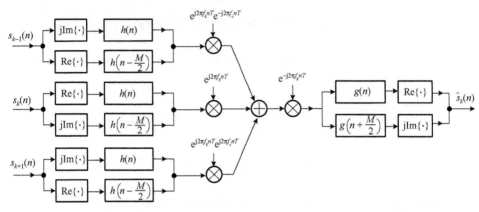

图 6.17　FBMC/OQAM 系统中第 k 个子载波的输入输出关系

第二路是我们需要的，其他两路均为 ICI 干扰。由于解调的作用，发送端的 $e^{j2\pi f_{k}nT}$ 可以去掉，这样得到图 6.18。这里要特别指出的是，图 6.18 中，在 M 点抽取器之前，系统的抽样时间为 nT，在 M 点抽取器之后，抽样时间变成了 nT_s，这里 T 为子载波间隔时间，T_s 为调制符号周期时间，$T_s = MT$。$\hat{s}_k(mT_s)$ 等于

$$\hat{s}_k(mT_s) = \hat{s}_{k\to k}(mT_s) + \hat{s}_{(k+1)\to k}(mT_s) + \hat{s}_{(k-1)\to k}(mT_s) \tag{6.3.3}$$

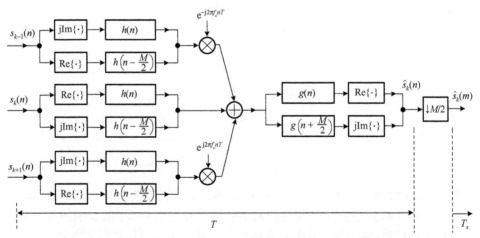

图 6.18　FBMC/OQAM 系统中第 k 个子载波的输入输出关系简化图

$k \to k$ 路的输出等于

$$\hat{s}_{k\to k}(n) = \mathrm{Re}\left\{s_k^R(n) * g(n) * h(n)\right\} + \mathrm{jIm}\left\{s_k^I(n) * g\left(n+\frac{M}{2}\right) * h\left(n-\frac{M}{2}\right)\right\} \tag{6.3.4}$$

取 $g(n)=h(n)$，式 (6.3.3) 变成

$$\hat{s}_{k\to k}(n)=\mathrm{Re}\left\{s_k^R(n)*h(n)*h(n)\right\}+\mathrm{jIm}\left\{s_k^I(n)*h(n+\tfrac{M}{2})*h(n-\tfrac{M}{2})\right\}$$
$$=s_k(n)*h(n)*h(n) \tag{6.3.5}$$

$(k+1)\to k$ 路的输出等于

$$\hat{s}_{(k+1)\to k}(n)=\mathrm{Re}\left\{s_{k+1}^R(n)*h(n)*\left(h\left(n-\frac{M}{2}\right)\mathrm{e}^{\mathrm{j}2\pi f_c nT}\right)+\mathrm{j}s_{k+1}^I(n)*h(n)*\left(h(n)\mathrm{e}^{\mathrm{j}2\pi f_c nT}\right)\right\}$$
$$+\mathrm{jIm}\left\{s_{k+1}^I(n)*h\left(n+\frac{M}{2}\right)*\left(h(n)\mathrm{e}^{\mathrm{j}2\pi f_c nT}\right)\right.$$
$$\left.+s_{k+1}^R(n)*h\left(n+\frac{M}{2}\right)*\left(h\left(n-\frac{M}{2}\right)\mathrm{e}^{\mathrm{j}2\pi f_c nT}\right)\right\}$$
$$=\hat{s}_{(k+1)\to k}^R(n)+\mathrm{j}\hat{s}_{(k+1)\to k}^I(n)$$

$$\tag{6.3.6}$$

下面我们需要证明 $\hat{s}_{(k+1)\to k}(m)=0$，从而证明 $(k+1)\to k$ 路的干扰信号为零，推导的技巧在于利用抽取器前后抽样周期的变化，第一步我们先把抽样周期为 T 的系统变化到连续时间系统，然后对连续时间系统进行 T_s 离散抽样得到 $\hat{s}_{(k+1)\to k}(m)$。先证明 $\hat{s}_{(k+1)\to k}^R(m)=0$，把式 (6.3.5) 变换到连续时间域有

$$\hat{s}_{(k+1)\to k}^R(t)=\mathrm{Re}\left\{s_{k+1}^R(t)*h(t)*\left(h\left(t-\frac{T_s}{2}\right)\mathrm{e}^{\mathrm{j}\frac{2\pi}{T_s}t}\right)+\mathrm{j}s_{k+1}^I(t)*h(t)*\left(h(t)\mathrm{e}^{\mathrm{j}\frac{2\pi}{T_s}t}\right)\right\}$$
$$=\mathrm{Re}\left\{s_{k+1}^R(t)*h(t)*\left(h\left(t-\frac{T_s}{2}\right)\mathrm{e}^{\mathrm{j}\frac{2\pi}{T_s}t}\right)+s_{k+1}^I(t)*h(t)*\left(h(t)\mathrm{e}^{\mathrm{j}\left(\frac{2\pi}{T_s}t+\frac{\pi}{2}\right)}\right)\right\}$$

$$\tag{6.3.7}$$

式中，T_s 表示符号周期；抽样时间为 nT，由于 $h(n)$ 为实数函数，有

$$\hat{s}_{(k+1)\to k}^R(t)=\mathrm{Re}\left\{s_{k+1}^R(t)*h(t)*\left(h\left(t-\frac{T_s}{2}\right)\mathrm{e}^{\mathrm{j}\frac{2\pi}{T_s}t}\right)+\mathrm{j}s_{k+1}^I(t)*h(t)*\left(h(t)\mathrm{e}^{\mathrm{j}\frac{2\pi}{T_s}t}\right)\right\}$$
$$=s_{k+1}^R(t)*h(t)*\mathrm{Re}\left(h\left(t-\frac{T_s}{2}\right)\mathrm{e}^{\mathrm{j}\frac{2\pi}{T_s}t}\right)+s_{k+1}^I(t)*h(t)*\mathrm{Re}\left(h(t)\mathrm{e}^{\mathrm{j}\left(\frac{2\pi}{T_s}t+\frac{\pi}{2}\right)}\right)$$
$$=s_{k+1}^R(t)*a_R(t)+s_{k+1}^I(t)*a_I(t)$$

$$\tag{6.3.8}$$

式中

$$a_R(t)=h(t)*\mathrm{Re}\left(h\left(t-\frac{T_s}{2}\right)\mathrm{e}^{\mathrm{j}\frac{2\pi}{T_s}t}\right)$$

$$= h(t) * \left(h\left(t - \frac{T_s}{2} \right) \cos\left(\frac{2\pi}{T_s} t \right) \right)$$

$$= \int_{-\infty}^{\infty} h\left(\tau - \frac{T_s}{2} \right) \cos\left(\frac{2\pi}{T_s} \tau \right) h(t - \tau) \mathrm{d}\tau \tag{6.3.9}$$

然后对式(6.3.9)进行抽样周期为 T_s 的离散化，把 $t = mT_s$ 代入式(6.3.9)得到

$$a_R(mT_s) = \int_{-\infty}^{\infty} h\left(\tau - \frac{T_s}{2} \right) \cos\left(\frac{2\pi}{T_s} \tau \right) h(mT_s - \tau) \mathrm{d}\tau \tag{6.3.10}$$

设 $\upsilon = \tau - \dfrac{mT_s}{2} - \dfrac{T_s}{4}$，把 υ 代入式(6.3.10)

$$a_R(mT_s) = \int_{-\infty}^{\infty} h\left(\frac{mT_s}{2} - \frac{T_s}{4} + \upsilon \right) \cos\left(\frac{2\pi}{T_s} \upsilon + m\pi + \frac{\pi}{2} \right) h\left(\frac{mT_s}{2} - \frac{T_s}{4} - \upsilon \right) \mathrm{d}\upsilon$$

$$= (-1)^{m+1} \int_{-\infty}^{\infty} h\left(\frac{mT_s}{2} - \frac{T_s}{4} + \upsilon \right) h\left(\frac{mT_s}{2} - \frac{T_s}{4} - \upsilon \right) \sin\left(\frac{2\pi}{T_s} \upsilon \right) \mathrm{d}\upsilon \tag{6.3.11}$$

由于 $h\left(\dfrac{mT_s}{2} - \dfrac{T_s}{4} + \upsilon \right) h\left(\dfrac{mT_s}{2} - \dfrac{T_s}{4} - \upsilon \right)$ 是偶对称函数，而 $\sin\left(\dfrac{2\pi}{T_s} \upsilon \right)$ 是奇对称函

数，所以式(6.3.11)的积分函数为奇对称函数，如图6.19所示。式(6.3.11)中负半轴的积分等于正半轴的积分，但符号相反，所以

$$a_R(mT_s) = (-1)^{m+1} \int_{-\infty}^{\infty} h\left(\frac{mT_s}{2} - \frac{T_s}{4} + \upsilon \right) h\left(\frac{mT_s}{2} - \frac{T_s}{4} - \upsilon \right) \sin\left(\frac{2\pi}{T_s} \upsilon \right) \mathrm{d}\upsilon$$

$$= (-1)^{m+1} \left(\int_{-\infty}^{0} h\left(\frac{mT_s}{2} - \frac{T_s}{4} + \upsilon \right) h\left(\frac{mT_s}{2} - \frac{T_s}{4} - \upsilon \right) \sin\left(\frac{2\pi}{T_s} \upsilon \right) \mathrm{d}\upsilon \right.$$

$$\left. + \int_{0}^{\infty} h\left(\frac{mT_s}{2} - \frac{T_s}{4} + \upsilon \right) h\left(\frac{mT_s}{2} - \frac{T_s}{4} - \upsilon \right) \sin\left(\frac{2\pi}{T_s} \upsilon \right) \mathrm{d}\upsilon \right) \tag{6.3.12}$$

$$= 0$$

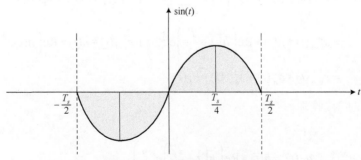

图6.19　正弦函数积分示意图

类似地，我们可以证明 $a_I(mT_s) = 0$，根据式 (6.3.8)，$a_I(t)$ 等于

$$a_I(t) = h(t) * \mathrm{Re}\left(h(t)\mathrm{e}^{\mathrm{j}\left(\frac{2\pi}{T_s}t + \frac{\pi}{2}\right)} \right)$$

$$= -h(t) * \left(h(t)\sin\left(\frac{2\pi}{T_s}t\right) \right) \tag{6.3.13}$$

$$= -\int_{-\infty}^{\infty} h(\tau)\sin\left(\frac{2\pi}{T_s}\tau\right)h(t-\tau)\mathrm{d}\tau$$

经过抽样周期为 T_s 的离散化后得到

$$a_I(mT_s) = -\int_{-\infty}^{\infty} h(\tau)\sin\left(\frac{2\pi}{T_s}\tau\right)h(mT_s-\tau)\mathrm{d}\tau \tag{6.3.14}$$

设 $\upsilon = \tau - \dfrac{mT_s}{2}$，把 υ 代入式 (6.3.14) 有

$$a_I(mT_s) = -\int_{-\infty}^{\infty} h\left(\frac{mT_s}{2}+\upsilon\right)\sin\left(\frac{2\pi}{T_s}\upsilon + m\pi\right)h\left(\frac{mT_s}{2}-\upsilon\right)\mathrm{d}\upsilon$$
$$= (-1)^{m+1}\int_{-\infty}^{\infty} h\left(\frac{mT_s}{2}+\upsilon\right)h\left(\frac{mT_s}{2}-\upsilon\right)\sin\left(\frac{2\pi}{T_s}\upsilon\right)\mathrm{d}\upsilon \tag{6.3.15}$$

由于函数 $h\left(\dfrac{mT_s}{2}+\upsilon\right)h\left(\dfrac{mT_s}{2}-\upsilon\right)$ 是偶对称函数，而 $\sin\left(\dfrac{2\pi}{T_s}\upsilon\right)$ 是奇对称函数，式 (6.3.15) 中的积分函数为奇对称函数，所以积分等于零，即

$$a_I(mT_s) = 0 \tag{6.3.16}$$

把式 (6.3.12) 和式 (6.3.16) 代入式 (6.3.8) 中，有

$$\hat{s}^R_{(k+1)\to k}(mT_s) = s^R_{k+1}(mT_s) * a_R(mT_s) + s^I_{k+1}(mT_s) * a_I(mT_s) = 0 \tag{6.3.17}$$

类似地，可以证明 $\hat{s}^I_{(k+1)\to k}(mT_s)$，最后得到

$$\hat{s}_{(k+1)\to k}(mT_s) = \hat{s}^R_{(k+1)\to k}(mT_s) + \mathrm{j}\hat{s}^I_{(k+1)\to k}(mT_s) = 0 \tag{6.3.18}$$

从而证明了，第 $(k+1)\to k$ 路的信号为零，类似地可以证明第 $(k-1)\to k$ 路的信号也为零，最后接收端的信号等于第 $k \to k$ 的输出

$$\hat{s}_k(mT_s) = \hat{s}_{k\to k}(mT_s) = s_k(mT_s) * h(mT_s) * h(mT_s) \tag{6.3.19}$$

到此我们证明了 FBMC/OQAM 消除邻带干扰的原理。

FBMC/OQAM 消除带间干扰的结构非常巧妙，两个结构上的变化至关重要：一是实虚部错位 $M/2$ 样值处理，这一步使得式 (6.3.11) 中的 $\cos(\cdot)$ 函数变成 $\sin(\cdot)$ 函数，从而使得积分函数为奇函数；二是 k 路前后相邻子带的实虚部处理换位，这一步的目的是在前后子带引入复数符号 j，使式 (6.3.15) 中的 $\sin(\cdot)$ 保持不变，从而使积分函数保持奇函数，积分为零。FBMC/OQAM 满足正交，能够完全重建信号，但前提条件是原型滤波器 $h(n)$ 的过渡带只对相邻的载波有 ICI 干扰，在其他子载波的频带内 ICI 为零，这个要求在实际应用中是不可能满足的，原因是这样得到的原型函数的系数长度为无穷，但在实际应用中我们可以通过设计原型滤波器 $h(n)$ 使得重建误差非常小，在多载波调制中，在无信道干扰的情况下接收端可以完全重建信号。

6.3.2　FBMC/OQAM 的实现

图 6.15 中的结构便于数学描述和分析，但不利于快速实现，为了能够用 IFFT 实现 FBMC/OQAM 我们需要对图 6.15 中的结构进行一些变化，把实虚部分开处理，这些变化包括以下几方面。

(1) 所有上路滤波器 $h(n)$ 处理 $\mathrm{Re}(\cdot)$。

(2) 所有下路滤波器 $h\left(n - \dfrac{M}{2}\right)$ 处理 $j\mathrm{Im}(\cdot)$。

(3) 每路输出乘以 j^k（$e^{j\frac{\pi}{2}k}$），k 表示第 k 路滤波。

上述变化没有改变 FBMC/OQAM 消除干扰的原理，由于 j^k 随子带系数 k 变化，所以相邻带之间仍保持了因子 j 的差别，经过上述变化后我们得到图 6.20 的实现结构。

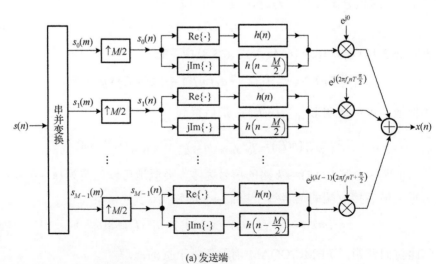

(a) 发送端

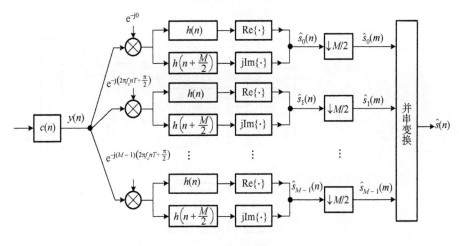

(b) 接收端

图 6.20　FBMC/OQAM 多载波调制系统实现结构

图 6.20 中，$f_c = 1/T_s$ 为子载波频率。更进一步我们把 $\mathrm{e}^{\mathrm{j}\frac{\pi}{2}k}$ 归入 $\mathrm{Re}(\cdot)$ 和 $\mathrm{Im}(\cdot)$ 运算中，得到图 6.21。

图 6.21 中我们把实虚部分别进行滤波，滤波器 $h(n)$ 只处理实部，滤波器 $h\left(n - \dfrac{M}{2}\right)$ 只处理虚部，把实虚部分分别调制得到图 6.22。

$$\hat{s}_k(mT_s) = \hat{s}_{k \to k}(mT_s) = s_k(mT_s) * h(mT_s) * h(mT_s) \tag{6.3.20}$$

为了把图 6.22 中的上下两路滤波处理合并成一路，定义下列合成信号

$$\tilde{s}_k(n) = (\mathrm{j})^k s_k^R(n) + (\mathrm{j})^{k+1} s_k^I\left(n - \frac{M}{2}\right), \quad 0 \leqslant k \leqslant M - 1 \tag{6.3.21}$$

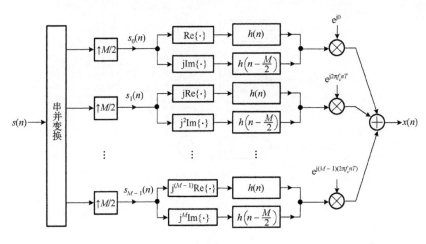

(a) 发送端

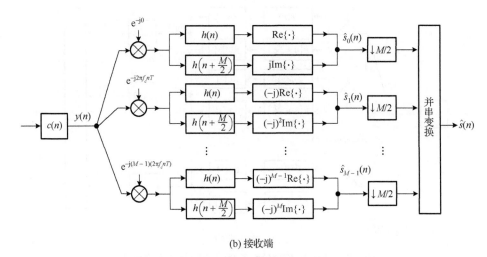

(b) 接收端

图 6.21　FBMC/OQAM 多载波调制系统简化实现结构

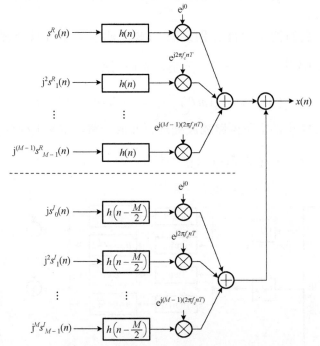

图 6.22　实虚部信号分别调制的 FBMC/OQAM 结构（发送端）

根据式 (6.3.21)，把 $f_c = 1/(MT)$ 代入图 6.22 中得到图 6.23。

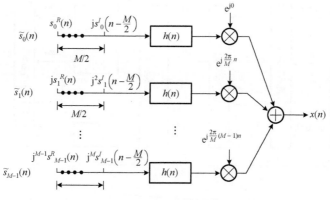

图 6.23 FBMC/OQAM 发送端的实现结构

图 6.23 的输出等于

$$
\begin{aligned}
x(n) &= \sum_{k=0}^{M-1}\sum_{i=-\infty}^{\infty}\tilde{s}_k(n-i)h(i)\mathrm{e}^{\mathrm{j}\frac{2\pi}{M}ik} \\
&= \sum_{l=-\infty}^{\infty}h\!\left(l\frac{M}{2}+r\right)\!\left\{\sum_{k=0}^{M-1}\tilde{s}_k\!\left(n-l\frac{M}{2}-r\right)\mathrm{e}^{\mathrm{j}\pi lk}\mathrm{e}^{\mathrm{j}\frac{2\pi}{M}rk}\right\}
\end{aligned}
\tag{6.3.22}
$$

式中，输入信号 $\tilde{s}_k(n)$ 只在 $n-r=mM$ 时不为零，其他点都等于零，定义

$$
x_r(m)=x(mM+r),\quad 0\leqslant r\leqslant M-1,-\infty\leqslant m\leqslant\infty
\tag{6.3.23}
$$

$$
\tilde{h}_r(l)=h\!\left(l\frac{M}{2}+r\right),\quad 0\leqslant r\leqslant M-1,-\infty\leqslant l\leqslant\infty
\tag{6.3.24}
$$

$$
u_k(n)=\tilde{s}_k(n)\mathrm{e}^{\mathrm{j}\pi lk}=(-1)^{lk}\tilde{s}_k(n)
\tag{6.3.25}
$$

把式(6.3.23)～式(6.3.25)代入式(6.3.22)中有

$$
\begin{aligned}
x_r(m) &= \sum_{l=-\infty}^{\infty}\tilde{h}_r\!\left(l\frac{M}{2}\right)\!\left\{\sum_{k=0}^{M-1}u_k\!\left(mM-l\frac{M}{2}\right)\mathrm{e}^{\mathrm{j}\frac{2\pi}{M}rk}\right\} \\
&= \sum_{l=-\infty}^{\infty}\tilde{h}_r\!\left(mM-l\frac{M}{2}\right)\!\left\{\sum_{k=0}^{M-1}u_k\!\left(l\frac{M}{2}\right)\mathrm{e}^{\mathrm{j}\frac{2\pi}{M}rk}\right\}
\end{aligned}
\tag{6.3.26}
$$

式(6.3.26)正是我们要得到的一般滤波器组多载波调制发送端的输出信号表达式，括号内是 IFFT 运算，根据式(6.3.26)我们得到 FBMC/OQAM 的快速实现方法，如图 6.24 所示，图中输入输出的信号处理周期为符号周期 T_s，而中间的信号处理周期为半个符号周期 $T_s/2$，接收端滤波器和发送端滤波成匹配滤波，$\tilde{g}_i(l)=\tilde{h}_i(-l)$。

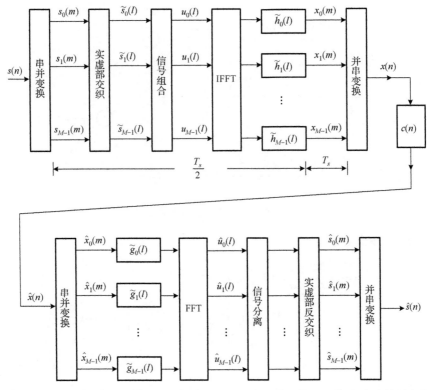

图 6.24　FBMC/OQAM 的快速实现结构，$T_s/2$ 段的信号处理周期为半个符号周期

6.4　原型滤波器的设计

滤波器组多载波调制设计的中心问题是原型函数 $h(n)$ 的设计，因为 $h(n)$ 决定了 FBMC 的性能及对功率谱密度改善的程度。原型函数的设计实际上是滤波器优化的问题，滤波器优化设计没有统一的标准，对于 FBMC 有两个优化目标：一是频谱的带外泄漏最小；二是满足奈奎斯特条件，消除 ICI 干扰，完全重建信号。但这两个条件不可能同时满足，实际设计中总是寻找折中点，平衡这两个要求。

6.4.1　奈奎斯特条件

奈奎斯特条件就是从滤波器输出可以重建输入信号的条件。对于单个滤波器 $h(t)$

$$h(t) = \sum_{n=-\infty}^{\infty} h(nT)\delta(t - nT_s) \tag{6.4.1}$$

奈奎斯特条件要求 $h(t)$ 满足下列条件：

$$h(nT_s) = \begin{cases} 1, & n=0 \\ 0, & \text{其他} \end{cases} \tag{6.4.2}$$

式中，T_s 表示符号周期，式 (6.4.2) 的意思是说，函数 $h(t)$ 只在 $t = nT_s$ 时为 1，在其他所有符号周期整数倍的时间点都等于零，如图 6.25 所示。

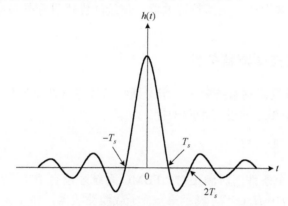

图 6.25　奈奎斯特条件对原型函数 $h(t)$ 的要求

当滤波器 $h(t)$ 满足奈奎斯特条件时，滤波器输出为

$$y(t) = \sum_{n=-\infty}^{\infty} s(n)h(t - nT_s) \tag{6.4.3}$$

在时间点 $t = nT_s$ 可以完全重建，也就是说，这时没有符号间干扰，滤波输出不需要其他处理就可以重建。奈奎斯特的时域条件没有实际意义，因为时域条件不能帮助设计滤波器，奈奎斯特的频域条件更重要，奈奎斯特条件在频域等于

$$\sum_{n=-\infty}^{\infty} H\left(f - \frac{n}{T_s}\right) = T_s \tag{6.4.4}$$

式中，$H(f)$ 表示 $h(t)$ 的傅里叶变换。如果接收端使用匹配滤波器解调信号，即 $g(t) = h(-t)$，那么整个收发滤波器等于

$$p(t) = g(t) * h(t) = h(t) * h(-t) \tag{6.4.5}$$

因为 $P(f) = |H(f)|^2$，这时奈奎斯特条件等于

$$\sum_{n=-\infty}^{\infty} \left| H\left(f - \frac{n}{T_s}\right) \right|^2 = T_s \tag{6.4.6}$$

用角频率表示，式 (6.4.6) 变为

$$\sum_{n=-\infty}^{\infty}\left|H(\mathrm{e}^{\mathrm{j}2\pi(f-n/T_s)})\right|^2 = T_s \tag{6.4.7}$$

通常我们先寻找能满足条件(6.4.7)的函数，然后通过 IDTFT 变换得到 $h(n)$，平方根升余弦函数(root raised cosine，RRC)就是通过这种方法得到的，RRC 是最常用的奈奎斯特滤波器，因为 RRC 有完整表达式，可直接计算滤波器系数。另外也可以通过迭代优化算法来设计奈奎斯特滤波器，传统的优化目标是最小 OOBE，加奈奎斯特约束条件。

6.4.2　滤波器组奈奎斯特条件

对于 M 个子载波调制系统来说，奈奎斯特条件包含两个条件。

(1) 滤波器组子带之间没有带间干扰。

(2) $\displaystyle\sum_{k=0}^{M-1}\left|H_k(\mathrm{e}^{\mathrm{j}2\pi f})\right|^2 = M$ 。

只有当上面两个条件同时满足时，FBMC 系统才没有 ICI 干扰，系统才能完全重建信号。条件(2)中 $H_k(\mathrm{e}^{\mathrm{j}2\pi f})$ 表示第 k 个子载波滤波器，由于 $h_k(n) = h(n)\mathrm{e}^{\mathrm{j}2\pi k/M}$，条件(2)等于

$$\sum_{k=0}^{M-1}\left|H(\mathrm{e}^{\mathrm{j}2\pi(f-k/M)})\right|^2 = M \tag{6.4.8}$$

条件(2)也称为功率互补条件，图 6.26 给出了条件(2)的示意图。

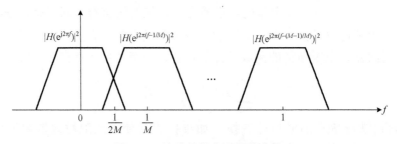

图 6.26　滤波器组奈奎斯特条件

滤波器组多载波调制系统的奈奎斯特条件等效于滤波器组的正交条件。如果把滤波器组看成信号的扩展，FBMC 的调制输出可以表示为

$$y(t) = \sum_{n}\sum_{k=0}^{M-1}s_k(n)h_k(t-nT) \tag{6.4.9}$$

式中，$y(t)$ 可以看成信号 $s_k(n)$ 在频域(由载波系数 k 代表)和时域(由时间系数 n 代表)的扩展，扩展的基函数为 $h_k(t-nT)$，当基函数正交时，系统完全重建，基函数

的正交条件为

$$< h_k(t-mT), h_l(t-nT) >= \delta_{kl}\delta_{mn} \tag{6.4.10}$$

式 (6.4.10) 可以撤散成两个条件

$$< h_k(t-mT), h_l(t-nT) >= \delta_{kl} \tag{6.4.11}$$

$$< h_k(t-mT), h_l(t-nT) >= \delta_{mn} \tag{6.4.12}$$

条件 (6.4.11) 描述了子带间无干扰的条件，条件 (6.4.12) 描述了功率互补条件。子带间干扰体现在信号通过其他旁路到达接收端，如图 6.27 所示。

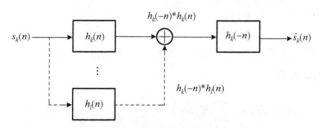

图 6.27　滤波器组邻带干扰示意图

对于滤波器组多载波调制系统来说，要想通过设计原型函数 $h(n)$ 来同时满足奈奎斯特条件是很困难的，主要的问题是带间干扰。邻带干扰是由于带外 OOBE 造成的，高阻带的滤波器可以很大程度地降低 OOBE，但对于 FBMC 来说还不够，还需要通过其他方法来降低 OOBE 带来的干扰，FMT 中采用过抽样的方法，而 FBMC-OQAM 采用结构上的变化来解决这个问题。

6.4.3　频域抽样法

当我们把 OOBE 降到足够小或完全消除时，满足滤波器组奈奎斯特条件剩下的就是满足功率互补条件，这样我们就把滤波器组原型函数的设计转化成了单个滤波器如何满足奈奎斯特条件 (6.4.8) 的问题。我们可以按下面的思路来设计满足条件 (6.4.8) 的原型滤波器：首先构造一个 $H(e^{j2\pi f})$，让它在抽样点 $f_i = i/(KT_s)$（$0 \leqslant i \leqslant K-1$）满足：

$$\sum_{k=0}^{M-1}\left|H(e^{j2\pi(f_i-k/M)})\right|^2 = 1, \quad 0 \leqslant i \leqslant K-1 \tag{6.4.13}$$

式中，T_s 为调制符号周期，然后对 $H(e^{j2\pi f})$ 进行离散傅里叶逆变换

$$h(t) = \int_0^1 H(e^{j2\pi f})e^{j2\pi ft}df \tag{6.4.14}$$

对 f 进行频域抽样，把 $f_i = i/(KT_s)$ 代入式 (6.4.14) 得到

$$h(t) = \sum_{i=0}^{K-1} H(e^{j2\pi f_i}) e^{j2\pi ti/KT_s}$$

$$= \sum_{i=0}^{K-1} H_i e^{j2\pi ti/KT_s} \tag{6.4.15}$$

$$= H_0 + \sum_{i=1}^{K-1} H_i e^{j2\pi ti/KT_s}$$

由于 $h^*(t) = h(t)$，所以有

$$h(t) = H_0 + 2\sum_{i=1}^{K-1} H_i \cos\left(2\pi \frac{it}{KT_s}\right) \tag{6.4.16}$$

式中，$h(t)$ 是周期为 KT_s 的周期函数，假如一个调制符号有 M 个子载波，我们得到离散时间的原型函数为

$$h(n) = H_0 + 2\sum_{i=1}^{K-1} H_i \cos\left(2\pi \frac{in}{KM}\right), \quad 0 \leq n \leq KM - 1 \tag{6.4.17}$$

式中，频率抽样点 K 决定了原型函数 $h(n)$ 的长度，如何选择抽样点 H_i（$0 \leq i \leq K-1$）是设计 $h(n)$ 的关键。表 6.1 给出了几种 H_i 的值。

表 6.1 满足奈奎斯特条件的频谱抽样值

K	H_0	H_1	H_2	H_3
2	1	$\sqrt{2}/2$	—	—
3	1	0.911438	0.411438	—
4	1	0.971960	$\sqrt{2}/2$	0.235147

图 6.28 给出了 $K = 4$，$M = 256$ 时的 $h(n)$ 图形。

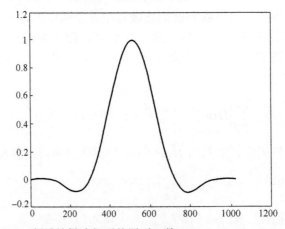

图 6.28 频域抽样法得到的原型函数 $h(n)$，$K = 4$，$M = 256$

参 考 文 献

[1]　Farhang-Boroujeny B. OFDM versus filter bank multicarrier. IEEE Signal Processing Magazine, 2011, 28(3): 92-112.

[2]　Waldhauser D, Baltar L, Nossek J. Comparison of filter bank based multicarrier systems with OFDM// Proceedings of the IEEE Asia Pacific Conference on Circuits and Systems, Singapore, 2006.

[3]　Chang R W, Gibby R A. A theoretical study of performance of an orthogonal multiplexing data transmission scheme. IEEE Transactions on Communication Technique, 1968, 16(4): 529-540.

[4]　Cherubini G, Eleftheriou E, Olcer S. Filtered multitone modulation for very high-speed digital subscriber lines. IEEE Journal on Selected Areas in Communication, 2002, 20(5): 1016-1028.

[5]　Cherubini G, Eleftheriou E, Olcer S, et al. Filter bank modulation techniques for very high speed digital subscriber lines. IEEE Communication Magazine, 2000, 38(5): 98-104.

[6]　Tonello A M. Performance limits for filtered multitone modulation in fading channels. IEEE Transactions on Wireless Communications, 2005, 4(5): 2121-2135.

[7]　Tonello A M, Pecile F. Efficient architectures for multiuser FMT systems and application to power line communications. IEEE Transactions on Communications, 2009, 57(5): 1275-1279.

[8]　Saltzberg B R. Performance of an efficient parallel data transmission system. IEEE Transactions on Communications Technique, 1967, 15(6): 805-811.

[9]　Hirosaki B. An orthogonally multiplexed QAM system using the discrete Fourier transform. IEEE Transactions on Communication, 1981, 29(7): 73-83.

[10]　Siohan P, Siclet C, Lacaille N. Analysis and design of OFDM/OQAM systems based on filterbank theory. IEEE Transactions on Signal Processing, 2002, 50(5): 1170-1183.

[11]　Ciblat P, Serpedin E. A fine blind frequency offset estimator for OFDM/OQAM systems. IEEE Transactions on Signal Processing, 2004, 52(1): 291-296.

第 7 章　滤波 OFDM

多场景通信的接入是下一代无线通信的一个特点，不同场景的通信技术可能不同，如蜂窝通信、无线局域网中的 WiFi 技术、智能家庭中的蓝牙(Bluetooth)、紫蜂(ZigBee)技术等，每种通信采用的调制技术也可能不同。把这些不同通信场景同时接入网络首先要解决的问题是接入信号互相之间不能有干扰，消除干扰最直接的方法就是滤波，在信号接入网络之前对信号进行滤波，把信号限制在分配的带内，这就是滤波 OFDM 的基本思想。假设所有接入场景通信采用的都是 OFDM 调制，如果我们不对接入的 OFDM 信号进行预处理，那么我们会有几个问题：一是不同场景之间的符号间干扰；二是载波漂移的影响。载波漂移不仅对场景内的信号产生干扰，而且对其他场景信号也有干扰，这种载波非同步产生的干扰将会大大降低系统的性能。解决这些问题的办法就是对 OFDM 信号进行滤波预处理，这种滤波和 FBMC不同，不是对单路信号进行滤波，而是对全带信号或子带信号进行滤波，在这一章我们将介绍几种常见的滤波 OFDM 技术。

7.1　全带滤波 OFDM(f-OFDM)

频谱利用率不高一直是 OFDM 的一个问题，在 5.7 节中我们介绍了通过对 OFDM 调制输出符号加窗函数来对频谱整形,从而改善 OFDM 输出符号频谱密度的方法，但加窗法由于附加循环后缀长度的限制，对频谱密度的改善有限，而且加窗并没有起到对 OFDM 符号进行滤波的效果，不能抑制其他接入场景信号的干扰，为了起到既能改善频谱密度，又能降低干扰，我们采用对 OFDM 符号进行全带滤波的方法。在 5.7 节中我们也提到，滤波方法的问题在于滤波器的设计和滤波拖尾对系统的影响，这是滤波 OFDM 系统设计的难点,因此 f-OFDM 的关键在于滤波的设计。图 7.1 给出了 f-OFDM 的结构图[1,2]。

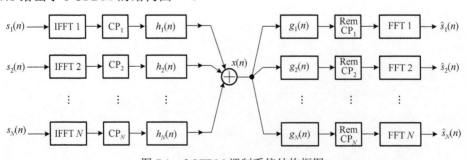

图 7.1　f-OFDM 调制系统结构框图

　　图 7.1 结构的灵活性在于，每个单路 OFDM 可以具有不同的子载波数，不同长度的 CP，调制带宽也不同，如图 7.2 所示，这正是多场景接入的要求。图 7.2 中，传统的数据语言通信要求子载波数多，传输频带宽，子载波时间间隔短，以满足高速通信的需求；机器类通信对延时没有要求，子载波的时间间隔大，传输频带窄；车载通信要求延时低，符号周期短，子载波频带宽，时间间隔短。图 7.3 给出了多场景信号接入频谱示意图。

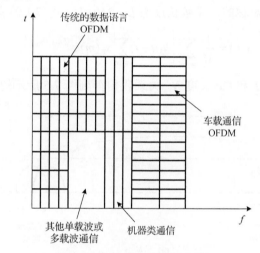

图 7.2　多场景信号时频分辨图

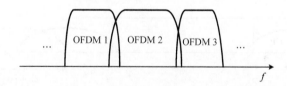

图 7.3　多场景信号接入频谱示意图

取图 7.1 中的一路 f-OFDM 来分析，如图 7.4 所示。

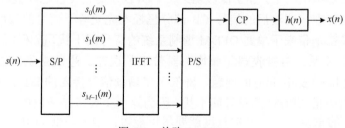

图 7.4　单路 f-OFDM

　　假设数据长度为 M，CP 长度为 N_{cp}，加 CP 后的 OFDM 符号长度为 $M_T = M + N_{cp}$，加 CP 后的 OFDM 符号可以表示为

$$x(n) = \frac{1}{M} \sum_{k=0}^{M-1} s_k(m) e^{j\frac{2\pi}{M}k(n-N_{\text{cp}})}, \quad 0 \leqslant n \leqslant M_T - 1 \tag{7.1.1}$$

式中，$s_k(m)$ 表示第 m 帧的输入符号信号，对 $x(n)$ 进行滤波处理后我们得到

$$x(n) = \frac{1}{M} \sum_{i=-\infty}^{\infty} \left\{ h(n-i) \sum_{k=0}^{M-1} s_k(m) e^{j\frac{2\pi}{M}k(i-N_{\text{cp}})} \right\} \tag{7.1.2}$$

假设滤波器是奇对称的，系数长度为 $L = 2N+1$，式 (7.1.2) 变成

$$x(n) = \frac{1}{M} \sum_{i=-N}^{N} \left\{ h(n-i) \sum_{k=0}^{M-1} s_k(m) e^{j\frac{2\pi}{M}k(i-N_{\text{cp}})} \right\} \tag{7.1.3}$$

根据滤波器长度 L 和 CP 长度 N_{cp} 关系我们得到图 7.5 所示的几种情况。

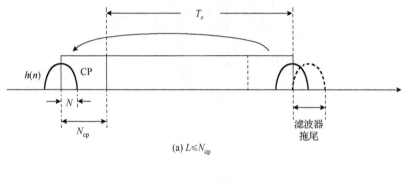

(a) $L \leqslant N_{\text{cp}}$

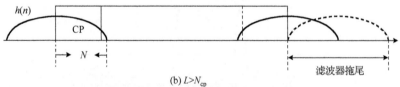

(b) $L > N_{\text{cp}}$

图 7.5　滤波器长度 L 和 CP 长度 N_{cp} 的关系

　　首先我们要指出的是，加了滤波器之后，OFDM 的正交性已经被破坏，由于 CP 部分也被滤波处理，滤波后的信号 CP 部分已经不完全等于信号的最后部分，这造成的直接结果就是带来了单路 OFDM 调制系统的符号间干扰，破坏了发送信号和信道的循环卷积关系，给接收端频域均衡器带来了误差。也就是说，滤波器解决了 OOBC（out-of band emission）的问题，降低了多场景信号接入的 ISI 干扰，但同时带来了单个应用场景 OFDM 的符号间干扰。因为这两个要求是矛盾的，所以要想尽可能不破坏 CP 的重复性，$h(n)$ 的长度就要尽可能短，但要降低 OOBC，$h(n)$ 的长度就要尽可能长，设计 f-OFDM 滤波器就是要解决这个矛盾的问题，在得到尽可能长的滤波器系数时又能保证单路 OFDM 的 ISI 干扰在允许范围内，这也是设计 $h(n)$ 难点，下面介绍加窗的 sinc 滤波器。

我们知道，理想低通滤波器的 DTFT 为 sinc 函数，如图 7.6 所示。

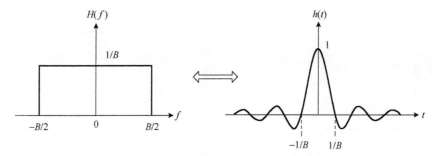

图 7.6　理想低通滤波器的傅里叶变换对

图 7.6 中，

$$H(f) = \begin{cases} \dfrac{1}{B}, & |f| \leqslant B/2 \\ 0, & |f| > B/2 \end{cases} \tag{7.1.4}$$

$$h(t) = \frac{\sin(\pi B t)}{\pi B t} = \mathrm{sinc}(Bt) \tag{7.1.5}$$

把 $h(t)$ 离散化得到

$$h(nT) = \frac{\sin(\pi B n T)}{\pi B n T} = \mathrm{sinc}(BnT), \quad -\infty < n < \infty \tag{7.1.6}$$

式中，T 为抽样周期。理想低通滤波器的冲击响应长度是无限的，在实际应用中我们需要对式 (7.1.6) 中的函数进行截断，把式 (7.1.6) 右边乘以窗函数 $w(n)$，有

$$h(n) = w(n)\mathrm{sinc}(Bn), \quad -\frac{L-1}{2} \leqslant n \leqslant \frac{L-1}{2} \tag{7.1.7}$$

式中，L 为奇数，根据式 (7.1.7) 我们可以得到不同特性的滤波器。

当滤波器长度 L 小于 CP 长度 N_{cp} 时，滤波器拖尾对系统的影响相对比较小，我们可以有更多的窗口函数选择，但由于滤波器长度的限制，调制信号的功率谱密度改善不大。当滤波器长度 L 大于 N_{cp} 时，功率谱密度得到了改善，但滤波器拖尾对系统的影响变大，为了降低滤波器拖尾的干扰，我们需要采取下列措施：一是加大频带宽度 B，使得 $h(n)$ 的主瓣变窄 (参考图 7.6，函数 $h(n)$ 的主瓣是 B 的倒数)；二是选择旁瓣衰减大的窗函数 $w(n)$。图 7.7 给出了几种窗函数对旁瓣衰减的影响，从图中可以看出，Chebyshev 窗对旁瓣的衰减最大，其次是 Hann 窗。

Hann 窗函数定义为

$$w(n) = 0.5\left[1 - \cos\left(\frac{2\pi n}{L-1}\right)\right], \quad -\frac{L-1}{2} \leqslant n \leqslant \frac{L-1}{2} \tag{7.1.8}$$

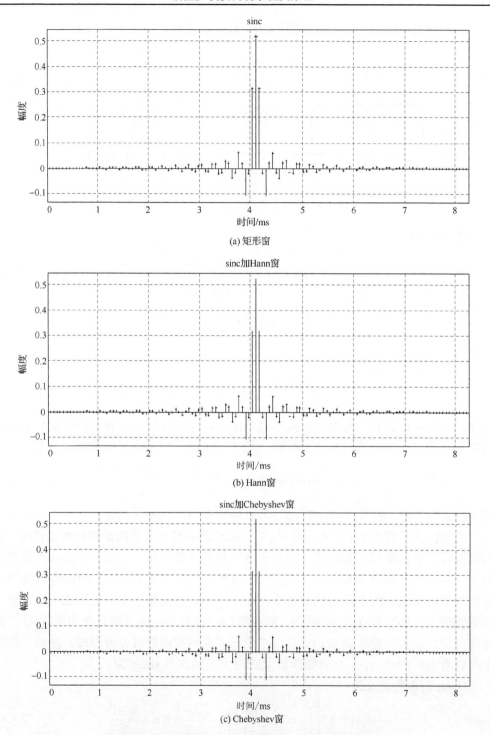

图 7.7　不同窗函数 $w(n)$ 对滤波器 $h(n)$ 旁瓣衰减的影响

Hann 窗函数属于正弦幂函数家族中的特例，正弦幂函数定义为

$$w(n) = 0.5\left[1 - \cos\left(\frac{2\pi n}{L-1}\right)\right]^{\alpha}, \quad -\frac{L-1}{2} \leqslant n \leqslant \frac{L-1}{2} \tag{7.1.9}$$

式中，α 为窗函数的滚降因子，当 $\alpha = 1$ 时，正弦幂函数就变成了 Hann 窗函数。我们可以通过调节 α 来控制窗函数旁瓣的衰减。

Chebyshev 函数没有完全表达式，它是通过求下列函数的 IDFT 变换得到的

$$W(k) = \frac{\cos\left\{N\cos^{-1}\left[\beta\cos\left(\frac{\pi k}{N}\right)\right]\right\}}{\cosh\left[N\cosh^{-1}(\beta)\right]}, \quad 0 \leqslant k \leqslant N-1 \tag{7.1.10}$$

$$\beta = \cosh\left[\frac{1}{N}\cosh^{-1}(10^{\alpha})\right]$$

Chebyshev 函数定义为

$$w(n) = \frac{1}{N}\sum_{k=0}^{N-1} W(k)\mathrm{e}^{\mathrm{j}\frac{2\pi}{N}kn}, \quad -N/2 \leqslant n \leqslant N/2 \tag{7.1.11}$$

式中，$L = N+1$，α 决定窗函数的旁瓣衰减，旁瓣衰减等于 $(-20\alpha)\,\mathrm{dB}$。图 7.8 给出了几种窗函数的幅频特性比较。

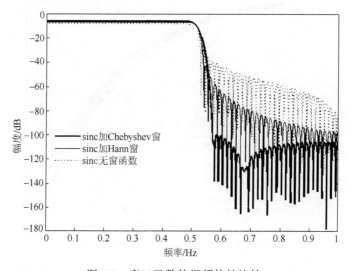

图 7.8　窗口函数的幅频特性比较

从图 7.8 中可以看出，在相同滤波器长度的情况下，Chebyshev 窗函数的旁瓣衰减最大，旁瓣衰减直接影响调制符号的频谱密度，如图 7.9 所示。

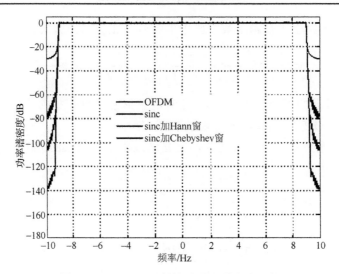

图 7.9　f-OFDM 调制符号功率谱密度比较

从图 7.9 中可以看出，加 Chebyshev 窗函数的滤波器输出的功率谱密度带外衰减最大，OOBE 最小，这个结果从系统的误码率也可以看出，图 7.10 给出了不同滤波器对系统误码率的影响。

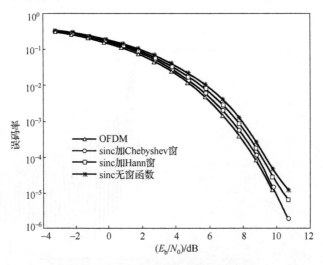

图 7.10　不同滤波器对误码率的影响

图 7.10 中，曲线从下到上依次是无干扰的 OFDM 系统、f-OFDM 加 Chebyshev 窗、Hann 窗和 sinc 函数，从图中可以看出，加 Chebyshev 窗的 f-OFDM 最接近无干扰的 OFDM 系统，说明这时滤波器的拖尾对系统几乎没有影响，如图 7.11 所示。

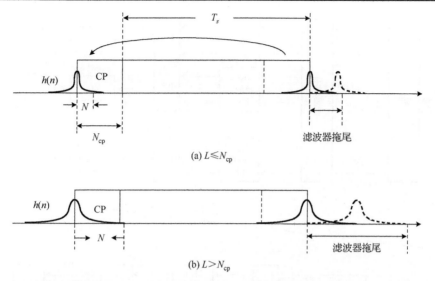

(a) $L \leqslant N_{cp}$

(b) $L > N_{cp}$

图 7.11　滤波器函数旁瓣衰减对滤波拖尾的影响，当旁瓣衰减足够大时，拖尾误差可以忽略

7.2　子带滤波 OFDM(SB-OFDM)

在 f-OFDM 结构中，滤波是对不同 OFDM 系统单独进行全带滤波，解决的问题是不同场景信号的接入干扰问题，但 f-OFDM 不能降低单个 OFDM 系统的子载波间干扰，也不能降低载波漂移对系统的影响，为了能够降低 ICI 干扰，同时也能降低 CFO 干扰，我们对单个 OFDM 系统进行子带滤波处理，我们称这种结构为子带 OFDM (sub-band OFDM，SB-OFDM)[3-5]，如图 7.12 所示。

图 7.12 中，发送端输入符号信号 $s(n)$ 经过串并变换后首先进行子带映射，把 M 点样值分到 N 个子带上，其中 $M = NK$（$K > 1$），每个子带分到 K 个样值。在进行 IFFT 前，K 个样值需要先进行补零到 M 点，然后分别对每个子带进行 M 点 IFFT 变换，IFFT 输出再进行子带滤波，N 个子带滤波输入叠加后发送到信道。在接收端，接收信号经过重建滤波器 $g_i(n)$（$0 \leqslant i \leqslant N-1$）后进行 FFT 变换，然后进行子带反映射得到重建符号 $\hat{s}_i(m)$。

经过 SB-OFDM 调制后的不同场景信号可以直接相加传输，因此我们可以说 f-OFDM 是 SB-OFDM 的特例。f-OFDM 的唯一优点在于可以采用系数长度更长的滤波器，因为 f-OFDM 是对全带信号进行滤波，滤波器的拖尾可以更长，从而可以达到更好的功率谱密度，但 f-OFDM 不能降低 CFO 干扰。通用滤波多载波调制系统就是采用的 SB-OFDM 结构。下面我们用矩阵运算来描述 SB-OFDM 系统，对 SB-OFDM 系统进行进一步分析，首先我们给出子带信号的映射规则，图 7.13 给出了子带信号非零点的位置。

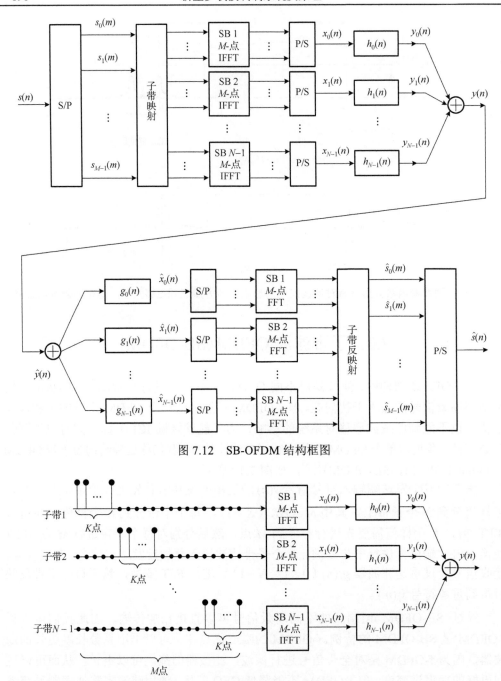

图 7.12　SB-OFDM 结构框图

图 7.13　SB-OFDM 中子带信号的分配

　　在图 7.12 中，M 点输入符号按顺序划分成 N 块，每块只包含 K 个非零点，其他点都为零。第 i 个子带 IFFT 可以表示为

$$x_i(n) = \frac{1}{M} \sum_{k=0}^{K-1} s_{iK+k}(m) e^{j\frac{2\pi}{M}(iK+k)n}, \quad 0 \leqslant n \leqslant M-1, 0 \leqslant i \leqslant N-1 \tag{7.2.1}$$

子带滤波器定义为

$$h_i(n) = h(n) e^{j\frac{2\pi}{M}iKn}, \quad 0 \leqslant i \leqslant N-1 \tag{7.2.2}$$

式中，$h(n)$ 为原型滤波器，$h_i(n)$ 为原型滤波器在频率轴上 $\frac{2\pi}{M}iK$ 的移位。滤波器输出 $y_i(n)$ 等于

$$y_i(n) = \sum_{l=-\infty}^{\infty} x_i(n) h_i(n-l), \quad 0 \leqslant i \leqslant N-1 \tag{7.2.3}$$

为了用矩阵表示 SB-OFDM 输入输出关系我们定义下列矩阵

$$s(m) = \begin{bmatrix} s^T_{\,0}(m) & s^T_{\,1}(m) & \cdots & s^T_{\,N-1}(m) \end{bmatrix}^T \tag{7.2.4}$$

$$\hat{s}(m) = \begin{bmatrix} \hat{s}_0^T(m) & \hat{s}_1^T(m) & \cdots & \hat{s}_{N-1}^T(m) \end{bmatrix}^T \tag{7.2.5}$$

$$y = \begin{bmatrix} y(0) & y(1) & \cdots & y(M+L-1) \end{bmatrix}^T \tag{7.2.6}$$

式中，L 表示滤波器系数长度。

$$s_i(m) = \begin{bmatrix} s_{iK}(m) & s_{iK+1}(m) & \cdots & s_{iK+K-1}(m) \end{bmatrix}^T, \quad 0 \leqslant i \leqslant N-1 \tag{7.2.7}$$

$$\hat{s}_i(m) = \begin{bmatrix} \hat{s}_{iK}(m) & \hat{s}_{iK+1}(m) & \cdots & \hat{s}_{iK+K-1}(m) \end{bmatrix}^T, \quad 0 \leqslant i \leqslant N-1 \tag{7.2.8}$$

$$y_i = \begin{bmatrix} y_i(0) & y_i(1) & \cdots & y_i(M+L-1) \end{bmatrix}^T, \quad 0 \leqslant i \leqslant N-1 \tag{7.2.9}$$

定义子带 IFFT 矩阵

$$F_i = \begin{bmatrix} 1 & 1 & \cdots & 1 \\ e^{j\frac{2\pi}{M}1\times iK} & e^{j\frac{2\pi}{M}1\times(iK+1)} & \cdots & e^{j\frac{2\pi}{M}1\times(iK+K-1)} \\ e^{j\frac{2\pi}{M}2\times iK} & e^{j\frac{2\pi}{M}2\times(iK+1)} & \cdots & e^{j\frac{2\pi}{M}2\times(iK+K-1)} \\ \vdots & \vdots & & \vdots \\ e^{j\frac{2\pi}{M}(M-1)\times iK} & e^{j\frac{2\pi}{M}(M-1)\times(iK+1)} & \cdots & e^{j\frac{2\pi}{M}(M-1)\times(iK+K-1)} \end{bmatrix}, \quad 0 \leqslant i \leqslant N-1 \tag{7.2.10}$$

定义滤波器系数矩阵

$$h_i = \begin{bmatrix} h_i(0) & 0 & 0 & \cdots & 0 \\ h_i(1) & h_i(0) & 0 & \cdots & 0 \\ h_i(3) & h_i(1) & h_i(0) & \cdots & 0 \\ \vdots & \vdots & \vdots & & \vdots \\ 0 & 0 & 0 & \cdots & h_i(0) \\ \vdots & \vdots & \vdots & & \vdots \\ 0 & 0 & 0 & \cdots & h_i(L-1) \end{bmatrix}, \quad 0 \leqslant i \leqslant N-1 \tag{7.2.11}$$

式中，h_i 为 $(M+L-1) \times M$ Toeplitz 矩阵，N 个子带滤波器系数矩阵为

$$h = \begin{bmatrix} h_0 & h_1 & \cdots & h_{N-1} \end{bmatrix} \tag{7.2.12}$$

根据上面定义的矩阵，参考图 7.12 有

$$y = \begin{bmatrix} h_0 & h_1 & \cdots & h_{N-1} \end{bmatrix} \begin{bmatrix} F_0 & 0 & \cdots & 0 \\ 0 & F_1 & \cdots & 0 \\ \vdots & \vdots & & 0 \\ 0 & 0 & \cdots & F_{N-1} \end{bmatrix} \begin{bmatrix} s_0(m) \\ s_1(m) \\ \vdots \\ s_{N-1}(m) \end{bmatrix} \tag{7.2.13}$$

式 (7.2.13) 等于

$$y = \sum_{i=0}^{N-1} y_i = \sum_{i=0}^{N-1} h_i F_i s_i(m) \tag{7.2.14}$$

在接收端取接收滤波系数矩阵 g 为 h 的伪逆矩阵

$$g = h^{\mathrm{T}} (h h^{\mathrm{T}})^{-1} = \begin{bmatrix} g_0^{\mathrm{T}} & g_1^{\mathrm{T}} & \cdots & g_{N-1}^{\mathrm{T}} \end{bmatrix}^{\mathrm{T}} \tag{7.2.15}$$

接收端重建信号等于

$$\begin{bmatrix} \hat{s}_0(m) \\ \hat{s}_1(m) \\ \vdots \\ \hat{s}_{N-1}(m) \end{bmatrix} =$$

$$\begin{bmatrix} F_0^{-1} & 0 & \cdots & 0 \\ 0 & F_1^{-1} & \cdots & 0 \\ \vdots & \vdots & & 0 \\ 0 & 0 & \cdots & F_{N-1}^{-1} \end{bmatrix} \begin{bmatrix} g_0 \\ g_1 \\ \vdots \\ g_{N-1} \end{bmatrix} \begin{bmatrix} h_0 & h_1 & \cdots & h_{N-1} \end{bmatrix} \begin{bmatrix} F_0 & 0 & \cdots & 0 \\ 0 & F_1 & \cdots & 0 \\ \vdots & \vdots & & 0 \\ 0 & 0 & \cdots & F_{N-1} \end{bmatrix} \begin{bmatrix} s_0(m) \\ s_1(m) \\ \vdots \\ s_{N-1}(m) \end{bmatrix} \tag{7.2.16}$$

把式 (7.2.16) 展开得到

$$\hat{s}_k(m) = F_k^{-1} g_k \sum_{i=0}^{N-1} h_i F_i s_i(m) \tag{7.2.17}$$

进一步有

$$\hat{s}_k(m) = F_k^{-1} g_k h_k F_k s_k(m) + F_k^{-1} g_k \sum_{i=0, i \neq k}^{N-1} h_i F_i s_i(m)$$

$$= F_k^{-1} g_k h_k F_k s_k(m) + A(m) \tag{7.2.18}$$

式中

$$A(m) = F_k^{-1} g_k \sum_{i=0, i \neq k}^{N-1} h_i F_i s_i(m) \tag{7.2.19}$$

表示重建误差。如果下列等式成立

$$g_i h_k = I_{M \times M} \delta(i - k) \tag{7.2.20}$$

重建误差 $A(m)$ 等于零，式 (7.2.18) 等于

$$\hat{s}_k(m) = s_k(m) \tag{7.2.21}$$

这时接收端完全重建发送端信号。但实际系统中，误差 $A(m)$ 不可能完全消除，但当滤波器函数的旁瓣衰减足够大时，误差 $A(m)$ 对信号重建的影响可以忽略，这正是 SB-OFDM 及 f-OFDM 结构可以实用的理论依据。

在上面的推导中我们没有考虑载波漂移对系统的影响，载波漂移对系统的影响体现在 IFFT 变换矩阵中对复指数的影响，定义 $\delta = \Delta f / f_c$，其中 Δf 表示载波漂移，f_c 表示载波宽带，在有 CFO 时，式 (7.2.19) 变为

$$
\begin{aligned}
\tilde{F}_i &= \begin{bmatrix}
1 & & & \\
& e^{j\frac{2\pi}{M}\delta} & & \\
& & e^{j\frac{2\pi}{M}2\delta} & \\
& & & \ddots \\
& & & & e^{j\frac{2\pi}{M}(M-1)\delta}
\end{bmatrix}
\begin{bmatrix}
1 & 1 & \cdots & 1 \\
e^{j\frac{2\pi}{M}1 \times iK} & e^{j\frac{2\pi}{M}1 \times (iK+1)} & \cdots & e^{j\frac{2\pi}{M}1 \times (iK+K-1)} \\
e^{j\frac{2\pi}{M}2 \times iK} & e^{j\frac{2\pi}{M}2 \times (iK+1)} & \cdots & e^{j\frac{2\pi}{M}2 \times (iK+K-1)} \\
\vdots & \vdots & & \vdots \\
e^{j\frac{2\pi}{M}(M-1) \times iK} & e^{j\frac{2\pi}{M}(M-1) \times (iK+1)} & \cdots & e^{j\frac{2\pi}{M}(M-1) \times (iK+K-1)}
\end{bmatrix} \\
&= \Phi F_i
\end{aligned}
\tag{7.2.22}
$$

在考虑 CFO 时式 (7.2.16) 可表示为

$$\hat{s}(m) = \tilde{F}^{-1} g h^{\mathrm{T}} \tilde{\Phi} \tilde{F} s(m) \tag{7.2.23}$$

式中

$$\tilde{F} = \begin{bmatrix}
F_0 & 0 & \cdots & 0 \\
0 & F_1 & \cdots & 0 \\
\vdots & \vdots & & 0 \\
0 & 0 & \cdots & F_{N-1}
\end{bmatrix} \tag{7.2.24}$$

$$\tilde{F}^{-1} = \begin{bmatrix}
F_0^{-1} & 0 & \cdots & 0 \\
0 & F_1^{-1} & \cdots & 0 \\
\vdots & \vdots & & 0 \\
0 & 0 & \cdots & F_{N-1}^{-1}
\end{bmatrix} \tag{7.2.25}$$

$$\tilde{\boldsymbol{\Phi}} = \begin{bmatrix} \boldsymbol{\Phi} & \mathbf{0} & \cdots & \mathbf{0} \\ \mathbf{0} & \boldsymbol{\Phi} & \cdots & \mathbf{0} \\ \vdots & \vdots & & \mathbf{0} \\ \mathbf{0} & \mathbf{0} & \cdots & \boldsymbol{\Phi} \end{bmatrix} \tag{7.2.26}$$

由于 SB-OFDM 把 CFO 对整带信号的影响分散到了不同子带，所以 SB-OFDM 对 CFO 的敏感度下降,在相同 CFO 的情况下 SB-OFDM 的性能比 OFDM 好,图 7.14 给出了载波漂移 15%的情况下 SB-OFDM 和 OFDM 的误码率，从图中可以看出，SB-OFDM 比 OFDM 抗 CFO 干扰能力强。

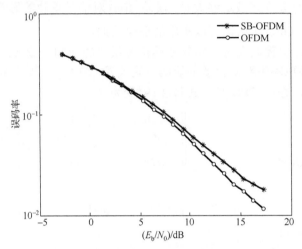

图 7.14　载波漂移 15%时 SB-OFDM 和 OFDM 系统的性能比较

7.3　基于快速卷积的滤波 OFDM

在 7.2 节中我们介绍了时域实现的 SB-OFDM，图 7.12 中的 SB-OFDM 结构也可以在频域实现，这里的理论根据是卷积定理，根据卷积定理有

$$x(n) * h(n) = \mathcal{F}^{-1}\left\{ \mathcal{F}\big[x(n)\big] \cdot \mathcal{F}\big[h(n)\big] \right\} \tag{7.3.1}$$

式中，$\mathcal{F}$ 表示离散时间傅里叶变换；$\mathcal{F}^{-1}$ 表示 DTFT 逆变换；*表示线性卷积。把线性卷积换成循环卷积，式(7.3.1)变为

$$x(n) \otimes h(n) = \mathrm{IFFT}\left\{ \mathrm{FFT}\big[x(n)\big] \cdot \mathrm{FFT}\big[h(n)\big] \right\} \tag{7.3.2}$$

把式(7.3.2)的关系代入图 7.12 中我们得到具有快速卷积的 SB-OFDM 实现框图，如图 7.15 所示。

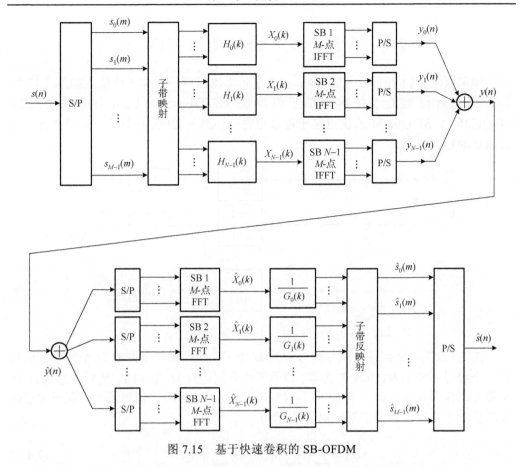

图 7.15 基于快速卷积的 SB-OFDM

图 7.15 中，$H_i(k)$ 为 $h_i(n)$ 的 FFT 变换。输入符号经过子带映射后直接和 $H_i(k)$ 相乘，乘积在进行 M 点 IFFT 之前需要补零，补零的位置如图 7.16 所示。

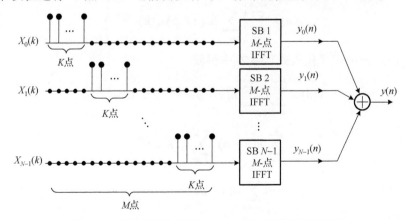

图 7.16 基于快速卷积的 SB-OFDM 子带信号的分配

7.4　单子带滤波 OFDM（SF-OFDM）

如果取图 7.13 帧的 $K=1$，那么每个子带上就只有一个非零样值，如图 7.17 所示，把这时得到的系统称为单子带滤波 OFDM（single band filtered OFDM, SF-OFDM）。SF-OFDM 的优点在于可以更进一步降低 CFO 的干扰，使得系统抗载波漂移的能力更强。

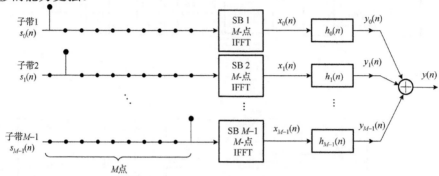

图 7.17　SF-OFDM 中子带信号的分配

图 7.17 中，M 点输入符号被分配到 M 个子带上，每个子带有 M 个符号，但只有一个符号不等于零，其余都为零。每个子带分别进行 M 点 IFFT，然后分别通过 M 个带通滤波器 $h_k(n)$（$0 \leqslant k \leqslant M-1$），滤波器的输出叠加后传输到信道。在不考虑载波漂移的干扰时，输出信号 $y(n)$ 可表示为

$$y(n) = \sum_{k=0}^{M-1}\left\{\sum_{p=-\infty}^{\infty} h_k(n-p)\sum_{l=0}^{M-1} s_k(l)\mathrm{e}^{\mathrm{j}\frac{2\pi}{M}lp}\right\} \tag{7.4.1}$$

因为 $s_k(l)$ 只有当 $l=k$ 时不等于零，其他都为零，式（7.4.1）简化为

$$y(n) = \sum_{k=0}^{M-1}\left\{\sum_{p=-\infty}^{\infty} h_k(n-p)s_k(k)\mathrm{e}^{\mathrm{j}\frac{2\pi}{M}kp}\right\} \tag{7.4.2}$$

把 $h_k(n) = h(n)\mathrm{e}^{\mathrm{j}\frac{2\pi}{M}kn}$ 代入式（7.4.2）中得到

$$\begin{aligned}
y(n) &= \sum_{k=0}^{M-1}\left\{\sum_{p=-\infty}^{\infty} h(n-p)\mathrm{e}^{\mathrm{j}\frac{2\pi}{M}k(n-p)}s_k(k)\mathrm{e}^{\mathrm{j}\frac{2\pi}{M}kp}\right\} \\
&= \sum_{p=-\infty}^{\infty} h(n-p)\left\{\sum_{k=0}^{M-1} s_k(k)\mathrm{e}^{\mathrm{j}\frac{2\pi}{M}kn}\right\} \\
&= \tilde{s}(n)\sum_{p=-\infty}^{\infty} h(n-p) \\
&= \tilde{s}(n)w(n)
\end{aligned} \tag{7.4.3}$$

式中，$h(n)$ 为原型滤波器；$\tilde{s}(n)$ 为 $s_k(m)$ 的 IFFT 变化；$w(n)$ 为加权系数，等于单位函数 $u(n)$ 通过滤波器 $h(n)$ 的输出，如图 7.18 所示。

图 7.18　系数 $w(n)$ 的产生

根据式（7.4.3）我们得到 SF-OFDM 的等效结构，如图 7.19 所示。

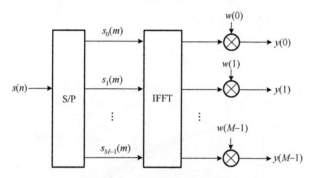

图 7.19　SF-OFDM 等效结构

当我们把 CFO 误差对系统的影响考虑进去时，式（7.4.3）变为

$$
\begin{aligned}
y(n) &= \sum_{p=-\infty}^{\infty} h(n-p) \left\{ \sum_{k=0}^{M-1} s_k(k) \mathrm{e}^{\mathrm{j}\frac{2\pi}{M}kn} \right\} \mathrm{e}^{\mathrm{j}\frac{2\pi}{M}\alpha p} \\
&= \tilde{s}(n) \sum_{p=-\infty}^{\infty} h(n-p) \mathrm{e}^{\mathrm{j}\frac{2\pi}{M}\alpha p} \\
&= \tilde{s}(n)\tilde{w}(n)
\end{aligned}
\tag{7.4.4}
$$

式中，$\mathrm{e}^{\mathrm{j}\frac{2\pi}{M}\alpha p}$ 表示 CFO 误差；α 为误差载波漂移系数。从式（7.4.4）我们看出，和 OFDM 相比，载波漂移对 IFFT 变化没有直接产生影响，而是经过低通滤波器后对输出进行加权，如图 7.20 所示。CFO 经过低通滤波器后，高频部分已经被滤掉，其幅度明显降低，对系统的影响也减弱。

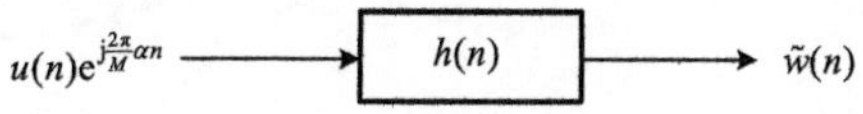

$$u(n)\mathrm{e}^{\mathrm{j}\frac{2\pi}{M}\alpha n} \longrightarrow \boxed{h(n)} \longrightarrow \tilde{w}(n)$$

图 7.20　有 CFO 干扰时系数 $\tilde{w}(n)$ 的产生

模拟结果表明，SF-OFDM 抗 CFO 干扰的能力比 SB-OFDM 好，比 OFDM 更是有显著的提高，图 7.21～图 7.23 分别给出了 SF-OFDM、SB-OFDM 及 OFDM 误码率和抗 CFO 干扰比较图。从图 7.22 与图 7.23 中可以明显看出 SF-OFDM 抗 CFO 的能力优于 SB-OFDM 和 OFDM。

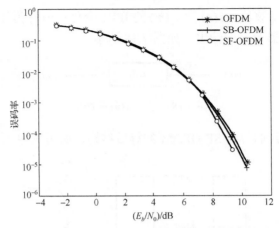

图 7.21　SF-OFDM、SB-OFDM 和 OFDM 误码率性能比较

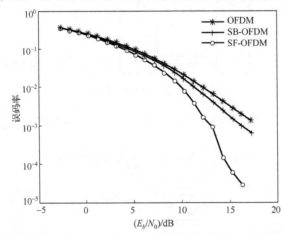

图 7.22　载波漂移 10%时 SF-OFDM、SB-OFDM 和 OFDM 系统的性能比较

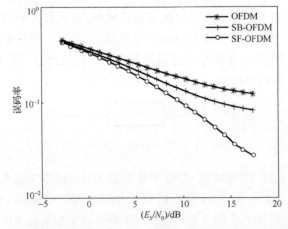

图 7.23　载波漂移 20%时 SF-OFDM、SB-OFDM 和 OFDM 系统的性能比较

7.5　滤波器拖尾处理

当滤波器的拖尾不能忽略时，滤波器拖尾是滤波 OFDM 的一个问题，因为拖尾也需要传输到接收端用于还原信号，但拖尾部分的信号属于多出来的信号，超出了输入信号的符号数，如拖尾长度为 N_t，信号长度为 M，那么我们需要传 $M + N_t$ 个符号。为了减少传输信号的长度，一种方法是将拖尾部分切断，然后加到滤波输出的前面，如图 7.24 所示。

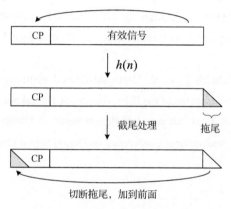

图 7.24　滤波器拖尾的处理方法

这种方法称为截尾(tail biting)，这样做的结果是让滤波运算变成了循环滤波，如图 7.25 所示，这样我们就可以在接收端用迫零方法来解调信号。

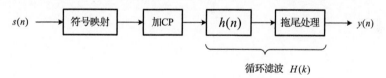

图 7.25　循环滤波 OFDM

图 7.26 给出了循环滤波矩阵的形成。

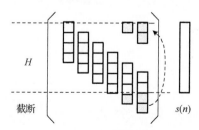

图 7.26　循环滤波系数矩阵示意图

参 考 文 献

[1]　Zhang X, Jia M, Chen L, et al. Filtered-OFDM-enabler for flexible waveform in the 5th generation cellular networks// Proceedings of the 2015 IEEE Global Communications Conference, San Diego, 2015: 1-6.

[2]　Andrews J, Buzzi S, Choi W, et al. What will 5G be? IEEE Journal on Selected Areas in Communications, 2014, 32(6): 1065-1082.

[3]　Schaich F, Wild T. Waveform contenders for 5G — OFDM vs. FBMC vs. UFMC// Proceedings of the International Symposium on Communications, Control Signal Processing, Athens, 2014: 457-460.

[4]　Vakilian V, Wild T, Schaich F, et al. Universal-filtered multi-carrier technique for wireless systems beyond LTE// Proceedings of the IEEE Globecom Workshops, Atlanta, 2013: 223-228.

[5]　Wild T, Schaich F, Chen Y. 5G air interface design based on Universal Filtered (UF-)OFDM// Proceedings of the 19th International Conference on Digital Signal Processing, Hong Kong, 2014: 699-704.

第8章 基于循环卷积滤波器组的多载波调制系统

滤波器组多载波调制系统的根本问题是重建误差的问题，因为滤波器组打破了OFDM 的正交性，使得收发不能完全重建，也就是说系统总是存在误差。在前面几章中我们介绍了 FMT、FBMC 及滤波 OFDM，这些系统都有各自的降低重建误差的机理，FMT 采用过抽样的方法来降低带间干扰，从而降低重建误差；FBMC 采用结构上的变化来消除邻带间的干扰，使得系统接近完全重建；滤波 OFDM 则是通过设计滤波器，通过降低窗口函数的旁瓣来减小对邻带的干扰，但无论什么方法都增加了系统的复杂性。这里的根本问题是有限长度的原型滤波器不可能让系统正交，正交的滤波器组得到的滤波器系数长度都是无穷的，在实际系统中必须对无线长度的系数进行截断。在通信系统中信号的完全重建并不需要系统正交，因此我们可以放弃系统的正交性，而只需要保证系统双正交，这就给我们设计滤波器组多载波系统带来了更大的自由度。

设计双正交系统需要把系统的线性卷积转换成循环卷积，下面先介绍循环卷积滤波器组理论，然后介绍几种基于循环卷积滤波器组（circular convolution filter bank, CCFB）的多载波调制系统。

8.1 循环卷积滤波器组

从第 3 章中知道，一般滤波器组中的滤波器运算为线性卷积，如图 8.1 所示[1]。

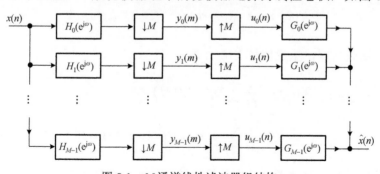

图 8.1 M 通道线性滤波器组结构

图中 $H_i(\mathrm{e}^{\mathrm{j}\omega})$ 表示分析滤波器的传输函数（$h_k(n)$ 的 DTFT 变化），线性卷积的问题是滤波运算的拖尾对滤波器组设计的影响，由于滤波拖尾的存在，线性卷积滤波器组很难实现完全重建，特别是 DFT 滤波器组，而 DFT 滤波器是多载波调制常用的滤波器组，为了解决线性滤波器组的这个问题我们引入循环滤波器组结构。循环滤波器组就是把图 8.1 中的滤波器的 DTFT 变化 $H_i(\mathrm{e}^{j\omega})$ 用其 DFT 变化 $H_i(k)$ 代替，如图 8.2 所示。

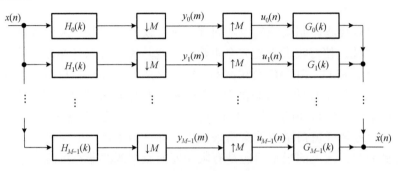

图 8.2　M 通道循环卷积滤波器组结构

这种替换的直接结果就是把输入信号和滤波器组的线性卷积换成了循环卷积，这样在频域我们就可以直接用信号的 DFT 或 FFT 来进行运算。图 8.2 中，分析滤波器组输出 $y_i(m)$ 的 DFT 变化等于

$$Y_i(kM) = \frac{1}{M}\sum_{l=0}^{M-1} H_i(k-l)X(k-l,r), \quad 0 \leqslant i \leqslant M-1, n=rL \tag{8.1.1}$$

式中，L 表示滤波器系数长度，$H_i(k)$ 和 $X(k,r)$ 为 DFT 变换

$$H_i(k) = \sum_{n=0}^{L-1} h_i(n)\mathrm{e}^{-\mathrm{j}\frac{2\pi}{M}nk}, \quad 0 \leqslant k \leqslant L-1 \tag{8.1.2}$$

$$X(k,r) = \sum_{n=0}^{L-1} x(n+rL)\mathrm{e}^{-\mathrm{j}\frac{2\pi}{M}nk}, \quad 0 \leqslant k \leqslant L-1 \tag{8.1.3}$$

在综合滤波器端，重建信号 $\hat{X}(k,r)$ 等于

$$\hat{X}(k,r) = \frac{1}{M}\sum_{i=0}^{M-1} G_i(k)Y_i(kM)$$
$$= \frac{1}{M}\sum_{i=0}^{M-1}\sum_{l=0}^{M-1} G_i(k)H_i(k-l)X(k-l,r) \tag{8.1.4}$$

为了能用矩阵来描述图 8.2 中的输入输出关系我们先对滤波器传输函数进行多项分解

$$H_i(k) = \sum_{j=0}^{N-1} H_{i,j}(k)\mathrm{e}^{-\mathrm{j}\frac{2\pi}{L}Nj}, \quad 0 \leqslant i \leqslant M-1, N=L/M \tag{8.1.5}$$

$$G_i(k) = \sum_{j=0}^{N-1} G_{i,j}(k)\mathrm{e}^{\mathrm{j}\frac{2\pi}{L}Nj}, \quad 0 \leqslant i \leqslant M-1, N = L/M \tag{8.1.6}$$

式中

$$H_{i,l}(k) = \sum_{n=0}^{N-1} h_i(nM+l)\mathrm{e}^{-\mathrm{j}\frac{2\pi}{N}nk}, \quad 0 \leqslant i,l \leqslant M-1, N = L/M \tag{8.1.7}$$

$$G_{i,l}(k) = \sum_{n=0}^{N-1} g_i(nM+l)\mathrm{e}^{\mathrm{j}\frac{2\pi}{N}nk}, \quad 0 \leqslant i,l \leqslant M-1, N = L/M \tag{8.1.8}$$

同样我们对输入输出信号进行多项分解得到

$$X(k) = \sum_{i=0}^{N-1} X_i(k)\mathrm{e}^{-\mathrm{j}\frac{2\pi}{L}Ni}, \quad 0 \leqslant i \leqslant M-1, N = L/M \tag{8.1.9}$$

$$\hat{X}_i(k) = \sum_{i=0}^{N-1} X_i(k)\mathrm{e}^{\mathrm{j}\frac{2\pi}{L}Ni}, \quad 0 \leqslant i \leqslant M-1, N = L/M \tag{8.1.10}$$

式中

$$X_i(k) = \sum_{n=0}^{N-1} x(nM+i)\mathrm{e}^{-\mathrm{j}\frac{2\pi}{N}nk}, \quad 0 \leqslant i \leqslant M-1 \tag{8.1.11}$$

$$\hat{X}_i(k) = \sum_{n=0}^{N-1} \hat{x}(nM-i)\mathrm{e}^{-\mathrm{j}\frac{2\pi}{N}nk}, \quad 0 \leqslant i \leqslant M-1 \tag{8.1.12}$$

根据式 (8.1.5)～式 (8.1.8) 我们定义下列多项分解矩阵

$$\boldsymbol{H}_p(k) = \begin{bmatrix} H_{00}(k) & H_{01}(k) & \cdots & H_{0,M-1}(k) \\ H_{10}(k) & H_{11}(k) & \cdots & H_{1,M-1}(k) \\ \vdots & \vdots & & \vdots \\ H_{M-1,0}(k) & H_{M-1,1}(k) & \cdots & H_{M-1,M-1}(k) \end{bmatrix} \tag{8.1.13}$$

$$\boldsymbol{G}_p(k) = \begin{bmatrix} G_{00}(k) & G_{10}(k) & \cdots & G_{M-1,0}(k) \\ G_{01}(k) & G_{11}(k) & \cdots & G_{M-1,1}(k) \\ \vdots & \vdots & & \vdots \\ G_{0,M-1}(k) & G_{1,M-1}(k) & \cdots & G_{M-1,M-1}(k) \end{bmatrix} \tag{8.1.14}$$

利用多项分解矩阵，图 8.2 可以变换为图 8.3 的多项分解实现。
图 8.3 中的输入输出关系可表示为

$$\hat{\boldsymbol{X}}_p(k) = \boldsymbol{G}_p(k)\boldsymbol{H}_p(k)\boldsymbol{X}_p(k) \tag{8.1.15}$$

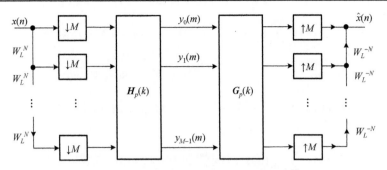

图 8.3　循环卷积滤波器组的多项分解

$$\hat{X}(k) = \begin{bmatrix} 1 & W_L^{-N} & \cdots & W_L^{-N(M-1)} \end{bmatrix} \hat{X}_p(k) \tag{8.1.16}$$

式中

$$W_L^N = \mathrm{e}^{-\mathrm{j}\frac{2\pi}{L}N} \tag{8.1.17}$$

$$X_p(k) = \begin{bmatrix} X_0(k) & X_1(k) & \cdots & X_{M-1}(k) \end{bmatrix}^{\mathrm{T}} \tag{8.1.18}$$

$$\hat{X}_p(k) = \begin{bmatrix} \hat{X}_0(k) & \hat{X}_1(k) & \cdots & \hat{X}_{M-1}(k) \end{bmatrix}^{\mathrm{T}} \tag{8.1.19}$$

上面我们用多项分解描述了循环卷积滤波器组的输入输出关系，但在滤波器组设计中我们更需要输入输出关系的时域矩阵表示。参考图 8.1，利用滤波器时域矩阵表示及循环矩阵的定义我们得到输入输出在时域的关系为

$$\hat{x}(r) = \underbrace{\begin{bmatrix} \tilde{g}_0 & \tilde{g}_{N-1} & \cdots & \tilde{g}_1 \\ \tilde{g}_1 & \tilde{g}_0 & \cdots & \tilde{g}_2 \\ \vdots & \vdots & & \vdots \\ \tilde{g}_{N-1} & \tilde{g}_{N-2} & \cdots & \tilde{g}_0 \end{bmatrix}}_{\tilde{G}} \underbrace{\begin{bmatrix} \tilde{h}_0 & \tilde{h}_1 & \cdots & \tilde{h}_{N-1} \\ \tilde{h}_{N-1} & \tilde{h}_0 & \cdots & \tilde{h}_{N-2} \\ \vdots & \vdots & & \vdots \\ \tilde{h}_1 & \tilde{h}_2 & \cdots & \tilde{h}_0 \end{bmatrix}}_{\tilde{H}} x(r) \tag{8.1.20}$$

式中

$$x(k) = \begin{bmatrix} x(rL) & x(rL+1) & \cdots & x(rL+L-1) \end{bmatrix}^{\mathrm{T}} \tag{8.1.21}$$

$$\hat{x}(k) = \begin{bmatrix} \hat{x}(rL) & \hat{x}(rL+1) & \cdots & \hat{x}(rL+L-1) \end{bmatrix}^{\mathrm{T}} \tag{8.1.22}$$

系数矩阵 $\tilde{h}_i$ 和 $\tilde{g}_i$ 定义为

$$\tilde{h}_i = \begin{bmatrix} h_0(L-iM-1) & h_0(L-iM-2) & \cdots & h_0(L-iM-M) \\ h_1(L-iM-1) & h_1(L-iM-2) & \cdots & h_1(L-iM-M) \\ \vdots & \vdots & & \vdots \\ h_{M-1}(L-iM-1) & h_{M-1}(L-iM-2) & \cdots & h_{M-1}(L-iM-M) \end{bmatrix} \tag{8.1.23}$$

$$\tilde{g}_i = \begin{bmatrix} g_0(iM) & g_1(iM) & \cdots & g_{M-1}(iM) \\ g_0(iM+1) & g_1(iM+1) & \cdots & g_{M-1}(iM+1) \\ \vdots & \vdots & & \vdots \\ g_0(iM+M-1) & g_1(iM+M-1) & \cdots & g_{M-1}(iM+M-1) \end{bmatrix} \qquad (8.1.24)$$

$\tilde{H}$ 由第一行的矩阵经过右循环移位得到，移出的矩阵进入下一行，$\tilde{G}$ 由第一列矩阵经过向下循环移位得到，移出的矩阵进入下一行。

我们感兴趣的是，当滤波器组为 DFT 滤波器组时输入输出的关系，对于 DFT 滤波器组，滤波器组系数定义为

$$h_i(n) = h(n)\mathrm{e}^{\mathrm{j}\frac{2\pi}{M}ni}, \quad 0 \le i \le M-1, 0 \le n \le L-1 \qquad (8.1.25)$$

$$g_i(n) = g(n)\mathrm{e}^{\mathrm{j}\frac{2\pi}{L}ni}, \quad 0 \le i \le M-1, 0 \le n \le L-1 \qquad (8.1.26)$$

式中，$L = NM$ 为滤波系数长度；$h(n)$、$g(n)$ 分别为分析和综合滤波器组的原型滤波器。当综合和分析滤波器组为匹配滤波时，$g(n) = h(-n)$，$g_i(n) = h_i^*(-n)$。根据式 (8.1.25)，图 8.2 中分析滤波器组的输入输出关系为

$$y_k(mM) = \sum_{n=0}^{M-1}\left\{ \sum_{i=-\infty}^{\infty} x(iM+n)h((mM-iM+n))_{NM} \right\}\mathrm{e}^{-\mathrm{j}\frac{2\pi}{M}nk}, \quad 0 \le k \le M-1 \quad (8.1.27)$$

式中，$h((n))_{NM}$ 表示对系数 $h(n)$ 进行长度为 NM 的循环移位。类似地，综合端的输入输出关系为

$$x(mM+i) = \sum_{l=-\infty}^{\infty}\left\{ \frac{1}{M}\sum_{k=0}^{M-1} y_k(lM)\mathrm{e}^{\mathrm{j}\frac{2\pi}{M}ik} \right\}g((mM-lM+n))_{NM}, \quad 0 \le i \le M-1 \quad (8.1.28)$$

对于滤波器系数长度为 $L = NM$ 的系统，用系数矩阵运算更能清楚地表达式 (8.1.27) 和式 (8.1.28) 的关系，把式 (8.1.25) 和式 (8.1.26) 代入式 (8.1.20) 中有

$$\hat{x}(r) = \underbrace{\begin{bmatrix} g_0 & g_{N-1} & \cdots & g_1 \\ g_1 & g_0 & \cdots & g_2 \\ \vdots & \vdots & & \vdots \\ g_{N-1} & g_{N-2} & \cdots & g_0 \end{bmatrix}}_{G}\begin{bmatrix} F^{-1} & & & \\ & F^{-1} & & \\ & & \ddots & \\ & & & F^{-1} \end{bmatrix}$$

$$\begin{bmatrix} F & & & \\ & F & & \\ & & \ddots & \\ & & & F \end{bmatrix}\underbrace{\begin{bmatrix} h_0 & h_1 & \cdots & h_{N-1} \\ h_{N-1} & h_0 & \cdots & h_{N-2} \\ \vdots & \vdots & & \vdots \\ h_1 & h_2 & \cdots & h_0 \end{bmatrix}}_{H}x(r) \qquad (8.1.29)$$

式中，$\boldsymbol{F}$、$\boldsymbol{F}^{-1}$表示傅里叶变换矩阵和逆矩阵；系数矩阵$\boldsymbol{h}_i$与$\boldsymbol{g}_i$分别由原型滤波器$h(n)$和$g(n)$构成，定义为

$$\boldsymbol{h}_i = \begin{bmatrix} h(iM) & & & \\ & h(iM+1) & & \\ & & \ddots & \\ & & & h(iM+M-1) \end{bmatrix} \tag{8.1.30}$$

$$\boldsymbol{g}_i = \begin{bmatrix} g(iM) & & & \\ & g(iM+1) & & \\ & & \ddots & \\ & & & g(iM+M-1) \end{bmatrix} \tag{8.1.31}$$

根据式 (8.1.29) 我们得到 M 通道循环卷积滤波器组的快速实现结构，如图 8.4 所示。

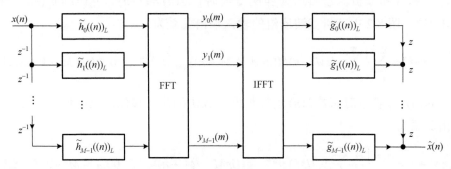

图 8.4　M 通道循环卷积滤波器组的快速实现结构

图 8.4 中，z^{-1} 表示延时，$\tilde{h}_k((n))_L$ 表示循环滤波，滤波器 $\tilde{h}_k(n)$、$\tilde{g}_k(n)$ 是由原型函数构成的滤波器，定义为

$$\tilde{h}_k(n) = h(nM+k), \quad 0 \leqslant k \leqslant M-1 \tag{8.1.32}$$

$$\tilde{g}_k(n) = g(nM+k), \quad 0 \leqslant k \leqslant M-1 \tag{8.1.33}$$

图 8.4 的结构是下面介绍基于循环滤波器组多载波调制系统的基础。如果我们定义

$$\tilde{\boldsymbol{F}} = \begin{bmatrix} \boldsymbol{F} & & & \\ & \boldsymbol{F} & & \\ & & \ddots & \\ & & & \boldsymbol{F} \end{bmatrix}, \quad \tilde{\boldsymbol{F}}^{-1} = \begin{bmatrix} \boldsymbol{F}^{-1} & & & \\ & \boldsymbol{F}^{-1} & & \\ & & \ddots & \\ & & & \boldsymbol{F}^{-1} \end{bmatrix} \tag{8.1.34}$$

$$A = \begin{bmatrix} F & & & \\ & F & & \\ & & \ddots & \\ & & & F \end{bmatrix} \begin{bmatrix} h_0 & h_1 & \cdots & h_{N-1} \\ h_{N-1} & h_0 & \cdots & h_{N-2} \\ \vdots & \vdots & & \vdots \\ h_1 & h_2 & & h_0 \end{bmatrix} \tag{8.1.35}$$

$$B = \begin{bmatrix} g_0 & g_{N-1} & \cdots & g_1 \\ g_1 & g_0 & \cdots & g_2 \\ \vdots & \vdots & & \vdots \\ g_{N-1} & g_{N-2} & \cdots & g_0 \end{bmatrix} \begin{bmatrix} F^{-1} & & & \\ & F^{-1} & & \\ & & \ddots & \\ & & & F^{-1} \end{bmatrix} \tag{8.1.36}$$

$$x(m) = \begin{bmatrix} x_0^{\mathrm{T}} & x_1^{\mathrm{T}} & \cdots & x_{N-1}^{\mathrm{T}} \end{bmatrix}^{\mathrm{T}} \tag{8.1.37}$$

$$x_i = \begin{bmatrix} x(rL+iM) & x(rL+iM+1) & \cdots & x(rL+iM+M-1) \end{bmatrix}^{\mathrm{T}}, \quad 0 \leqslant i \leqslant N-1 \tag{8.1.38}$$

$$\hat{x}(m) = \begin{bmatrix} \hat{x}_0^{\mathrm{T}} & \hat{x}_1^{\mathrm{T}} & \cdots & \hat{x}_{N-1}^{\mathrm{T}} \end{bmatrix}^{\mathrm{T}} \tag{8.1.39}$$

$$\hat{x}_i = \begin{bmatrix} \hat{x}(rL+iM) & \hat{x}(rL+iM+1) & \cdots & \hat{x}(rL+iM+M-1) \end{bmatrix}^{\mathrm{T}}, \quad 0 \leqslant i \leqslant N-1 \tag{8.1.40}$$

式 (8.1.29) 可进一步简化为

$$\hat{x}(m) = GF^{-1}FHx(m) = BAx(m) = GHx(m) \tag{8.1.41}$$

求解式 (8.1.41) 有两种方法。

(1) 第一种是迫零法，也就是说让 $BA = I$（$GH = I$），即 $B = A^{-1}$（$G = H^{-1}$），这种方法理论上可以完全消除 ICI 干扰，实现完全重建，使得系统满足双正交条件。

(2) 第二种方法是匹配滤波法 (matched filter)，这种方法就是简单地取 $A = B^{\mathrm{H}}$（B 的共轭转置），或 $G = H^{\mathrm{T}}$。

下面我们介绍的多载波调制系统就是基于循环卷积滤波器组的上述两种设计方法。

8.2　一般频分复用调制

一般频分复用调制 (general frequency division multiplexing modulation，GFDM) 系统是最早把循环卷积滤波器组结构用到多载波调制系统的例子[2]，但要指出的是，在有关 GFDM 的文献里并没有提到循环卷积滤波器组，也没有用循环卷积滤波器组来解释 GFDM 结构，而且作者在前后发表的有关 GFDM 的文章中使用的描述前后不一，使用的数学符号自相矛盾，这增加了从有关 GFDM 的文献中理解 GFDM 原理的难度。从根本上来说，GFDM 是一个基于 DFT 滤波器组结构的多载波调制系统，不同于传统的 DFT 滤波器组多载波调制,如滤波多音调制,GFDM 引入了循环卷积,使得 DFT 滤波器组变成了循环 DFT 滤波器组。引入循环滤波器组的优点在于:第一,提供了消除 ICI 干扰的可能性,提高了频谱使用率;第二,降低了系统延时,接收端信号的重建只需要当前帧信号,而不需要后续信号帧的帮助来重建信号;第三,对于加 CP 传输的系统,GFDM 需要的 CP 长度比 FMT 小。我们知道,FMT 结构是通过过抽样,通过传输冗余信息来降低 ICI 干扰,这种方法降低了频谱利用率,而且实现复杂。

　　下面我们从循环卷积的角度来解释 GFDM。把图 8.4 中的综合和分析滤波器组结构交换位置,就得到了 GFDM 结构,如图 8.5 所示。注意,在图中 $\tilde{h}_k((n))_L$ 和 $\tilde{g}_k((n))_L$ 的位置不需要交换,由于 $h(n)$ 和 $g(n)$ 都是对称函数,所以这样做不影响计算结果。

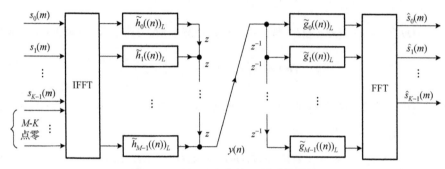

图 8.5　GFDM 多载波调制系统结构

　　图 8.5 中,M 为子载波数,K 表示每信号帧中实际使用的子载波数($K \leq M$),其余部分补零到 M 点,滤波器组系数长度 $L = NM$,N 表示滤波系数长度因子(注意,我们这里使用的字母符号 M 及 N 和 GFDM 文献中的相反)。根据式(8.1.29)我们得到 GFDM 的输入输出关系为

$$\hat{s}(m) = \underbrace{\underbrace{\begin{bmatrix} F & & & \\ & F & & \\ & & \ddots & \\ & & & F \end{bmatrix}}_{A} \underbrace{\begin{bmatrix} g_0 & g_1 & \cdots & g_{N-1} \\ g_{N-1} & g_0 & \cdots & g_{N-2} \\ \vdots & \vdots & & \vdots \\ g_1 & g_2 & \cdots & g_0 \end{bmatrix}}_{G}}_{A} \underbrace{\underbrace{\begin{bmatrix} h_0 & h_{N-1} & \cdots & h_1 \\ h_1 & h_0 & \cdots & h_2 \\ \vdots & \vdots & & \vdots \\ h_{N-1} & h_{N-2} & \cdots & h_0 \end{bmatrix}}_{H} \underbrace{\begin{bmatrix} F^{-1} & & & \\ & F^{-1} & & \\ & & \ddots & \\ & & & F^{-1} \end{bmatrix}}_{}}_{B} s(m) \qquad (8.2.1)$$

式中

$$s(m) = \begin{bmatrix} s_0^{\mathrm{T}} & s_1^{\mathrm{T}} & \cdots & s_{N-1}^{\mathrm{T}} \end{bmatrix}^{\mathrm{T}} \tag{8.2.2}$$

$$s_i = \begin{bmatrix} s(rL+iM) & s(rL+iM+1) & \cdots & s(rL+iM+M-1) \end{bmatrix}^{\mathrm{T}}, \quad 0 \leqslant i \leqslant N-1 \tag{8.2.3}$$

$$\hat{s}(m) = \begin{bmatrix} \hat{s}_0^{\mathrm{T}} & \hat{s}_1^{\mathrm{T}} & \cdots & \hat{s}_{N-1}^{\mathrm{T}} \end{bmatrix}^{\mathrm{T}} \tag{8.2.4}$$

$$\hat{s}_i = \begin{bmatrix} \hat{s}(rL+iM) & \hat{s}(rL+iM+1) & \cdots & \hat{s}(rL+iM+M-1) \end{bmatrix}^{\mathrm{T}}, \quad 0 \leqslant i \leqslant N-1 \tag{8.2.5}$$

根据式(8.2.2)~式(8.2.5)，式(8.2.1)可进一步简化为

$$\hat{s}(m) = ABs(m) \tag{8.2.6}$$

GFDM 提供了两种求解式(8.2.6)的方法。

第一种是迫零法，也就是说让 $AB = I$，即 $A = B^{-1}$。但由于矩阵 B 的维数（$NM \times NM$）很大，而且是复数矩阵，矩阵 B^{-1} 会对误差非常敏感，这种方法理论上可以完全消除 ICI 干扰，实现完全重建，但由于对噪声干扰敏感，所以得到的误码率会更差。

第二种方法是匹配滤波法，这种方法就是简单地取 $A = B^{\mathrm{H}}$（B 的共轭转置），但匹配滤波法仍然保持了 DFT 滤波器组的结构，没有降低 ICI 误差的能力，所以 GFDM 系统实际上比 OFDM 的误码率还大，这也是 GFDM 系统的根本问题。

GFDM 的问题在于使用了维数大、非零元素多的复数矩阵 B 作为设计系统的基础，失去了循环卷积滤波器组结构的优越性。如前面所说，GFDM 系统的设计者完全从另外的角度来描述和分析 GFDM 系统，没有把 GFDM 和循环卷积滤波器组联系起来，因此也不可能把循环卷积滤波器组的优点利用到 GFDM 系统中。

8.3　多载波时分复用多址接入

多载波时分复用多址接入(multi carrier time division multiple access，MC-TDMA)是第 5 章中介绍的 FBMC/OQAM 的循环滤波器组实现[3,4]，参考图 5.6，如果把图 5.6 中的滤波器组换成循环滤波器组，我们就得到了图 8.6 所示的 MC-TDMA 结构框图。

由于 FBMC/OQAM 结构要求使用匹配滤波接收，所以接收端和发送端必须用同样的原型函数 $h(n)$。根据式(8.2.1)我们得到 MC-TDMA 的输入输出关系为

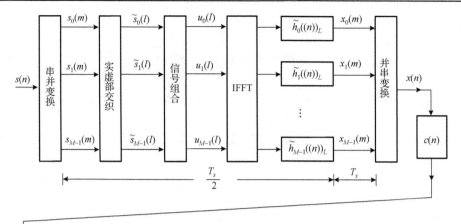

图 8.6　MC-TDMA 的结构框图

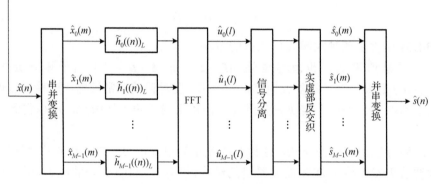

$$(8.3.1)$$

由于 MC-TDMA 要求匹配滤波解调, 而且系数 $h(n)$ 为实数, 所以矩阵 G 和 H 为转置矩阵的关系, $G = H^T$ 。式 (8.3.1) 中, 信号 $u_i(n)$ 是合成信号, 在接收端, 合成信号 $\hat{u}_i(n)$ 需要进行信号分离, 得到重建信号, 这个过程也可以通过矩阵运算来实现。我们重新定义滤波系数矩阵 H 为

$$\tilde{H} = \begin{bmatrix} h_{00} & 0 & h_{10} & 0 & h_{20} & \cdots & 0 & h_{N-1,0} & 0 \\ 0 & h_{01} & 0 & h_{11} & 0 & \cdots & h_{N-2,1} & 0 & h_{N-1,1} \\ 0 & h_{00} & 0 & h_{10} & 0 & \cdots & h_{N-2,0} & 0 & h_{N-1,0} \\ h_{N-1,1} & 0 & h_{01} & 0 & h_{11} & \cdots & 0 & h_{N-2,1} & 0 \\ \vdots & \vdots & \vdots & \vdots & \vdots & & \vdots & \vdots & \vdots \\ h_{10} & 0 & h_{20} & 0 & h_{30} & \cdots & 0 & h_{00} & 0 \\ 0 & h_{11} & 0 & h_{21} & 0 & \cdots & h_{N1,0} & 0 & h_{01} \end{bmatrix} \tag{8.3.2}$$

注意，矩阵 $\tilde{H}$ 的维数为 $2NM \times NM$，而 H 的维数为 $NM \times NM$，式中 $h_{i,0}$ 和 $h_{i,1}$ 定义为

$$h_{i,0} = \begin{bmatrix} h(iM) & & & \\ & h(iM+1) & & \\ & & \ddots & \\ & & & h(iM+M/2-1) \end{bmatrix} \tag{8.3.3}$$

$$h_{i,1} = \begin{bmatrix} h(iM+M/2) & & & \\ & h(iM+M/2+1) & & \\ & & \ddots & \\ & & & h(iM-1) \end{bmatrix} \tag{8.3.4}$$

把式 $(8.3.2)$ 代入式 $(8.3.1)$ 中，并用 $\tilde{s}(m)$、$\hat{s}(m)$ 分别代替 $u(m)$ 和 $\hat{u}(m)$，我们得到

$$\hat{s}(m) = \tilde{F}\tilde{H}\tilde{H}^{\mathrm{T}}\tilde{F}^{-1}\tilde{s}(m) \tag{8.3.5}$$

MC-TDMA 有下列优点。

(1) 消除了 ICI 干扰。

(2) 灵活的时频分辨率，非常适合处理多用户接入。

(3) 抗 CFO 干扰能力提高。

和 GFDM 相比，MC-TDMA 系统的误码率有明显的改善，因为 MC-TDMA 系统继承了 FBMC/OQAM 消除邻带干扰的结构，图 8.7 给出了 MC-TDMA 和 OFDM 误码率性能比较，从图中可以看出，MC-TDMA 的性能优于 OFDMA (orthogonal frequency-division multiple access) 及单载波 FDMA (single carrier FDMA，SC-FDMA)。

MC-TDMA 采用时分复用处理，如图 8.8 所示，每个用户的符号信号分配到 N 个时隙中的一个，N 个时隙的信号同时在 M 个子载波上传输，M 和 N 可以根据系统要求灵活搭配。

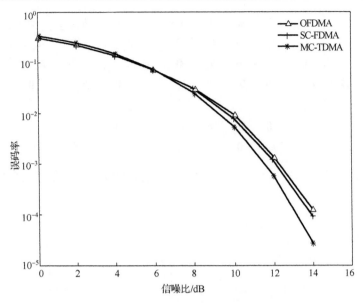

图 8.7　MC-TDMA、OFDMA 及 SC-FDMA 误码率性能比较，16bit QAM 调制符号

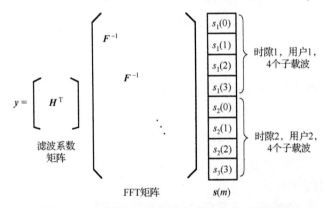

图 8.8　MC-TDMA 的多用户发送端处理原理图

图 8.9 给出了 MC-TDMA、OFDMA 及 SC-FDMA 时频分别比较，图中 T_s 表示调制符号周期。OFDMA 和 SC-FDMA 是时频分布的两个极端情况，OFDMA 没有时间分辨率，但频率分辨率最高，而 SC-FDMA 的时间分辨率最高，但没有频率分辨率。MC-TDMA 综合了两种极端情况，既有频率分辨率也有时间分辨率，而且可以灵活改变。

OFDMA 的频率分辨率最大，但同时带来的问题是 OFDMA 系统对载波漂移很敏感，CFO 的干扰大，这是 OFDMA 系统的一个缺陷，在实际系统中需要消费很多资源来进行载波漂移补偿，这对机器类通信很不利，因此，提高抗 CFO 干扰能力一直是新型多载波调制系统设计的一个要求。SC-FDMA 没有 CFO 干扰问题，但 SC-FDMA 没有频率分辨率，失去了多载波调制抗无线信道干扰的优点。MC-TDMA 具有灵活调整时频分辨率的能力，使得 MC-TDMA 同时也能降低系统对 CFO 的敏感度，提高对 CFO 的干扰能力，因为对于相同数据帧长的系统来说，MC-TDMA 中 IFFT 运算的长度只是 OFDMA 的$1/N$，从而使得载波漂移只有 OFDMA 的$1/N$。

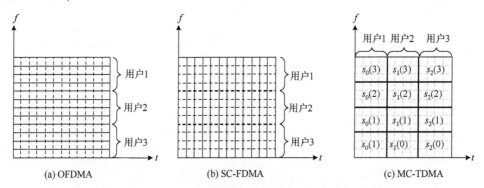

图 8.9　MC-TDMA、OFDMA 及 SC-FDMA 的时频分别比较

对于 OFDMA，当考虑 CFO 时，调整输出可表示为

$$
\begin{aligned}
y(t) &= \frac{1}{L}\sum_{k=0}^{L-1}s(k)\mathrm{e}^{\mathrm{j}2\pi(kf_c+\Delta f)t} \\
&= \frac{1}{L}\sum_{k=0}^{L-1}s(k)\mathrm{e}^{\mathrm{j}2\pi kf_c}\mathrm{e}^{\mathrm{j}2\pi\Delta ft}, \quad 0\le t\le LT
\end{aligned}
\tag{8.3.6}
$$

式中，T 为子载波周期；f_c 为子载波频率；Δf 表示载波漂移，在离散时间域有

$$
\begin{aligned}
y(nT) &= \frac{1}{L}\sum_{k=0}^{L-1}s(k)\mathrm{e}^{\mathrm{j}2\pi(kf_c+\Delta f)t} \\
&= \frac{1}{L}\sum_{k=0}^{L-1}s(k)\mathrm{e}^{\mathrm{j}\frac{2\pi}{L}knT}\mathrm{e}^{\mathrm{j}\frac{2\pi}{L}\alpha nT}, \quad 0\le n\le L
\end{aligned}
\tag{8.3.7}
$$

式中，$\Delta f=\dfrac{2\pi}{L}\alpha$，$\alpha$ 表示 CFO 对子载波的百分比，因为在 MC-TDMA 中我们把 L 点符号分成了 N 段来处理，每段包含 M 点，所以对于 MC-TDMA 系统，式(8.3.7)变为

$$
y(nM+r) = \frac{1}{L}\sum_{i=0}^{N-1}\sum_{k=0}^{M-1}s(iM+k)\mathrm{e}^{\mathrm{j}\frac{2\pi}{M}krT}\mathrm{e}^{\mathrm{j}\frac{2\pi}{L}\alpha rT}, \quad 0\le r\le M-1
\tag{8.3.8}
$$

比较式(8.3.7)和式(8.3.8)可以看出，对于系统载波漂移 Δf 来说，CFO 对 MC-TDMA 系统的影响降低了$1/N$。图 8.10 给出了 $\alpha=10\%$ 时，各个系统 BER 的比

较，从图中可以看出，这时 OFDMA 和 SC-FDMA 已经无法工作，但 MC-TDMA 仍然有可以接受的性能。

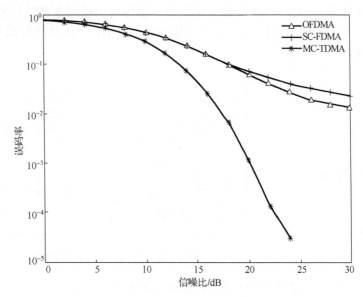

图 8.10　CFO 对 MC-TDMA、OFDMA 及 SC-FDMA 误码率性能的影响，$\alpha = 10\%$

图 8.11 和图 8.12 给出 CFO 对不同 IFFT 长度的影响，从图中可以看出，相同载波漂移对载波数多的系统干扰明显大于载波数小的系统，这个特性让我们可以通过调节载波数 M 来控制系统对 CFO 的敏感度。

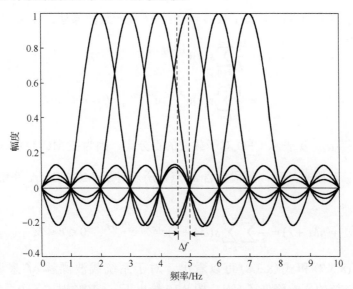

图 8.11　CFO 对载波数多的系统影响示意图

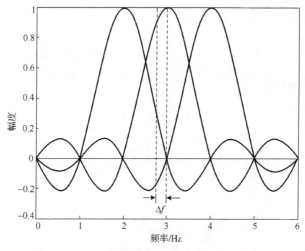

图 8.12　CFO 对载波数少的系统影响示意图

8.4　双正交频分复用

双正交频分复用 (biorthogonal frequency division multiplexing, BFDM) 和 MC-TDMA 都是循环卷积滤波器组的应用, 不同之处在于, GFDM 是循环 DFT 滤波器组的应用, 而 MC-TDMA 是循环 MDFT 滤波器组的应用, 这两种方法都采用了匹配滤波来解调信号, 但 MC-TDMA 的性能优于 GFDM, 因为循环 MDFT 滤波器组具有消除 ICI 干扰的能力。这一节我们介绍双正交频分复用接入 (BFDM access, BFDMA)[5], 和 GFDM 一样, BFDMA 也是基于循环 DFT 滤波器组结构, 但不同之处在于: 一是 BFDMA 采用的是迫零法来解调信号; 二是 BFDMA 是基于滤波器实系数矩阵 $\boldsymbol{H}$ 来求解, 而不是用复数矩阵 $\boldsymbol{A}$, 这样就避免了逆矩阵对噪声误差的敏感性, 同时满足双正交条件, 能够完全重建信号, 消除 ICI。图 8.13 给出了 BFDMA 的结构图。

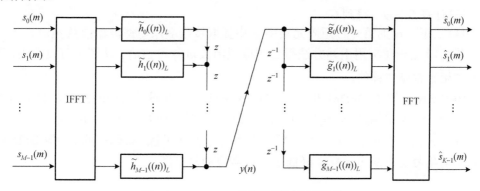

图 8.13　BFDMA 多载波调制系统结构

图 8.13 中的输入输出关系可表示为

$$
\hat{s}(m) =
\begin{bmatrix}
F & & & \\
 & F & & \\
 & & \ddots & \\
 & & & F
\end{bmatrix}
\underbrace{
\begin{bmatrix}
g_0 & g_1 & \cdots & g_{N-1} \\
g_{N-1} & g_0 & \cdots & g_{N-2} \\
\vdots & \vdots & & \vdots \\
g_1 & g_2 & \cdots & g_0
\end{bmatrix}
}_{G}
$$

$$
\underbrace{
\begin{bmatrix}
h_0 & h_{N-1} & \cdots & h_1 \\
h_1 & h_0 & \cdots & h_2 \\
\vdots & \vdots & & \vdots \\
h_{N-1} & h_{N-2} & \cdots & h_0
\end{bmatrix}
}_{H}
\begin{bmatrix}
F^{-1} & & & \\
 & F^{-1} & & \\
 & & \ddots & \\
 & & & F^{-1}
\end{bmatrix}
s(m)
\tag{8.4.1}
$$

如果 $GH = I$，那么 $\hat{s}(m) = s(m)$，系统完全重建，没有 ICI 误差，这就是 BFDMA 的理论根据。根据 $GH = I$，有

$$
G = H^{-1} \tag{8.4.2}
$$

由于 G 是一个 $NM \times NM$ 的方阵，只要 H 是满秩矩阵，H 的逆总是存在，而且 H 中的非零元素比 GFDM 使用的复数矩阵 A 要少得多，因此噪声干扰对逆矩阵 H^{-1} 影响要很小，对接收端的信号重建没有影响。与 GFDM 及 MC-TDMA 相比，BFDMA 的最大优点在于，BFDMA 允许发送端任意设计原型滤波器 $h(n)$，不受接收端的约束，因为 $h(n)$ 确定后总是可以通过式(8.4.2)来得到满足完全重建条件的 $g(n)$，这就允许我们选择能使调制符号功率谱密度最优的原型滤波器 $h(n)$。

BFDMA 的设计非常简单，按下列步骤即可完成。

(1)选择一个最优的发送端原型滤波器 $h(n)$。

(2)按式(8.1.31)构造系数矩阵 H。

(3)计算 $G = H^{-1}$ 得到 G。

(4)从矩阵 G 的第一行矩阵元素中 g_i 中提取接收端原型滤波器函数 $g(n)$。

图 8.14 给出了应用上述方法得到的原型函数 $h(n)$ 和 $g(n)$，从图中可以看出，两个原型函数都是对称的。

BFDMA 保持了 GFDM 和 MC-TDMA 的优点，克服了它们的缺点，和 GFDM 相比，BFDMA 能够完全消除 ICI，误码率得到了明显提高。BFDMA 保持了 MC-TDMA 的所有优点，如灵活时频分辨率、抗 CFO 干扰、误码率低等，但 BFDMA 不需要对信号进行交织运算，降低了系统实现的复杂度。

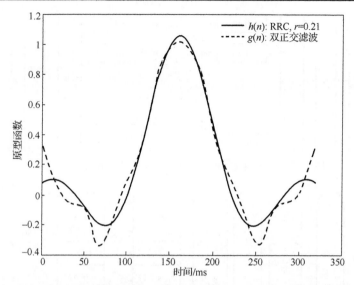

图 8.14　BFDMA 中原型函数 $h(n)$ 和 $g(n)$，$h(n)$ 为 RRC，$g(n)$ 根据矩阵求逆运算得到

8.5　降低 BFDMA 中 PAPR 的方法

和 OFDM 一样,所有基于滤波器组结构的多载波调制系统都有 PAPR 高的问题,包括 FBMC、GFDM、MC-TDMA 及 BFDMA，在这一节我们介绍一种 FFT 预处理加滤波的方法,不同于 SC-FDMA 这种方法既能降低 PAPR，同时也能保持多载波调制。SC-FDMA 虽然能够降低 PAPR，但失去了多载波调制特性,SC-FDMA 采用 FFT 预处理方法及符号预排序来降低 PAPR,但在 FFT 预处理和 IFFT 调制之间没有加任何处理,这导致了两种极端,在交织排序(interleaved mode)时调制输出是输入信号的复制,结果等于对信号没有调制,虽然这时的 PAPR 值最小,但没有意义。在集中排序(localized mode)时，PAPR 的降低有限。

我们的方法是在输出信号交织排序下，通过在 FFT 预处理和 IFFT 调制之间加循环滤波器组来保持多载波调制，同时降低 PAPR，把这种方法用到 BFDMA 中我们得到图 8.15 所示的结构。

图 8.15 中，L 点输入符号($L = NM$，由 N 块 M 点符号矩阵 $s(m)$ 组成)先经过交织排序，排序后的 L 点符号经过 L 点 FFT 预处理，再通过系数矩阵 $\hat{H}$，得到的 L 点输出分别进行 N 次 IFFT 变换，最后进行循环滤波 $\tilde{h}_k((n))_L$ 出来。整个过程经历了两次循环滤波处理，第一次是为了降低 PAPR，第二次是频谱整形，改善功率谱密度，图 8.16 给出发送端运算的示意图。

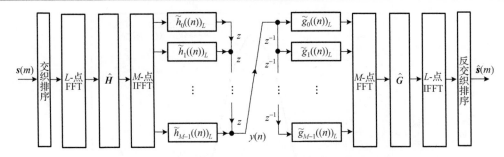

图 8.15　加 FFT 预处理的 BFDMA 多载波调制系统结构

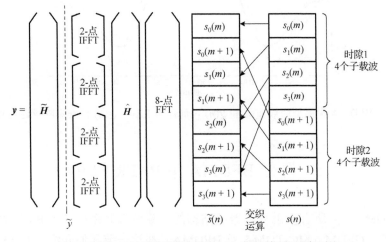

图 8.16　加 FFT 预处理的 BFDMA 发送端处理原理图

下面给出发送端 $\tilde{y}(n)$ 的表达式，从而说明系数矩阵 $\hat{G}$ 在降低 PAPR 中的作用。在图 8.16 中，交织运算可用下列等式来描述

$$\tilde{s}(n) = \begin{cases} s(m), & n = mN + p, 0 \leqslant n \leqslant L-1, 0 \leqslant r \leqslant M-1, 0 \leqslant p \leqslant N-1 \\ 0, & \text{其他} \end{cases} \tag{8.5.1}$$

式中，p 表示交织排序中第一个起始位置，经过 L 点 FFT 变换后得到

$$\tilde{S}(k) = \sum_{n=0}^{L-1} \tilde{s}(n) e^{-j\frac{2\pi}{L}kn}$$
$$= \sum_{r=0}^{M-1} s(m) e^{-j\frac{2\pi}{M}rk} e^{-j\frac{2\pi}{L}pk}, \quad 0 \leqslant k \leqslant L-1 \tag{8.5.2}$$

经过滤波矩阵 $\hat{H}$ 和 IFFT 后，有

$$\tilde{y}_i(m) = \frac{1}{N} \sum_{k=0}^{M-1} \frac{1}{M} \left\{ \sum_{l=0}^{N-1} \tilde{S}(mL + lM + k) \hat{h}(lM + k)_L \right\} e^{j\frac{2\pi}{M}ki}$$

$$= \frac{1}{N} \sum_{r=0}^{M-1} s_r(m) \left\{ \left\{ \frac{1}{M} \sum_{k=0}^{M-1} \left\{ \sum_{l=0}^{N-1} \hat{h}(lM+k)_L \, \mathrm{e}^{-\mathrm{j}\frac{2\pi}{N}lp} \right\} \mathrm{e}^{\mathrm{j}\frac{2\pi}{M}ki} \right\} \mathrm{e}^{-\mathrm{j}\frac{2\pi}{L}pk} \right\} \mathrm{e}^{-\mathrm{j}\frac{2\pi}{M}rk}$$

$$= \frac{1}{N} \sum_{r=0}^{M-1} s_r(m) \left\{ \frac{1}{M} \sum_{k=0}^{M-1} \left\{ \sum_{l=0}^{N-1} \hat{h}(lM+k)_L \, \mathrm{e}^{-\mathrm{j}\frac{2\pi}{N}lp} \right\} \mathrm{e}^{\mathrm{j}\frac{2\pi}{M}(i-r-p/N)k} \right\} \tag{8.5.3}$$

$$= \frac{1}{N} \sum_{r=0}^{M-1} s_r(m) a_r(i,p)$$

式中

$$a_r(i,p) = \frac{1}{M} \sum_{k=0}^{M-1} H(k,p) \mathrm{e}^{\mathrm{j}\frac{2\pi}{M}(i-r-p/N)k} \tag{8.5.4}$$

$$H(k,p) = \sum_{l=0}^{N-1} \hat{h}(lM+k)_L \, \mathrm{e}^{-\mathrm{j}\frac{2\pi}{N}lp} \tag{8.5.5}$$

$$s_r(m) = \sum_{l=0}^{N-1} s(n)\delta(n-mL-lM-r) \tag{8.5.6}$$

把式 (8.5.4) ~式 (8.5.6) 代入式 (8.5.3) 中得到

$$y_i(m) = \frac{1}{N} \left\{ a_i(i,p)s_i(m) + \sum_{r=0, r \neq i}^{M-1} a_r(i,p)s_i(m) \right\} \tag{8.5.7}$$

从式 (8.5.3) 中可以看出，发送端的输出经过图 8.14 的处理后等于加权后的输入符号，加权系数为 $a_r(i,p)$。由于原型函数 $\hat{h}(n)$ 的偶对称性，$H(k,p)$ 变化非常小，接近常数，所以 $a_r(i,p)$ 的变化也非常小，当 $p=0$ 时，$a_r(i,p)$ 取最小值。由于 $a_r(i,p)$ 接近常数，所以输出信号 $y_i(m)$ 接近输入符号，也就是说调制符号的 PAPR 接近输入符号，在第 5 章中我们说过，原始输入符号的 PAPR 值最小，也就说明图 8.15 结构的调制输出能够降低 PAPR 值。

图 8.15 和图 8.16 中两级滤波器组的要求不同，因此设计也不同，系数矩阵 $\hat{\boldsymbol{H}}$ 由原型函数 $\hat{h}(n)$ 构成，系数矩阵 $\tilde{\boldsymbol{H}}$ 由原型函数 $h(n)$ 组成，$\hat{\boldsymbol{H}}$ 矩阵是按分析滤波器组矩阵来排列的，元素循环是由左到右，而 $\tilde{\boldsymbol{H}}$ 是按综合滤波器组矩阵来排列的，元素循环是由下到上右。$\hat{h}(n)$ 的设计目标是使 $a_r(i,p)$ 接近常数，定义误差函数

$$e(i) = \sum_{p=0}^{N-2} \left| a_r(i,p) - a_r(i,p+1) \right|, \quad 0 \leqslant i \leqslant M-1 \tag{8.5.8}$$

均方误差为

$$\xi = \sum_{i=0}^{M-1} \left| e(i) \right|^2 \tag{8.5.9}$$

应用最小平方法我们可以优化 $\hat{h}(n)$ 得到最小均方误差 ξ，从而使得 $a_r(i,p)$ 接近常数。

为了说明窗函数 $\hat{h}(n)$ 对 PAPR 的影响我们用平方根升余弦(root-raised-cosine，RRC)进行了模拟实验，图 8.17 给出了滚降因子 $r = 0.21$ 及 $r = 0.81$ 时的 RRC 窗函数，图 8.18 和图 8.19 分别给出了对应的 PAPR 变化，图中同时给出了 OFDMA、SC-IFDMA 及 SC-LFDMA 的 PAPR 比较(SC-IFDMA 表示交织分配的 SC-FDMA，SC-LFDMA 表示集中分配模式的 SC-FDMA)。从图 8.18 中可以看出，当 $r = 0.21$ 时，BFDMA 系统和 SC-IFDMA 的 PAPR 非常接近，比 OFDMA 有非常明显的改善。当 $r = 0.81$ 时，PAPR 有所增加，但仍然比集中分配的 SC-FDMA 的 PAPR 小。

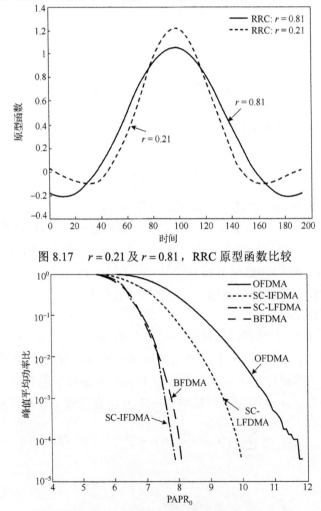

图 8.17　$r = 0.21$ 及 $r = 0.81$，RRC 原型函数比较

图 8.18　PAPR 比较图，BFDMA 的原型函数 $\hat{h}(n)$ 为 RRC$(r = 0.21)$

实验证明,FFT预处理加滤波的方法能够有效地降低PAPR值,和其他降低PAPR的方法相比,这种方法不需要对 IFFT 输出进行后期处理,不改变 IFFT 输出信号的特性。

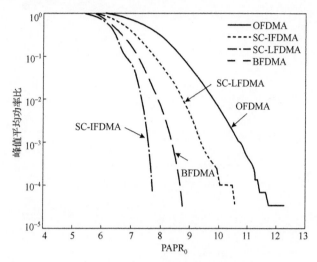

图 8.19　PAPR 比较图,BFDMA 的原型函数 $\hat{h}(n)$ 为 RRC($r = 0.81$)

参 考 文 献

[1]　Vaidyanathan P, Kirac A. Theory of cyclic filter banks// Proceedings of International Conference on Acoustics, Speech, Signal Processing, Washington, 1997: 2449-2452.

[2]　Michailow N, Matthe M, Gaspar I S, et al. Generalized frequency division multiplexing for 5th generation cellular networks. IEEE Transactions on Communications, 2014, 62(9): 3045-3061.

[3]　Farhang-Boroujeny B. Signal Processing Techniques for Software Radios. 2nd ed. Dubai: Lulu Publishing House, 2010.

[4]　Filege N J. Modified DFT polyphase SBC filter banks with almost perfect reconstruction// Proceedings of IEEE International Conference on Acoustics, Speech and Signal Processing, Adelaide, 1994: 149-152.

[5]　Wang G, Shao K, Zhuang L. Biorthogonal frequency division multiple access. IET Communications, 2017, 11(6): 773-782.